高等学校"十二五"规划教材

给排水科学与工程专业应用与实践丛书

水分析化学

张　伟　鄢恒珍 ■ 主编

周书奎　王崇臣 ■ 副主编

化学工业出版社

·北京·

丛书编委会名单

主　　任：蒋展鹏

副 主 任：彭永臻　章北平

编委会成员（按姓氏汉语拼音排列）：

　　崔玉川　蓝　梅　李　军　刘俊良　唐朝春

　　王　宏　王亚军　徐得潜　鄢恒珍　杨开明

　　张崇淼　张林军　张　伟　赵　远

　　全书共分为 11 章，第 1 章主要介绍水分析化学的性质及任务、分析方法、水质指标和我国的水质标准；第 2 章介绍水样的采集与保存方法及对水质分析过程的质量保证；第 3～6 章分别介绍了酸碱滴定法、配位滴定法、沉淀滴定法、氧化还原滴定法 4 种基本的化学分析法；第 7～10 章分别介绍了分光光度法、电化学分析法、色谱分析法、原子吸收分光光度法 4 种常见的仪器分析方法；第 11 章介绍了水质分析基本操作和水质分析项目测定的 4 个实验。

　　本书可作为高等学校给排水科学与工程专业、环境工程、环境科学等专业师生的教材，也可供环保领域的相关人员参考。

图书在版编目（CIP）数据

水分析化学/张伟，鄢恒珍主编 . —北京：化学
工业出版社，2014.9
高等学校"十二五"规划教材
（给排水科学与工程专业应用与实践丛书）
ISBN 978-7-122-21316-7

Ⅰ.①水…　Ⅱ.①张…②鄢…　Ⅲ.①水质分析-分析化学
Ⅳ.①O661.1

中国版本图书馆 CIP 数据核字（2014）第 156179 号

责任编辑：徐　娟　　　　　　　　　　　文字编辑：荣世芳
责任校对：吴　静　　　　　　　　　　　装帧设计：关　飞

出版发行：化学工业出版社（北京市东城区青年湖南街 13 号　邮政编码 100011）
印　　装：北京云浩印刷有限责任公司
787mm×1092mm　1/16　印张 15½　字数 383 千字　2014 年 11 月北京第 1 版第 1 次印刷

购书咨询：010-64518888（传真：010-64519686）　售后服务：010-64518899
网　　址：http://www.cip.com.cn
凡购买本书，如有缺损质量问题，本社销售中心负责调换。

定　　价：39.80 元

版权所有　违者必究

丛书序

在国家现代化建设的进程中，生态文明建设与经济建设、政治建设、文化建设和社会建设相并列，形成五位一体的全面建设发展道路。建设生态文明是关系人民福祉，关乎民族未来的长远大计。而在生态文明建设的诸多专业任务中，给排水工程是一个不可缺少的重要组成部分。培养给排水工程专业的各类优秀人才也就成为当前一项刻不容缓的重要任务。

21世纪我国的工程教育改革趋势是"回归工程"，工程教育将更加重视工程思维训练，强调工程实践能力。针对工科院校给排水工程专业的特点和发展趋势，为了培养和提高学生综合运用各门课程基本理论、基本知识来分析解决实际工程问题的能力，总结近年来给排水工程发展的实践经验，我非常高兴化学工业出版社能组织全国几十所高校的一线教师编写这套丛书。

本套丛书突出"回归工程"的指导思想，为适应培养高等技术应用型人才的需要，立足教学和工程实际，在讲解基本理论、基础知识的前提下，重点介绍近年来出现的新工艺、新技术与新方法。丛书中编入了更多的工程实际案例或例题、习题，内容更简明易懂，实用性更强，使学生能更好地应对未来的工作。

本套丛书于"十二五"期间出版，对各高校给排水科学与工程专业和市政工程专业、环境工程专业的师生而言，会是非常实用的系列教学用书。

蒋展鹏

2013年2月

前　言

　　水是生命之源，是人类赖以生存和发展的不可缺少的物质基础。水资源是维系地球生态环境可持续发展的首要条件。目前各种水污染事故频发，水资源污染日益严重。为保护水资源，治理水环境，必须加强水质分析工作。通过水质分析，及时、准确、全面地反映水环境质量现状及其发展趋势，为水环境管理、水污染控制和治理、制定水环境政策及水环境评价等提供科学依据。水分析化学是研究水及其杂质、污染物的组成、性质、含量和它们的分析方法的一门学科，作为水质分析的重要工具，具有重大意义。编者结合多年的教学经验，并参考国家最新的水质分析标准与技术编写了本书。

　　全书共分为 11 章，第 1 章主要介绍水分析化学的性质及任务、分析方法、水质指标和我国的水质标准；第 2 章介绍水样的采集与保存方法及对水质分析过程的质量保证；第 3～6 章分别介绍了酸碱滴定法、配位滴定法、沉淀滴定法、氧化还原滴定法 4 种基本的化学分析法；第 7～10 章分别介绍了分光光度法、电化学分析法、色谱分析法、原子吸收分光光度法 4 种常见的仪器分析方法；第 11 章介绍了水质分析基本操作和水质分析项目测定的 4 个实验。

　　本书由湖南城市学院张伟教授、湖南城市学院鄢恒珍副教授任主编，南华大学周书奎教授、北京建筑大学王崇臣副教授任副主编，其中，第 1 章由湖南城市学院张伟教授编写，第 6 章由北京建筑大学王崇臣副教授编写，第 2 章、第 8 章由湖南城市学院鄢恒珍副教授编写，第 5 章由太原大学代红艳讲师编写，第 3 章、第 4 章由长沙理工大学聂小宝讲师编写，第 7 章由昆明理工大学孙建华副教授编写，第 9 章、第 10 章由南华大学周书奎教授编写，第 11 章由湖南城市学院汪爱河讲师编写。全书由张伟统稿。

　　本书在编写过程中吸取了许多同类优秀书籍的长处，在此致以衷心的感谢！

　　由于编者水平和时间有限，疏漏之处在所难免，恳请广大读者批评指正。

编者

2014 年 5 月

目 录

第1章

绪 论

水是生命之源。水在人类生产和生活中占有特别重要的地位，被广泛利用，不仅用于农业灌溉、工业生产、城乡生活，而且还用于发电、航运、水产养殖、旅游娱乐、改善生态环境等。世界上的可利用水资源量是十分有限的，且随着工农业的发展和城市化进程，水源在遭受着严重的污染，造成水质型缺水。水质的好坏直接影响着水的使用。水分析化学是进行水质分析的重要工具。水质分析的全过程包括水样的采集、保存、预处理、采用适宜的方法分析测定水样中的组分以及含量并对测定结果进行处理。

1.1 水分析化学的性质和任务

水分析化学在种类繁多、日趋严重的水环境污染治理及监测中起着"眼睛"和"哨兵"的作用。给水排水设计、水处理工艺、水环境评价、废水综合利用等都必须以分析结果为依据，并做出正确的判断和科学的评价。

1.1.1 水分析化学课程的性质和任务

水中存在着各种物质，包括各种无机和有机化合物。水分析化学就是研究水及水中杂质、污染物的组成、含量、性质及其分析方法的一门学科。随着人口的急剧增加、人类生活水平的快速提高、工业生产的迅猛发展，人类活动导致的水污染问题越来越严重，认识和解决水污染问题必须对化学物质的性质、来源、含量及其形态进行细致的监测和分析。

水分析化学这门课程的学习，可以使学生系统地掌握水质分析的基本方法（包括四大滴定方法和主要仪器分析法）、基本概念、基本理论，掌握水质分析的基本操作。同时注重培养学生严谨的科学态度，独立分析问题和解决问题的能力。

水分析化学所提供的水环境中化学物质的种类、含量、形态等信息将为水环境质量评价、水污染控制、水污染治理、制定水环境保护政策、保护水环境提供科学依据。

1.1.2 水分析化学的特点和发展趋势

水分析化学研究的对象是水环境中的化学物质，其种类多，样品组成复杂、含量低、不稳定，因此，要求分析方法除了满足一般分析所要求的准确度和精确度高的特点外，还要满足：灵敏度高、检出限低、能满足痕量和超痕量分析的要求；选择性好，可用于复杂样品的测量；使用范围广，能用于不同化学物质的测量。

随着国民经济持续快速的发展，水资源供需矛盾将越来越突出，水质恶化现象日益严重，水资源的短缺和水环境污染已成为经济持续、健康发展的制约因素。改善水环境已成为人类所面临的一项重要工作，而要实现水资源保护，水质分析和监测技术的现代化是一条必由之路。近年来，水分析化学呈现出以下几种发展趋势。

（1）高效预富集、分离方法的研究　当待测物浓度低于分析方法的检出极限以及干扰很大时，直接测定是不可能的，需要采用预富集、分离的方法。传统的预富集、分离方法操作过程冗长、分离效率不高、手续繁琐，因此，改进传统的方法，建立高效的预富集、分离技术是水分析化学中较为活跃的领域。

（2）水分析监测技术的连续自动化　为满足水中污染物质随时空变化的情况，需要自动连续的分析监测系统。水质连续自动监测系统是指在一个水系或一个区域设置若干个装有连续自动水质监测仪器的监测子站与计算机控制中心，组成采样和测定的网络，通过计算机技术及多媒体技术对水环境常规监测数据、自动监测数据及水环境相关信息进行分析评价、预测。目前，已有很多新仪器、新技术可以实现连续自动化。此外，还发展了自动化程度相当高的遥感技术，可以定点、连续监测，更深入地了解污染物的传递、转移过程，大大地提高了分析能力和研究水平。水质连续自动监测系统可以获得准确的水质数据，及时反映水质情况，满足多方位、多信息、高速度、高水平的管理要求。

（3）开发新的用于水分析中的计算机软件　计算机的应用大大提高了水分析的速度和能力，目前水分析的一些仪器已不同程度地计算机化，但还需要不断开发这方面的软件以进一步提高分析效率和分析水平。

（4）各种方法和仪器的使用　各种方法和技术均有自己的优势和不足之处，因此将不用方法和仪器联用，取长补短，有效地发挥各种技术特长，可解决重大的、复杂的水质分析问题。如气相色谱-质谱联用（GC-MS），可以实现高效率的分离和定量测定。

1.2　天然水的特性

1.2.1　水分子的结构

水是由两个氢原子和一个氧原子组成的，基本化学式为 H_2O，相对分子质量为 18。由于氢和氧都有同位素，氢的同位素有 ^1H、^2H、^3H 其中 ^1H 和 ^2H 为两个稳定的同位素，氧的同位素有 ^{14}O、^{15}O、^{16}O、^{17}O、^{18}O，其中 ^{16}O、^{17}O、^{18}O 是稳定的，氢和氧的各种稳定同位素按照 H_2O 的方式可以结合成 9 种稳定的水分子，相对分子质量由 18～22。最轻的 $^1H^1H^{16}O$ 是普通的水分子，其含量在水中占 99.73%，而其余 8 种稳定的水分子约占 0.27%。在单分子水（H_2O）中，H 和 O 以共价键相结合，其结构式可写为 HOH。它的两个 H 和一个 O 的中心不在一条直线上，形成一个"V"字形结构，两个 O—H 键互成 $104°45'$ 的角度。

由于氧的电负性大于氢，水分子靠氧的一端带负电荷，靠氢的一端带正电荷，因此，水分子是一个极性很强的分子，它可将溶解在水溶液中的离子包围住，形成水化离子，具有溶解许多物质的性能。

1.2.2　水分子的特性

（1）比热容大　水在所有液体和固体中比热容居首位，达到 $4.186kJ/(kg \cdot \mathbb{C})$。冰的溶解热和汽化热也很高。因此，水的这种作用对调节气温起着巨大的作用。水成为地球上温度的调节器，在晚间以及从夏天向冬天过渡时，水慢慢地变冷，在白天以及从冬天向夏天过渡时，水也慢慢地变热，这也是沿海地区早晚温差小的原因。

（2）热稳定性高　水分子的氢氧键键能高，要破坏氢氧键的键能就需要很高的能量。将水加热至1000℃左右仅有十万分之八的水分子分解成氢和氧：

$$2H_2O \rightleftharpoons 2H_2 + O_2$$

即使加热至2000℃，也只有不足2%分解。水的热稳定性高，所以被广泛用于动力、化工生产等方面。

（3）温度体积效应异常　"热胀冷缩"本是物质的一般变化规律，但是水在0~4℃间不服从这一变化规律，而是温度升高时其体积反而缩小，4℃时体积最小而密度最大，达到1000kg/m³，超过或低于此温度范围，体积都会膨胀。在0℃时，水的密度为990kg/m³，冰的密度为916kg/m³，这与一般物质在凝固时体积缩小的规律相反。

（4）表面张力大　在常温下的液体中，除汞以外，水具有最大的表面张力，达到$7.275 \times 10^{-6} N/m$，而其他液体的表面张力大多数在$2 \times 10^{-6} \sim 5 \times 10^{-6} N/m$范围内，表面张力随温度升高而降低。水的表面张力大，由此产生的毛细湿润、吸附等物理现象也十分显著。

（5）溶解能力强　水作为一种溶剂，是任何其他物质都不能与之相比的。水的溶解能力极强，大多数无机物质可溶解于水，使自然界的水或多或少含有某些杂质而被污染，故自然界中没有纯净的水。无论是生活用水，还是工业用水，往往都要将天然水进行某种净化处理后才能使用。

水的这些特性，主要与水分子的极性和分子间形成氢键有关。氢键使水分子一个一个地结合在一起，如下所示（虚线表示氢键）：

$$\cdots\cdots O \qquad H \quad H \cdots\cdots O$$
$$H \quad H \cdots\cdots O \qquad H \quad H \cdots\cdots$$

这种由简单分子（H_2O）结合成复杂分子（H_2O），但又不引起水的化学性质改变的现象，称为水分子的缔合。

$$xH_2O \rightleftharpoons (H_2O)_x + 热量 \qquad x = 1,2,3,\cdots$$

在4℃时，缔合的水分子堆积最紧密，故密度最大。破坏缔合分子要消耗较多的能量，故水的某些物理常数值较大。水的溶解能力，主要与水分子的极性有关。

1.2.3　天然水杂质

天然水在形成过程中与许多具有一定溶解性的物质接触，把大气、土壤、岩石中的许多物质溶解或挟持，成为一个复杂的体系。所有各种杂质，按它们在水中存在的状态可分成三类——悬浮物、胶体物和溶解物，见表1-1。

表1-1　水中杂质的分类

粒径/mm	10^{-7}	10^{-6}	10^{-5}	10^{-4}	10^{-3}	10^{-2}	10^{-1}	1	10
分类	真溶液		胶体溶液		悬浊液				
特征	透明		光照下浑浊		浑浊		肉眼可见		
常用处理方法	离子交换、电渗析、反渗透		超滤		精密过滤		自然沉降、过滤		
			混凝、澄清、过滤						

(1) 悬浮物 悬浮物是粒径大于 10^{-1} mm 的微粒。按其大小和相对密度的不同，有的漂浮，有的悬浮，有的沉淀，使水产生浑浊或产生异味，如泥沙、黏土、藻类、细菌和动植物残余体等不溶性杂质。这类杂质在水中不稳定，很容易除去。

(2) 胶体物 胶体物是颗粒直径在 $10^{-6}\sim10^{-4}$ mm 之间的微粒，是许多分子和离子的集合体，主要是铁、铝、硅的化合物以及动植物有机体的分解产物。动植物有机体的分解产物主要是腐殖质。由于胶体物比表面积（指单位体积所具有的表面积）很大，常在它的表面吸附其他离子而带电荷，结果使同类胶体物颗粒因为带有同性电荷而相互排斥，它们在水中不能相互结合，不能依靠重力自行下沉，可在水中稳定存在。

(3) 溶解物 水中最多的是粒径小于 10^{-6} mm 呈溶解状态的物质。天然水中的溶解物主要以离子形态和一些溶解气体存在于水中。按其性质又可分为盐类、气体和其他有机物。天然水溶解的各种离子见表1-2，其中第一类是最常见的离子，它们几乎占水中全部化学组成的95%～99%，这些离子在天然水中的总量称为天然水的矿化度。此外，还有铁、锰、铵、铝、铜、钴、锌等阳离子，硝酸根、亚硝酸根、氟离子等阴离子。水中溶解的气体主要有氧气、二氧化碳、硫化氢，此外还有氧气、甲烷等，再者就是呈溶解状态的有机物。

表 1-2 天然水中溶解离子的概况

类别	阳离子		阴离子		浓度的数量级
I	钠离子	Na^+	碳酸氢根	HCO_3^-	自几毫克/升
	钾离子	K^+	氯离子	Cl^-	至几万毫克/升
	钙离子	Ca^{2+}	硫酸根	SO_4^{2-}	
	镁离子	Mg^{2+}			
II	铵离子	NH_4^+	氟离子	F^-	自十分之几毫克/升
	铁离子	Fe^{2+}	硝酸根	NO_3^-	至几毫克/升
	锰离子	Mn^{2+}	碳酸根	CO_3^{2-}	
III	铜离子	Cu^{2+}	硫氰酸根	HS^-	
	锌离子	Zn^{2+}	硼酸根	BO_2^-	
	镍离子	Ni^{2+}	亚硝酸根	NO_2^-	
	钴离子	Co^{2+}	溴离子	Br^-	小于十分之一毫克/升
	铝离子	Al^{3+}	碘离子	I^-	
			磷酸氢根	HPO_4^{2-}	
			磷酸二氢根	$H_2PO_4^-$	

1.3 天然水的特点及水污染

1.3.1 天然水的特点

天然水中，雨、雪最为纯洁，但在下降过程中与大气中混有的各种杂质相遇，如氧、二氧化碳、氮、硫化氢和灰尘等，使水质受到污染。

(1) 大气降水 大气降水指以雨、雪、雹等形式降落的水。其化学成分主要是淋洗空气中可溶性盐形成的，所以含盐量一般不超过 50mg/L，是自然界中品质最好的水。

影响大气降水化学成分的因素除上述因素外，还与降水量、降水性质（雨或雪）和降水的条件等有关。如果雨前的空气很干燥，空气中含有较多的可溶性盐，降水的含盐量则较高；若空气湿润，空气中含有较多水滴，空气中可溶性盐处在长期的冲洗过程，降水含盐量一般较小。

近年来，不少地区由于大气受到污染，使降水的 pH 值偏于酸性，出现了所谓的"酸雨"。通常把 pH 值低于 5.65 的降雨称为酸雨。酸雨是由煤和石油燃烧时产生的 SO_2 及氮的氧化物等与水蒸气混合后生成 H_2SO_4、HNO_3 形成的。

酸雨对环境和生态的影响可以归纳为：①由于河流、湖泊的酸化，使鱼类等水生生物种类减少甚至灭绝；②土壤的酸化，使森林、农作物的产量降低。由于酸化，还使土壤中所含的铅、铜、锌等重金属游离出来，流入河湖水体，增加了对鱼类的毒害和在鱼类体内的积累；③对人体的影响。1974 年日本关东地区酸雨 pH 值为 4.5 左右，当地出现人眼和皮肤受刺激现象；④腐蚀金属材料和损害建筑古迹。

（2）地面水　地面水主要指河水、江水、湖水和水库水等。由于地面水是在地面流过，溶解的矿物质较少，因此这种水的含盐量比较低，我国地面水的含盐量一般在 100～900mg/L 之间。但是由于冲刷、流动的结果，往往会混入大量的泥沙和有机物等杂质。

地面水的水质，往往受季节和外界条件的影响而产生较大的变化。

① 季节的影响。同一条河流，季节不同，水质变化大。洪水期与枯水期相比，含盐量会大大降低，而悬浮物和有机物的含量却会急剧增高。即使同一季节，雨天和晴天，上游和下游，它们的水质也有不同。

② 受外界污染的影响。工业废水和生活污水向江河排放使地面水的水质发生很大的变化，造成水质严重污染。

③ 受海水倒灌的影响。部分沿海地区的河流，虽然平时氯离子含量不高，但在枯水期海水倒灌时，含量会成百倍地急剧增大。

湖水和水库水，由于流动性较小，又经长时间的自然深沉，悬浮物的含量比河水要小。

海洋水也属地面水，但因含盐量高，未经处理时不能直接利用。

（3）地下水　地下水主要指井水、泉水和自流水等，其特点如下。

① 化学成分复杂，矿化度高。在循环过程中，地下水不仅与成分极其复杂的土壤、岩石相接触，而且接触时间一般较长，使各种元素及其化合物都可能出现在地下水中。结果使地下水的化学成分复杂，矿化度也比其他水体高。

② 地下水化学类型多种多样。地下水含水层常被弱透水层或不透水岩所分开，成为分隔水体，使得水的交替变弱，有时在相邻很近的上下沙层之间都没有水的交替，这种情况促使地下水的化学类型多种多样。因此地下水中有淡水、盐化水、盐水等类型。

③ 深层地下水的水质稳定。深层地下水与地表隔绝，不受表面水影响，水的交替很弱，其水质的变化是极其缓慢的，经常是以地质年代来衡量。

④ 生物作用对地下水质影响不大。由于没有阳光和游离氧气，植物不可能在地下水中生长，只有一些特殊的微生物可以生长发育。因此，地下水中由生物作用而引起的水质变化比其他水体小。

1.3.2　水中主要污染物质

按照国家已颁布的《生活饮用水卫生标准》、《地表水环境质量标准》、《农田灌溉水质标准》、《污水综合排放标准》等，水中的主要污染物大体可分为无机污染物质、有机污染物质、放射性污染物质、致癌物质和病源微生物等。

（1）无机污染物质

① 汞。汞是唯一在常温下呈液态的金属，银白色，俗称水银。汞有毒，能在常温下挥发，汞蒸气有累积性毒效应。

在自然界中，大部分汞与硫结合成硫化汞，广泛分布在地壳表层。汞可分为无机汞和有机汞化合物。在空气、土壤和水体中都含有微量的汞及其化合物。汞在大气中呈气态，因而雨水中也含有汞，平均浓度为 $0.2\mu g/L$，地下水中一般为 $0.1\mu g/L$。

水体中的汞的主要来源是：汞矿开采与冶炼过程中含汞废水进入水体中，使用汞的氯碱工业、电池工业和电子工业等排放的废水；在农业生产中，用汞制剂作为灭菌剂，汞随农田排水进入水体中。

汞一旦进入水体中便能长期地保持污染。汞在浑浊的水体中，由于吸附作用，易于沉淀进入底泥。底泥中的汞，在微生物作用下转化为甲基汞或二甲基汞（甲基汞的毒性比无机汞大 200 倍），二甲基汞溶于水，因此又从底泥回于水中。水中生物摄入的二甲基汞可在体内积累，并通过食物链不断富集。受汞污染的水体中，鱼体内甲基汞浓度可比水中高达万倍。

人的大脑中会积累甲基汞，以致使神经系统破坏，有严重的后遗症，有较高的死亡率。日本熊本县水俣湾由于含甲基汞废水的大量排入，致使湾内水生生物和淤泥中的汞含量很高，沿岸居民因长期食用海鲜而造成汞中毒，酿成震惊世界的日本"水俣病"事件。

② 镉。镉是银白色有光泽的稀有金属，本身无毒，但镉的化合物毒性很大，在自然界中常与锌一起存在于岩石的矿物中。天然淡水中，镉含量一般为 $0.1\mu g/L$，这样低的含量一般不会影响人体健康。但在水生生物体内富集，经食物链进入人体，会引起慢性中毒。

水体中镉的来源主要是采矿、冶炼、电镀、碱性电池、染料等工业排放的废水。镉不是生物体的必需元素，进入人体后，主要贮存于肝、肾组织中，不易排出，并与肝肾中的酶结合，破坏这两个器官中酶的正常功能，以致干扰免疫球蛋白的制造，降低机体的免疫能力以及导致骨质疏松和骨质软化。慢性镉中毒还可引起贫血、肺炎等。

③ 铅。铅是灰白色的金属，在自然界中多以硫化物（方铅矿）存在。铅在地下水中一般为 $1\sim60\mu g/L$，河水中含量变化较大，平均值大约为 $0.5\mu g/L$，但在有铅矿地区的天然水中，铅的含量可高达 $400\sim800\mu g/L$。

水体中的铅主要来源于冶炼、化工、制造蓄电池和使用铅制品的工矿企业排放的废水。另外，农药中有不少含铅的杀虫剂及灭菌剂，汽油中含有四乙基铅。可见，铅是大气污染范围的重金属之一，特别是汽油中的铅对环境的污染已成为世界性的问题，而且日益严重。

进入水体中的铅，一部分被水生生物富集于体内，另一部分则沉淀于底质中，在微生物的参与下，部分转化为四甲基铅。

铅是一种蓄积性毒物，进入人体内的铅绝大部分形成不溶性的磷酸铅沉积于骨骼中。当人生病或不适时，血液中的酸碱失去平衡，骨骼中铅可再变为可溶性磷酸氢铅进入血液，引起铅中毒，其毒性主要是危害造血系统、神经系统、出现贫血等。

④ 铬。铬是一种耐腐蚀的硬金属，在自然界中主要存在于铬铁矿和铬酸铅矿中。天然水体仅含有微量铬，在水中，三价铬被固体物质吸附而存在于沉积物中，六价铬化合物多数溶于水，水体中三价铬和六价铬可互相转化。

水体中铬的主要来源是铬铁冶炼、电镀、制革、化工、油漆染料等工矿企业排出的"三废"。

铬是人体必需的微量元素，只有三价铬才具有生理意义。三价铬和六价铬对人体都有毒，六价铬的毒性比三价铬高约 100 倍。水生生物对铬有浓集作用。进入人体内容易在肺内蓄积，特别是对六价铬的过量摄取则会导致急性或慢性中毒，有致畸性和致癌性。

⑤ 砷。砷俗称砒，是一种银灰色非金属，性脆而带金属光泽。在自然界中含砷矿物多以硫化物形式存在。

地面水含砷量差异较大，淡水中为 $0.2\sim230\mu g/L$，平均为 $0.5\mu g/L$，海水中通常为 $2\sim6\mu g/L$。砷和它的化合物是常见的环境污染物。砷主要来自工业，如含砷矿石的开采、冶炼、制革工业和玻璃工业等。含砷农药和煤炭的燃烧等也有不同程度的排出。

水生物对砷具有较强的富集能力。As_2O_3（砒霜）对人体有极大的毒性，对人的致死量为 $0.06\sim2g$。环境污染引起的砷中毒多数是蓄积性的。砷进入人体，可在各组织、器官（特别是毛发、指甲）内蓄积，引起慢性砷中毒，潜伏期可长达几年甚至几十年，主要表现是神经衰弱、多发性神经炎、食欲不振、肝肿大等。长期饮用含砷浓度高的水，可引起皮肤病，砷还有致癌和致畸作用。

（2）有机污染物质

① 需氧有机物。工业废水中含有大量的碳水化合物、蛋白质、油脂、木质素等有机物质，这类物质在水中微生物分解过程中，要消耗水中的溶解氧，故称为需氧有机物（也称耗氧有机物）。

水中有机物的种类繁多，成分复杂，在水中有不同的存在形式，因此，确定它们的含量极为困难，通常用间接的方法表示其相对含量，最常用的是利用有机物容易被氧化这一特性。水中有机物的表示方法有以下几种。

a. 化学需氧量（COD）。它是用氧化剂（$KMnO_4$ 或 $K_2Cr_2O_7$）在规定的条件下测定水中可被氧化的物质需氧量的总和。

b. 生化需化量（BOD）。表示水中可被生物降解的有机物数量，即水中有机物被好氧性微生物分解时所需氧的数量。目前国内外普遍采用 20℃、五昼夜的生化耗氧量作为指标，称为五日生化需氧量（BOD_5）。

c. 总有机碳（TOC）。表示水中溶解性有机物的总量，即总碳量与无机碳之差。

d. 总需氧量（TOD）。表示水中溶解性有机物的总量，即有机体中各种元素氧化时需氧的总量。

② 水体"富营养化"。水生植物生长过程中需要一定的氮、磷等养分。当含有大量氮、磷的生活污水、工业废水和农田排水进入水体后，在微生物作用下，分解转化为可供水中藻类吸收利用的形式，就能促进藻类等浮游生物在适当的季节大量繁殖，水面呈现不同的颜色；藻类死亡后，沉入水底，其残体分解需要消耗大量的氧，在厌氧条件下，将氮、磷等植物营养物质重新释放进入水中，再供给藻类利用，这样周而复始，形成了植物营养物质在水体内部的物质循环，使植物营养物质长期保存在水体中，造成水体"富营养化"。结果使水中 BOD 增加，溶解氧（DO）锐减，鱼类大量死亡，水质严重恶化，难以治理。水体"富营养化"现象多见于静水或流速缓慢的水体。

③ 有机合成物。对环境污染危害较大的有机合成物有有机氯农药（DDT、六六六等）、多氯联苯（PCB）等，这些物质化学性质稳定，生物对它们难以分解，毒性大。

a. 有机氯农药。它对害虫具有高效、剧毒等性能，被广泛使用，因而对环境造成不同程度的污染。据估计，全世界每年有 3700t DDT 从大陆流入海洋，有 2400t DDT 随降水进入海洋，生长在南极的企鹅体内能检出 DDT。这类农药的特点是使用后消失缓慢，残留期长，在土壤中保持 10 年以上，另一个特点是水溶性低而脂溶性高。如 DDT 在水中悬浮于水面，可随水一起蒸发进入大气中，因而在世界上没有使用 DDT 的地区也能检测出 DDT。由于 DDT 的脂溶性高，被生物吸收后，容易在生物体内组织中累积起来，通过食物链的传递、浓缩和富集对人类造成危害。大剂量中毒可造成中枢神经及肝脏与肾脏的严重损害，长期小剂量中毒可导致体重下降，发育停滞。

b. 多氯联苯（PCB）。PCB 是联苯分子的氢原子被一个或几个氯原子所取代而形成的产物，它的物理、化学性质稳定，所以被广泛用于绝缘油、润滑油、涂料、增塑剂等。

环境中的 PCB 主要来源于制造和使用 PCB 的工矿企业等所排放的废水和废气，以及 PCB 制品在焚烧过程中进入大气中，大气中的 PCB 与降水等混合后降落到地面，汇集流入江河、湖泊和海洋。PCB 难溶于水，易溶于脂类，但在强烈搅动或存在表面活性剂的条件下，PCB 可部分溶于水中，并且极难分解，能在生物体的脂肪中累积，PCB 还可通过母乳传给婴儿。

c. 油类。石油是气态、液态及固态的链状烷烃和芳香族烃类的天然混合物，由数千种化合物组成，含有少量的硫和氮。石油及其制品是水体重要的污染物质之一，水体中石油类的主要来源是炼油和石油化学工业排放的含油废水、沉没车船和意外事件的溢油及海上采油等。

石油的各种成分都有一定的毒性，稠环芳烃大多数是致癌物。石油类进入水体后，大部分浮于水面上，少部分可溶解于水，也有一部分由于机械振动而呈乳化状态存在水中。分散油和乳化油对一切水生物都是致命的，尤其是对海洋生物。石油中所含的致癌物能在生物体内累积。

④ 其他有机有毒物

a. 酚。酚是芳香族碳氢化合物，可分单元酚和多元酚，也可分为挥发性酚和非挥发性酚。苯酚是酚类化合物中最简单的一种。

水中酚的主要来源是焦化厂、煤气工厂、炼油厂、石油加工厂、塑料、炸药、印染以及防腐剂制造等工业排出的废水。就酚类化合物的毒性程度来说，以苯酚为最大，而通常含酚废水中苯酚含量最高，因此在水质分析中往往以挥发酚含量作为酚污染的指标。

天然水体通常不含有酚。河流湖泊中的酚来自工业废水。含酚废水对水源和水生生物的影响相当严重，水体中低浓度酚加氯消毒就会产生氯酚恶臭味，1mg/L 时，对鱼类有危害。长期饮用被酚污染的水源，可引起头昏、出疹、痛痒、贫血及各种神经系统症状，甚至中毒。

b. 氰化物。氰化物是一种含碳的化合物，它分两类：一是无机氰，如 HCN 和 NaCN 等；二是有机氰（或腈），如丙烯腈、乙腈等。

氰化物多数是由人工制造的，但也有少量存在于天然物质中，如苦杏仁、桃仁等。天然水中一般不含氰化物，水体中的氰化物主要来自电镀工业、矿石浮选、贵重金属的提炼等工业废水。

氰化物是剧毒物质，对鱼类及其他水生生物危害较大。水中 CN^- 为 $0.04 \sim 0.1mg/L$ 时就能使鱼类致死，含一定浓度氰化物的废水会造成农业减产，牲畜死亡。

（3）放射性物质　放射性物质是由放射性核素（如 ^{238}U、^{226}Ra、^{40}K 等）进入水环境，通过自身的衰变而放射出具有一定能量的射线（如 α、β 和 γ 射线），能使生物及人体组织电离而受到损伤，某些核素还可被水生生物浓缩，通过食物链进入人体，使人受到内照射损伤。

水中放射性物质的主要来源有：核燃料的开采、提炼和精制；核武器使用过程中产生的含有核素沉降物；核工业排放的废水、废气和废渣等。多数天然水体都含有极微量的天然放射性物质。放射性物质能诱发癌症，缩短寿命。

（4）致癌物质　人类癌症多数是由化学物质、病毒和放射物质等环境因素引起，其中以化学物质为主。有上千种化学致癌物质，一般可分为两类：一是多环芳烃，最有代表性的苯并［a］芘能引起皮肤癌和肺癌等；二是杂环化合物，如黄曲霉素是黄曲霉的一种代谢产物，有强致癌性，可引起肝癌等。

水中致癌的病原微生物包括一些致病细菌和病毒，来源于城市生活污水、医院污水、垃圾以及畜牧和屠宰场的废水等。医院污水细菌数量相当惊人，人畜粪便往往含有一些病毒。病原微生物污染的特点是：数量大，分布广，存活时间长，繁殖速度快，易产生抗药性而很难灭绝，对人类健康危害很大。

1.4　水质分析的方法

水质分析主要以分析化学的基本原理为基础，对水中的待测组分进行定量分析。定量分析方法可根据分析试样用量、待测组分在试样中的相对含量和测定原理等不同进行分类。

根据测定原理和使用的仪器不同，定量分析可分为化学分析法和仪器分析法。前者是以化学反应为基础的分析方法，包括滴定分析法和重量分析法，通常用于常量组分的测定。仪器分析法是以物质的物理和物理化学性质为基础，并借助精密仪器来测定待测组分的含量，通常用于微量组分和痕量组分的测定。

1.4.1　常量分析、半微量分析微量分析

按分析时所需试样用量分类见表 1-3。

表 1-3　按分析时所需试样用量分类

分类名称	所需试样质量 m/mg	所需试样体积 V/mL
常量分析	100～1000	＞10
半微量分析	10～100	1～10
微量分析	0.1～10	0.01～1

按分析时组分在试样中的相对含量分类见表 1-4。

表 1-4　按分析时组分在试样中的相对含量分类

分类名称	质量分数/%
常量组分分析	＞1
微量组分分析	0.01～1
痕量组分分析	＜0.01

1.4.2　滴定分析法

它是将一种已知准确浓度的试剂溶液用滴定管滴加到待测物质的溶液中，直到二者反应完全为止。依据试剂溶液的浓度和用量、试剂与待测物质间的化学计量关系，求得待测组分的含量，故也称容量分析法。

做滴定分析时，将待测溶液置于锥形瓶（或烧杯）中，然后将已知准确浓度的试剂溶液

（即滴定剂或标准溶液）通过滴定管逐滴加到待测溶液中进行测定，这一过程称为滴定。当加入滴定剂的量与被测物质的量之间正好符合化学反应式所表示的化学计量关系时，称为反应到达了化学计量点（过去称为等当点），以 sp 表示。在滴定过程中，一般根据指示剂的变色来确定，将指示剂的变色点称为滴定终点，用 ep 表示。滴定终点与化学计量点往往不一致，由此而造成的分析误差叫做滴定误差，用 E_t 表示。

滴定分析法通常用于常量组分的测定，有时也可用于测定微量组分。滴定分析法法简便、快速、准确度高，当待测组分含量在 1% 以上时，测定的相对误差为 0.2% 左右。

根据标准溶液和被测物质反应的类型不同，滴定分析法可分为以下四类。

① 酸碱滴定法（又称中和法）。是利用酸碱反应进行滴定分析的方法，可用来测定酸、碱、弱酸盐或弱碱盐的含量，如水中碱度、酸度、游离 CO_2 等指标的测定。

② 沉淀滴定法。是利用生成沉淀反应进行滴定分析的方法，可用来测定 Ag^+、CN^- 等离子的含量。

③ 配位滴定法。是利用形成配位化合物反应进行滴定分析的方法。较常用的是以 ED-TA（乙二胺四乙酸）标准溶液测定 Ca^{2+}、Mg^{2+}、Fe^{3+}、Al^{3+} 等离子的含量。

④ 氧化还原滴定法。是利用氧化还原反应进行滴定分析的方法，可用来测定 DO、COD 等。

1.4.3　重量分析法

根据反应产物（一般是沉淀）的质量来确定被测组分在试样中的含量。将水中被测组分与其他组分分离后，转化为一定的称量形式，通过称量可确定被测组分的含量。按分离方法的不同可分为沉淀法、气化法、电解法和萃取法等。

沉淀法是利用沉淀反应使被测组分产生溶解度很小的沉淀，将沉淀过滤、洗涤、烘干或灼烧，然后称其质量，再计算被测组分的含量。如水中 SO_4^{2-} 的测定，在一定体积的水样中，加入过量的 $BaCl_2$ 形成 $BaSO_4$ 沉淀，经过滤、洗涤、灼烧后称重，可计算出水样中 SO_4^{2-} 的含量。

气化法是用加热或其他方法使水样中被测组分（或其他组分）气化逸出，根据气体逸出前后试样质量之差来计算被测组分的含量，如水中悬浮物（SS）、溶解性固形物、总残渣灼烧减重等的测定。

电解法是根据电解原理使金属离子在电极上析出，然后称重可计算出其含量，如水中 Cu^{2+} 的测定。

萃取法是利用一种溶剂将水中被测组分萃取出来，然后将有机溶剂蒸干后称重，可计算出被测组分的含量。

重量分析法适用于含量在 1% 以上的组分测定，可获得很精确的结果，但操作较麻烦，耗费时间较长。

1.4.4　仪器分析法

它是以被测物质的某种物理性质或化学性质为基础的分析方法，主要的仪器分析法有以下几种。

（1）光学分析法　利用物质的光学性质进行分析的方法称为光学分析法，它是目前常用的微量和痕量组分的分析方法。如可见光、紫外和红外分光光度法、原子吸收分光光度法等。

（2）电化学分析法　利用被测溶液的各种电化学性质进行分析的方法称为电化学分析法，如电导分析法、电解分析法、极谱分析法和库仑分析法等。

（3）色谱分析法　常用的有气相色谱法、高压液相色谱法和纸层析法等。

（4）其他分析法　近年来发展了一些新的仪器分析法，如质谱法、核磁共振分析法及 X 射线分析法。

仪器分析法的特点是快速、灵敏、样品用量少，尤其在含量很低时，需要用仪器分析法，但有的仪器价格昂贵，平时维修、维护要求严格。在实际分析工作中，仪器分析往往离不开化学分析的方法，二者互相配合，互相补充。仪器分析正在向自动化、数字化、计算化和遥测的方向发展。仪器分析已成为分析工作的重要手段，化学分析历史悠久，是水分析化学的基础，尤其是滴定分析，操作简便、快速，所需设备简单，准确度较高，因而它仍是一类具有很大实用价值的分析方法。

1.4.5　水质分析方法的选择

分析方法的选择需要考虑许多因素。在分析时，应按待测组分的含量、共存物质的种类和含量、分析的目的等选择适当的分析方法。例如在测定水中氯的含量时，若含量在几毫克每升以上时，最好用滴定分析法。如在几毫克每升以下，最好用仪器分析法。又如测定 SO_4^{2-} 含量，如含量较少，最好选比浊法或比色法，如含量高时，可选用滴定分析法或重量分析法。

所选择的分析方法往往受待测项目以外的共存物质的干扰。因此，必须预先知道存在何种影响物质，在何种含量才不发生干扰。如果共存物质的含量已超过可允许存在量时，就必须采取措施消除。

1.5　水质指标和水质标准

1.5.1　水质指标

水及其杂质共同表现的综合特性叫做水质。衡量水中杂质的标度叫做水质指标，它体现了水中杂质的种类和数量，是判断水污染程度的具体衡量尺度，是水质评价的重要依据。

常用的水质指标有数十项，可分为物理指标、化学指标和微生物指标三大类。

1.5.1.1　物理指标

物理指标是指反映水物理性质的一类指标。

（1）温度　温度影响水的其他物理性质和生物、化学过程，是现场观测的水质指标之一。一般认为，水温升高，有毒物质的毒性增强。当毒物的浓度一定时，温度每升高10℃，受害生物的存活时间就减少一半。

（2）臭味　臭味是水质监测必测的项目之一。水中的臭味可用文字描述法和臭阈值法检验，文字描述法采用臭强度报告，用无、微弱、弱、明显、强和很强6个等级描述；臭阈值是水样用无臭水稀释到闻到最低可辨别的臭气浓度的稀释倍数，饮用水的臭阈值≤2。

（3）颜色　水中的悬浮物、胶体或溶解类物质均可使水产生颜色，有颜色的水可用表色和真色来描述。

① 表色。包括悬浮物在内的 3 种状态的物质所构成的水色。表色测定的是未经静置沉淀或离心的原始水样的颜色。

② 真色。除去悬浮物后的水，由胶体或溶解类物质所造成的颜色。在水质分析中用色度这项水质指标来表示。

颜色的测定方法可参看《水和废水监测分析方法》和《水和废水标准检测法》等书。

（4）浊度　浊度表示水中含有的悬浮或胶体状态的杂质引起的水的浑浊程度。浊度是天然水和饮用水的一项重要水质指标，水样浊度的测定可采用目视比色法和分光光度法。

（5）透明度　透明度与浊度意义相反，但两者同时反映水对透过光的阻碍程度，随水中化学成分的不同和水中悬浮物质和浮游生物的多少而变化，可以反映水体污染的状况。

（6）残渣　残渣分为总残渣、总可滤残渣和总不可滤残渣。残渣采用重量法测定，适用于饮用水、地面水、盐水、生活污水和工业废水的测定。

① 总残渣。将水样混合均匀后，在已称至恒重的蒸发皿中通过水浴或蒸汽浴蒸干，再于 103～105℃烘箱烘至恒重，增加的质量就是总残渣，也称总固体。

$$总残渣(mg/L) = \frac{(G_1 - G_2) \times 1000 \times 1000}{V_水} \tag{1-1}$$

式中，G_1 为水样总残渣和蒸发皿质量，g；G_2 为蒸发皿净重，g；$V_水$ 为水样体积，mL。

通过总残渣的测定，可初步推测给水水源是否适用于城镇或工业方面的应用。

② 总可滤残渣。又称可溶性固体或可溶性蒸发残渣，分为 103～105℃烘干和 180℃烘干的总可滤残渣两种。将水样混合均匀后，通过标准玻璃纤维滤膜（0.45μm），将滤液在蒸发皿中蒸发，并于 103～105℃或 180℃烘干后称至恒重的物质即为总可滤残渣。

$$总可滤残渣(mg/L) = \frac{(G_1 - G_2) \times 1000 \times 1000}{V_水} \tag{1-2}$$

式中，G_1 为烘干残渣和蒸发皿质量，g；G_2 为蒸发皿净重，g；$V_水$ 为水样体积，mL。

③ 总不可滤残渣。又称悬浮物，一般可表示废水污染的程度。

水样混合均匀过滤后，将截留在标准玻璃纤维滤膜（0.45μm）上的物质于 103～105℃烘干至恒重，即为总不可滤残渣。如果悬浮物堵塞滤膜并难以过滤，总不可滤残渣可由总残渣与总可滤残渣之差计算（总不可滤残渣＝总残渣－总可滤残渣）。

$$总不可滤残渣(mg/L) = \frac{(G_1 - G_2) \times 1000 \times 1000}{V_水} \tag{1-3}$$

式中，G_1 为滤膜加残渣质量，g；G_2 为滤膜重，g；$V_水$ 为水样体积，mL。

根据残渣的挥发性能，也可将水中的残渣分为挥发性残渣和固定性残渣。

挥发性残渣也称总残渣灼烧减重。该指标可粗略地代表水中的有机物含量和铵盐、碳酸盐等部分含量。测定方法：水样测定总残渣后，在 600℃灼烧 30min，冷却后用 2mL 蒸馏水湿润残渣，于 103～105℃烘干至恒重，所减少的质量即为挥发性残渣。

$$挥发性残渣(mg/L) = \frac{(W - W') \times 1000 \times 1000}{V_水} \tag{1-4}$$

式中，W 为总残渣质量，g；W' 为总残渣灼烧后质量，g；$V_水$ 为水样体积，mL。

固定性残渣可由总残渣与挥发性残渣之差求得，它可粗略地代表水中无机盐类的含量。

（7）电导率　电导率又称比电导，表示水溶液传导电流的能力，它可间接地表示水中可滤残渣（即溶解性固体）的相对含量。电导率用电导率仪测定。

（8）紫外吸光度值　紫外吸光度值是水中有机物污染的新综合指标。

1.5.1.2 化学指标

天然水和一般清洁水最主要的离子成分有阳离子 Ca^{2+}、Mg^{2+}、Na^+、K^+ 和阴离子 HCO_3^-、SO_4^{2-}、Cl^-、SiO_3^{2-} 8 大基本离子,再加上量虽少但起重要作用的 H^+、OH^-、CO_3^{2-}、NO_3^- 等,可以反映出水中离子组成的基本情况。而受污染的天然水、生活污水、工业废水可以看成是在此基础上又增加了杂质成分。表示水中杂质及污染物的化学成分和特征的综合性能指标叫做化学指标,常见的化学指标见表 1-5。

表 1-5 常见化学指标

表示水中离子含量的指标	
pH 值	表示水样酸碱性。pH 值超出 5~10 的范围时,其本身就对水体中的生物不利。如 pH 值升高,氨的毒性增强,而氰化物、硫化物的毒性降低,多数金属盐类也会由于析出氢氧化物或碳酸盐等沉淀或配位化合物,导致金属离子浓度的降低,从而使毒性降低
碱度	一般来源于水样中的 OH^-、CO_3^-、HCO_3^-,影响水中的许多反应过程
酸度	来源于工业酸性废水或矿井排水,有腐蚀作用,对化学反应速率、化学物品的形态和生物过程等有影响
硬度	由可溶性钙盐和镁盐组成,引起用水管道中发生沉积和结垢。许多金属离子的毒性在软水中要比硬水中强得多
总含盐量	表示水中全部阳离子和阴离子的总和,对农业用水影响较大
表示水中溶解气体含量的指标	
CO_2	是大多数天然水体中碳酸体系的组成物
溶解氧	为大多数高等水生生物呼吸所需,腐蚀金属,水体中缺氧时又会产生有害的 CH_4、H_2S 等,对水体自净作用的研究有重要意义。工业废水和生活污水中的溶解氧状况较差
O_3	为一种优良的氧化剂,在水处理中用于消毒、除色以及除铁、除锰、去除有机物和改善水质
表示水中有机物含量的指标	
高锰酸盐指数	是易氧化有机污染物及还原性无机物的浓度指标
化学需氧量(COD)	是有机污染物的浓度指标,适用于江河湖水、生活污水和工业废水
生物化学需氧量(BOD)	水体通过微生物作用发生自然净化的能力标度;废水生物处理效果标度
总需氧量(TOD)	更能准确地反映水中需氧物质的总量
总有机碳(TOC)	表示水体中有机物总的碳含量,反映水中总有机物污染的程度
活性炭氯仿萃取物(CCE)	主要用于监测水中总有机物的浓度,尤其对含有臭味、有毒有害有机物的水质评价来说很有意义
表示水中有毒物质含量的指标	
有毒金属	常见的有 Cd、Hg、Pb、Cr 等,一般来源于工业废水
有毒准金属	常见的有 As、Se 等,砷化物有剧毒
氯化物	影响可饮用性,腐蚀金属表面
氟化物	在饮用水中的浓度控制在 1mg/L 可防止龋齿,高浓度时有腐蚀性
硫酸盐	在水体缺氧条件下经微生物反硫化作用转化为有毒的 H_2S
硝酸盐氨	通过饮用水过量摄入婴幼儿体内时,可引起变性血红蛋白症
亚硝酸盐氨	是亚铁血红蛋白症的病原体,与仲胺类作用生成致癌的亚硝酸胺类化合物
氨氮	以 NH_4^+ 和 NH_3 形态存在,NH_3 形态对鱼有危害,用 Cl_2 处理水时可产生有毒的氯胺
硝酸盐	基本上有 3 种形态:正磷酸盐、聚磷酸盐和有机键合的磷酸盐,是生命的必需物质,可引起水体富营养化问题

表示水中有毒物质含量的指标	
氰化物	有剧毒,进入生物体内破坏高铁细胞色素氧化酶的正常作用,致使组织缺氧窒息
酚类	多数酚类化合物对人体毒性不大,但有臭味(特别是氯化过的水),影响可饮用性
洗涤剂	仅有轻微毒性,具有发泡性
农药	有毒
石油类	影响空气-水界面间氧的交换,被微生物降解时耗氧,使水质恶化
放射性指标	
总 α、总 β、铀、镭、钍等	生物体受过量辐射时(特别是内照射)可引起各种放射损伤、病变甚至死亡

1.5.1.3 微生物指标

反映水中微生物的种类和数量的一类指标统称为微生物指标。水中微生物指标主要有细菌总数、大肠菌群及游离性余氯。

细菌总数指 1mL 水样在营养琼脂培养基中,于 37℃培养 24h 后,所生长细菌菌落的总数。水中细菌总数是用来判断饮用水、水源水、地面水等污染程度的标志。我国规定饮用水中细菌总数≤100 个/mL。

大肠菌群是水体被粪便污染程度的指标,可用延迟培养法测定。我国规定饮用水中大肠菌群不得检出。

1.5.2 水质标准

为了保护水资源,控制水质污染,维持生态平衡,各国对不同用途的水体都规定了具体的水质要求,即水质标准。水质标准是用水对象所要求的各项水质指标所达到的限值。水质标准是评价水体是否受到污染和水环境质量好坏的准绳,也是判断水质适用性的尺度,它反映了国家保护水资源政策目标的具体要求。水质标准分为水环境质量标准、污染物排放标准和用水水质标准。

1.5.2.1 水环境质量标准

水环境质量标准是为保障人体健康、保证水资源有效利用而规定的各种污染物在天然水体中的允许含量,它是根据大量科学实验资料并考虑现有科学技术水平和经济条件制定的。

中国在 20 世纪 80 年代以来制定的国家水环境质量标准主要有:《海洋水质标准》(GB 3097—1997)、《地下水质量标准》(GB/T 14848—1993)、《地表水环境质量标准》(GB 3838—2002)等。

《地表水环境质量标准》(GB 3838—2002)依据地表水水域的使用目的和保护目标,按功能高低依次划分为以下 5 类,不同功能类别分别执行相应类别的标准值。

Ⅰ类:主要适用于源头水、国家自然保护区。

Ⅱ类:主要适用于集中式生活饮用水地表水源地一级保护区、珍贵水生生物栖息地、鱼虾类产卵场等。

Ⅲ类:主要适用于集中式生活饮用水地表水源地二级保护区、鱼虾类越冬场、洄游通道、水产养殖区等渔业水域及游泳区。

Ⅳ类:主要适用于一般工业用水区及人体非直接接触的娱乐用水区。

Ⅴ类:主要适用于农业用水区及一般景观要求水域。

1.5.2.2 污染物排放标准

为了实现水环境质量标准,对污染源排放的污染物质或排放浓度提出的控制标准,即污染物排放标准。国家环保局制定了《污水综合排放标准》（GB 8978—2002）。一些地方和行业还根据本地的技术、经济、自然条件或本行业的生产工艺特点，制定了专用的排放标准，如《造纸工业水污染物排放标准》（GWPB2—1999）、《钢铁工业水污染排放标准》（GB 13456—2012）等。

排放标准多用排放浓度表示，这有利于统一要求、方便管理，但在排放标准中没有考虑河流的自净能力。事实上，对小河流或封闭性水域，水体自净能力差，如按规定浓度排污，水体质量仍达不到环境质量的要求，对自净能力强的河流，还可以提高排污浓度。因此，制定更为合理的污染物排放标准还应综合考虑各种影响因素。

1.5.2.3 用水水质标准

用水水质标准中包括的指标很多，不同用户对水质要求差异很大，所要求的水质标准需要分别制定。中国已制定的用水水质标准有《生活饮用水卫生标准》（GB 5749—2006）、《农田灌溉水质标准》（GB 5084—2005）、《渔业水质标准》（GB 11607—89）、《景观娱乐用水水质标准》（GB 12941—91）等。

饮用水的安全性对人体健康至关重要。世界很多国家有不同的饮用水水质标准，而最具有代表性和权威性的是世界卫生组织（WHO）水质准则，另外，还有比较有影响的欧共体饮水指令（EC Directive）和美国安全饮用水法案，其他国家均以上述三种标准为基础，制定本国的国家标准。

中国1985年颁布实施的《生活饮用水卫生标准》（GB 5749—85）反映了人体健康和饮用习惯对水质的要求。与国外的饮用水标准相比，主要差别在于微生物学指标项目少，指标低，缺少有机物和消毒副产物指标。国家建设部组织中国城镇供水协会与1992年编制了《城市供水行业2000年技术进步发展规划》，对一、二类司提出一部分比国家水质标准更高的要求，对供水企业的技术进步和供水水质的提高起到了推动作用。而后中国卫生部颁布了《生活饮用水卫生标准》（GB 5749—2006），并于2012年7月1日起执行。

工业用水的水质取决于工业类型和工艺及产品质量要求。由于工业种类繁多，不可能制定统一的水质标准。各种工业对水质的要求由有关工业部门制订。

灌溉用水的水质标准要求在农田灌溉后，水中各种盐类被植物吸收后不会因食用而中毒或引起其他的影响。

渔业用水水质标准除保证鱼类正常的生长、繁殖外，还要防止饮水中有毒、有害物质通过食物链在鱼体内富集、转化，引起鱼类死亡或人类中毒。

随着技术经济水平的提高，一些标准不再适合，旧的标准不断地修订和废止。如《地表水环境质量标准》（GB 3838—2002）是《地表水环境质量标准》（GB 3838—83）在1988年、1999年修订后的第三次修订，标准自2002年6月1日起实施。而《地面水环境质量标准》（GHZB 1—1999）、《地面水环境质量标准》（GB 3838—88）和《景观娱乐用水水质标准》（GB 12941—91）同时废止。

1.6 水质分析程序

水样采集是水质分析的重要环节，分析结果的准确度、可靠性取决于水样的代表性和可靠性。因此，在采样过程中，一定要采集能反映水质现状和具有代表性的水样，为使水样具有代表性，必须对被测试水体的采样断面、位置、采样时间及样品数量等进行周密的调查和设计，使采集的水样经过分析所获得的数据能真正反映水体的实际情况。

1.6.1　采样容器

水质分析中，普遍使用玻璃瓶和聚乙烯塑料瓶，由于容器对水样会产生一定的影响，因此，应根据水样和待测成分考虑下列因素加以选择。

① 容器成分溶入水样问题，如塑料中某些填充剂——玻璃中的钠、硅、硼等溶出进入水样。

② 容器吸附问题，如塑料吸附有机物、玻璃吸附金属。

③ 与容器直接发生反应，如氟化物和玻璃可发生反应。

在选择样品时必须考虑水样与容器可能产生的问题，以确定容器的种类和洗涤方法。

1.6.2　采样方法

采集水样前，应先用水样洗涤取样瓶及塞子2～3次。

（1）洁净水的采样

① 采取自来水或抽水设备中的水样，应先放水数分钟，将积留在水管中的杂质冲洗掉，然后取样。

② 采取井水、河、湖、水库或蓄水池较深处的水样，可用简单的水样采集器。用一条绳索吊起一个能下沉的铁框，将采样容器放在铁框中夹住，在瓶口塞上系一根绳，采样时，将采样器放到水面下预定的深度，拉开瓶塞，让水样进入。

③ 采取河、湖、水库、蓄水池表层的水样，应将取样瓶浸入水面下20～50cm处，打开瓶塞，将水样采入瓶中。

（2）受污染水的采样　工业废水的采集涉及采集时间、地点和次数三个方面。根据分析目的，采取平均混合水样或平均比例混合水样或高峰排放时的水样等。

① 采样地点。测试工业废水是否符合排放标准时，一般在工厂总排放口采样。对于废水处理设备的取样，如为了考察某部分的处理效果，应对该部分的进水、出水同进取样；如为了了解其总的处理效果，应取总进水和总出水水样。

② 采样的时间周期。如废水的流量比较恒定，水质随时间变化比较小，可每隔相同时间取等量废水混合组成平均水样。如果流量不均衡，则需取平均比例水样，即流量大时多取、小时少取。

③ 采样次数。它主要取决于排污的均匀程度和分析要求。对于多数废水可在一个生产周期内每隔1h、2h等采集一次，混合后进行测定，再求平均值。

采集生活污水时应根据分析目的，采取平均水样或平均比例水样，或每一时间的单独水样。

1.6.3　水样的保存

采样和测试的间隔时间愈短，则分析结果愈可靠。对某些成分和物理数值的测定，需要在现场测定，否则在送到实验室之前或在存放过程中可能发生改变，为了减少水样组分的变化，应根据不同测试项目的要求采取不同的保存方法。现将部分测试项目的水样保存方法列于表1-6。采样与间隔的时间应注明于报告中。

表 1-6　水样保存方法

测定项目	采水容器[①]	保存方法	最长保存时间	水样量/mL	备　注
温度	G、P	2~5℃冷藏		1000	现场测定
pH	G、P	2~5℃冷藏	6h	50	最好现场测定
不可滤残渣	G、P	2~5℃冷藏		100	尽快测定
色度	G、P		24h	50	现场测定
浊度	G、P			100	最好现场测定
嗅	G		6h	200	最好现场测定
电导率、酸度、碱度	G、P	2~5℃冷藏	24h	100	最好现场测定
DO	G	加 $MnSO_4$ 和 KI 试剂	4~8h	300	现场固定
BOD_5^{20}	G、P	冷冻或 2~5℃	1个月或6h	1000	
COD	G、P	H_2SO_4 酸化至 pH<2 冷冻,2~5℃冷藏	7d 24h	50	最好尽早测定
TOC	G	H_2SO_4 酸化至 pH<2 冷冻	7d	25	
硬度	G、P	2~5℃冷藏	7d	100	
氨氮、凯氏氮、硝酸盐氮	G、P	H_2SO_4 酸化至 pH<2 冷冻 2~5℃冷藏	24h	400,500 100	
亚硝酸盐氮	G、P	2~5℃冷藏		500	立即分析
总氮	G、P	H_2SO_4 酸化至 pH<2	24h		
O_3	G、P				现场测定
CO_2	G、P				现场测定
余氯	G、P		6h		最好现场测定
挥发酚	G、P	1g$CuSO_4$/L 水,H_3PO_4 酸化至 pH<2	24h	500	
Hg 总量／溶解	G、P／G	HNO_3 酸化至 pH<2,过滤,HNO_3 酸化至 pH<2	13d／38d	100／100	
Cr 总量／六价	G／G	HNO_3 酸化至 pH<2,NaOH 至 pH8~9			当天测定／当天测定
氯化物、氟化物、硫酸盐	G、P	2~5℃冷藏	7d	50,300 50	
氰化物	G、P	NaOH 至 pH13,2~5℃冷藏	24h	500	现场固定
硫化物	G、P	2mL 1mol/L Pb(Ac)$_2$ 和 1mL 1mol/L NaOH	24h	250	现场固定
总金属	P	HNO_3 酸化至 pH<2	6个月		
$CHCl_3$ 等有机氯代物	G、P	抗坏血酸 5g/L,生料带密封			尽快测定
有机氯农药	G	2~5℃冷藏			现场萃取
可溶性磷酸盐	G	现场过滤 2~5℃冷藏	24h	50	
总磷	P、G	H_2SO_4 酸化至 pH<2,2~5℃冷藏	24h	50	
砷	G、P	H_2SO_4 酸化至 pH<2	6个月	100	
硒	G、P	HNO_3 酸化至 pH<2	6个月	50	
硅	P	2~5℃冷藏	7d	50	
油、脂	G	H_2SO_4 酸化至 pH<2,2~5℃冷藏	24h	1000	
离子表面活性剂	G	加 $CHCl_3$,2~5℃冷藏	7d		
非离子表面活性剂	G	使水样含 1%(体积分数)甲醛,水充满瓶,2~5℃冷藏	1个月		
细菌总数、大肠菌群	G(灭菌)	冷藏	6h		

① G—玻璃容器,P—塑料容器。

1.6.4　水样预处理

　　水样中如含有悬浮物、有机物及呈现颜色等则会影响某些金属组分的测定。因此,必须选择适当的方法预处理水样，即将水样中对测定有干扰的悬浮物、有机物及呈现的颜色分解掉，使待测金属以离子形式进入溶液中。

预处理方法有干法分解和湿法分解。干法分解是取适量混合水样于白瓷或石英蒸发皿中，置于水浴上蒸干，移入 500～550℃ 马弗炉中灰化有机物至残渣呈灰白色。取出蒸发皿冷却，用适量 2% HNO_3（或 HCl）溶解样品灰分，过滤入容量瓶中。干法分解操作简单，但对于某些金属元素挥发损失大。湿法分解是取适量混合水样，加入一种酸或混合酸进行加热分解，除去干扰组分。湿法分解损失少，但往往从试剂中带来干扰组分，从总体上看，一般都采用湿法分解。

在测定金属离子总量时，要充分摇匀水样，取出一部分预处理。若仅做溶解状态的金属离子分析时，把水样用 $0.45\mu m$ 滤膜过滤，取一部分滤液进行测试。

对污染较小而比较清洁的水，往往加 HCl 或 HNO_3 加热即可。对含有污浊的水必须用混合酸处理，如加入 $HNO_3\text{-}H_2SO_4$、$HNO_3\text{-}HClO_4$ 等。

1.6.5　水质分析结果的表示

水中所含杂质可视为溶质，水是溶剂，由于水中所含杂质的量很少，即溶液很稀，表示稀溶液的浓度常用的有以下两种。

（1）毫克/升（mg/L）与微克/升（$\mu g/L$）　指 1L 溶液中含有溶质的毫克数（或微克数），即 1 升水中含有杂质的毫克数（或微克数）。

$$1g/L=1000mg/L=1000000\mu g/L$$

对于以水为溶剂的稀溶液来说，在通常温度下，密度近似为 $1g/cm^3$，因此：

$$1L \text{ 水的质量}=1000g=1000000mg$$
$$1mg/L=1mg/10^6mg=1ppm$$

ppm 指一百万份质量的溶液中所含溶质的质量份数，它是百万分率的英文 parts per million 的缩写，现作为法定计量单位已经废止，但由于行业习惯在一些情况下还被使用。

同理：$1\mu g/L=1\mu g/10^9\mu g=1ppb$，它是十亿分率的英文 parts per billion 的缩写。

这种表示方法也称为质量浓度，用 ρ 表示，指单位体积溶液中所含被测物质 B 的质量 m_B，单位用 g/L、mg/L 或 mg/mL 等表示。

对固体样品分析，用质量分数 μ_B 表示，指被测物质 B 在样品中的含量。

$$\mu_B=\frac{m_B}{m_s}\times100\%$$

式中，m_B 为待测物质 B 的质量；m_s 为样品质量；μ_B 为组分 B 在试样中的质量分数，%。

（2）毫摩尔/升（mmol/L）　指 1L 水含有杂质的毫摩尔数。在拟定的水处理方法及水处理工艺中，通常以一价离子（或分子）作为基本单元，即对二价离子以其 1/2 作为基本单元，对三价离子以其 1/3 作为基本单元。

$$1mol/L=1000mmol/L$$

此外，有些水质分析结果还有特定的表示方法，如用水的硬度来表示。

思考题

1. 水分子结构有何特点？具有哪些特性？

2. 天然水中的杂质分为哪几类？

第2章
水质分析与管理

2.1　水样的采集与保存

水样的采集和保存是水质化验的重要环节。要想获得真实可靠的水质化验结果，首先必须使用正确的采样方法和保存方法，并及时分析化验。如果一个环节没有做好，那么即使分析化验操作严格细致、准确无误，其结果也会失去代表性。水样的采集以所取水样有足够的代表性为原则，且不受任何意外的污染。因此，对采样方法、采样用的容器以及水样的保存等都必须有严格的要求。

2.1.1　布点方法

水质分析采样点位的布设是关系到分析数据是否有代表性，是否能真实地反映水环境质量状况和水污染发展趋势的关键问题。

在布置监测采样点时要留意取得有代表性的数据，同时要避免过多的采样，不必要的样品不仅耗费资金，也给数据处理带来不便。样品及其调查监测数据的代表性取决于采样位置、采样断面和采样点的代表性。而采样点的布设则根据调查监测目的、水资源的利用情况及污水与自然水体的混合情况等因素而定。特别应留意水质突变和水质污染严重位置的采样点布设，在这些区域一般采样点应当密一些，在水的渐变处的布点可以稀疏一些。在布设采样点时要尽量考虑到现状评价与影响评价的要求相结合，为了进行影响评价，通常要进行水质监测，建立模型，在布设采样点时也应考虑到建立模型的需要。

2.1.1.1　采样断面的设置

采样位置应在对调查研究结果和有关资料进行综合分析的基础上，根据分析目的，结合水域类型、污染源分布、水的利用情况、水的均匀性和样品的可获得性等因素而确定。采样断面在总体和宏观上应能反映水系或区域的水环境质量状况，各断面的位置应能反映所在区域的污染特征，力求以较少的断面取得代表性最好的样品。

对于江、河水系或某一河段，一般应设置以下3种断面。

（1）对照断面　反映进入本地区河流水质的初始情况，布设在进入城市、工业排污区的上游，不受本地区污染影响的适当位置。一个河段一般只设一个对照断面，设在距离最近的排污口上游 50～1000m 处。

（2）控制断面　控制断面是为评价、分析河段两岸污染源对水体水质的影响而设置的采样断面。控制断面的数目应根据城市工业布局和排污口的分布情况而定，可设置一个至数个控制断面，控制断面的位置应根据主要污染物的迁移与扩散规律、水体径流和河道水力学特征确定，应设在排污口下游 500～1000m 处（因为在排污口下游 500m 横断面上的 1/2 宽度处重金属浓度一般出现高峰值）。对特殊要求的地区，如自然保护区、风景游览区、水产资源区、与水源有关的地方病发病区、严重水土流失区和地球化学异常区等河段上应设置控制断面。

（3）削减断面（净化断面） 是指河流受纳污水和废水后，经水体的稀释扩散、自净作用，使污染物浓度显著下降、污染状况明显减缓，其左、中、右 3 点浓度差异较小的断面，主要反映河流对污染物的稀释自净情况。削减断面通常设在城市或工业区最后一个排污口下游 1500m 以外的河段上，水量小的河流应视具体情况而定。

对于湖泊、水库采样断面的设置，根据汇入湖泊、水库的河流数量、水体径流量、季节变化及动态变化、沿岸污染源分布及污染源扩散与自净规律、水体的生态环境特点等具体情况，确定采样断面的位置，如在进出湖泊、水库的河流汇合处分别设置检测断面。

2.1.1.2 采样点的布设

采样断面设置后，应根据水面的宽度确定断面上的采样垂线，然后根据采样垂线的深度确定采样点的位置和数目。河流的垂线和采样点的设置见表 2-1、表 2-2。

表 2-1 断面垂线设置

水面宽度/m	垂线数目	说　明
≤50	1 条（中泓线）	①断面上垂线的布设应避开岸边污染带。有必要对岸边污染带进行监测时，可在污染带内酌情增设垂线
50～100	2 条（左、右近岸有明显水流处各设 1 条）	
100～1000	3 条（左、中泓、右）	②对无排污河段并有充分数据证实断面上水质均匀时，可只设中泓一条垂线
>1000	应酌情增加采样断面	

表 2-2 垂线上采样点的设置

水深/m	采样点数量	说　明
≤5	1 点（水面下 0.5m 处）	①水深不足 0.5m 时，设在 1/2 水深处
5～10	2 点（水面下 0.5m，河底上 0.5m）	②河流封冻时，设在冰下 0.5m 处
>10	3 点（水面下 0.5m、1/2 水深、河底上 0.5m）	③若有充分数据证实垂线上水质均匀，可酌情减少采样点数目

采样断面和采样点位置确定后，应立即设立标志物，每次采样时以标志物为准，在同一位置采取，以保证样品的代表性。

2.1.1.3 工业废水采样布点

工业废水的采样点往往要根据分析目的来确定，并且应考虑到生产工艺。先调查生产工艺、废水排放情况，然后按照以下原则确定采样点。

① 要测定一类污染物，应在车间或车间设备出口处布点采样。一类污染物主要包括汞、镉、砷、铅、铬（Ⅵ）和强致癌物等。

② 要测定二类污染物，应在工厂总排污口处布点采样。二类污染物有悬浮物、硫化物、挥发酚、氰化物、有机磷化合物、石油类、铜、锌、氟的无机化合物、硝基苯类、苯胺类等。

③ 有处理设施的单位，应在处理设施的排出口处布点。为了解对废水的处理效果，可在进水口和出水口同时布点采样。

④ 在排污渠道上，采样点应设在渠道较直、水量稳定、上游无污水汇入的地方。

⑤ 在排入管道或渠道中流动的废水，由于管道壁的滞留作用，使同一断面的不同部位流速和浓度都有变化，因此可在水面下 1/4～1/2 处采样，作为代表平均浓度的水样采集。

2.1.2 水样的分类

《水质采样技术指导》（HJ 494—2009）中对水样的类型做了具体规定。

（1）瞬时水样 从水体中不连续地随机采集的样品称之为瞬时水样。对于组分较稳定的水体，或水体的组分在相当长的时间和相当大的空间范围变化不大，采集瞬时样品具有很好的代表性。当水体的组成随时间发生变化，则要在适当的时间间隔内进行瞬时采样，分别进行分析，测出水质的变化程度、频率和周期。当水体的组成发生空间变化时，就要在各个相应的部位采样。瞬时水样无论是在水面、规定深度或底层，通常均可人工采集，也可用自动化方法采集。自动采样是以预定时间或流量间隔为基础的一系列瞬时样品，一般情况下所采集的样品只代表采样当时和采样点的水质。

（2）周期水样（不连续）

① 在固定时间间隔下采集周期样品（取决于时间）。通过定时装置在规定的时间间隔下自动开始和停止采集样品。通常在固定的期间内抽取样品，将一定体积的样品注入一个或多个容器中。

② 在固定排放量间隔下采集周期样品（取决于体积）。当水质参数发生变化时，采样方式不受排放流速的影响，此种样品归于流量比例样品。例如，液体流量的单位体积（例如10000L），所取样品量是固定的，与时间无关。

③ 在固定排放量间隔下采集周期样品（取决于流量）。当水质参数发生变化时，采样方式不受排放流速的影响，水样可用此方法采集。在固定时间间隔下，抽取不同体积的水样，所采集的体积取决于流量。

（3）连续水样

① 在固定流速下采集的连续样品（取决于时间或时间平均值）。在固定流速下采集的连续样品，可测得采样期间存在的全部组分，但不能提供采样期间各参数浓度的变化。

② 在可变流速下采集的连续样品（取决于流量或与流量成比例）。采集流量比例样品代表水的整体质量。即便流量和组分都在变化，而流量比例样品同样可以揭示利用瞬时样品所观察不到的这些变化。因此，对于流速和待测污染物浓度都有明显变化的流动水，采集流量比例样品是一种精确的采样方法。

（4）混合水样 在同一采样点上以流量、时间、体积为基础，按照已知比例（间歇的或连续的）混合在一起的样品，此样品称之混合水样。混合水样可自动或人工采集。混合水样是指混合几个单独样品，可减少监测分析工作量，节约时间，降低试剂损耗。

（5）综合水样 把从不同采样点同时采集的瞬时水样混合为一个样品（时间应尽可能接近，以便得到所需要的资料），称作综合水样。综合水样的采集包括两种情况：在特定位置采集一系列不同深度的水样（纵断面样品）；在特定深度采集一系列不同位置的水样（横截面样品）。综合水样是获得平均浓度的重要方式，有时需要把代表断面上的各点或几个污水排放口的污水根据流量按比例混合，取其平均浓度。

（6）大体积水样 有些分析方法要求采集大体积水样，范围从 50L 到几立方米。例如，要分析水体中未知的农药和微生物时，就需要采集大体积的水样。水样可用通常的方法采集到容器或样品罐中，采样时应确保采样器皿的清洁；也可以使样品经过一个体积计量装置后，再通过一个吸收筒（或过滤器），可依据监测要求选定。

（7）平均污水样 对于排放污水的企业而言，生产的周期性影响着排污的规律性。为了得到代表性的污水样（往往需要得到平均浓度），应根据排污情况进行周期性采样。不同的工厂、车间生产周期不同，排污的周期性差别也很大。一般地说，应在一个或几个生产或排放周期内，按一定的时间间隔分别采样。对于性质稳定的污染物，可对分别采集的样品进行混合后一次测定；对于不稳定的污染物可在分别采样、分别测定后取其平均值为代表。

生产的周期性也影响污水的排放量，在排放流量不稳定的情况下，可将一个排污口不同时间的污水样根据流量的大小按比例混合，可得到平均比例混合的污水样。这是获得平均浓度的最常采用的方法，有时需将几个排污口的水样按比例混合，用以代表瞬时综合排污浓度。

2.1.3 水样的采集

2.1.3.1 地表水样的采集

（1）采样前的准备 采样前，要根据监测项目的性质和采样方法的要求，选择适宜材质的盛水容器和采样器具，并清洗干净。此外，还需准备好交通工具，交通工具常使用船只。对采样器具的材质要求化学性质稳定，大小和形状适宜，不吸附欲测组分，容易清洗并可反复使用。

（2）采样方法和采样器（或采水器） 在河流、湖泊、水库、海洋中采样，常乘监测船或采样船、手划船等交通工具到采样点采集，也可涉水和在桥上采集。

采集表层水水样时，可用适当的容器如塑料筒等直接采取。

采集深层水水样时，可用简易采水器、深层采水器、采水泵、自动采水器等。

2.1.3.2 地下水样的采集

（1）井水 从监测井中采集水样常利用抽水机设备。启动后，先放水数分钟，将积留在管道内的陈旧水排出，然后用采样容器（已预先洗净）接取水样。对于无抽水设备的水井，可选择适合的采水器采集水样，如深层采水器、自动采水器等。

（2）泉水、自来水 对于自喷泉水，在涌水口处直接采样。对于不自喷泉水，用采集井水水样的方法采样。对于自来水，先将水龙头完全打开，将积存在管道中的陈旧水排出后再采样。地下水的水质比较稳定，一般采集瞬时水样即能有较好的代表性。

2.1.3.3 废（污）水样的采集

（1）浅层废（污）水 从浅埋排水管、沟道中采样，用采样容器直接采集，也可用长把塑料勺采集。

（2）深层废（污）水 对埋层较深的排水管、沟道，可用深层采水器或固定在负重架内的采样容器，沉入检测井内采样。

（3）自动采样 采用自动采水器可自动采集瞬时水样和混合水样。当废（污）水排放量和水质较稳定时，可采集瞬时水样；当排放量较稳定，水质不稳定时，可采集时间等比例水样；当二者都不稳定时，必须采集流量等比例水样。

2.1.3.4 采集水样注意事项

① 测定悬浮物、pH值、溶解氧、生化需氧量、油类、硫化物、余氯、放射性、微生物等项目需要单独采样；其中，测定溶解氧、生化需氧量和有机污染物等项目的水样必须充满容器；pH值、电导率、溶解氧等项目宜在现场测定。另外，采样时还需同步测量水文参数

和气象参数。

② 采样时必须认真填写采样登记表，每个水样瓶都应贴上标签（填写采样点编号、采样日期和时间、测定项目等），要塞紧瓶塞，必要时还要密封。

2.1.4 水样的运输和保存

2.1.4.1 水样的运输

水样采集后，除一部分项目现场测定外，大部分要运回到实验室进行测定。在水样运输过程中，应尽可能缩短运输时间，以保证水样的完整性，使之不受污染、损坏、丢失。

在水样的运输过程中，应注意以下几点。

① 根据采样记录和样品登记表清点样品，防止搞错。

② 要塞紧采样容器口塞子，必要时用封口胶、石蜡封口。

③ 为避免水样在运输过程中因振动、碰撞导致损失或玷污，最好将样瓶装箱，再用泡沫塑料或纸条挤紧，在箱顶贴上标记。

④ 需冷藏的样品，应配备专门的隔热容器，放入制冷剂。

⑤ 冬季应采取保温设施，以免冻裂样品瓶。

⑥ 水样的运输时间通常以 24h 为最长允许时间。

2.1.4.2 水样的保存

各种水质的水样，从采集到分析测定这段时间内，由于环境条件的改变、微生物新陈代谢活动和化学作用的影响，会引起水样某些物理参数及化学组分的变化，不能及时运输或尽快分析时，则应根据不同监测项目的要求，放在性能稳定的材料制作的容器中，采取适宜的保存措施。

（1）冷藏或冷冻法 冷藏或冷冻的作用是抑制微生物活动，减缓物理挥发和化学反应速度。

（2）加入化学试剂保存法

① 加入生物抑制剂。如在测定氨氮、硝酸盐氮、化学需氧量的水样中加入 $HgCl_2$，可抑制生物的氧化还原作用；对测定酚的水样，用 H_3PO_4 调至 pH 值为 4 时，加入适量 $CuSO_4$，即可抑制苯酚菌的分解活动。

② 调节 pH 值。测定金属离子的水样常用 HNO_3 酸化至 pH 值为 1~2，既可防止重金属离子水解沉淀，又可避免金属被器壁吸附；测定氰化物或挥发性酚的水样加入 NaOH 调至 pH 值为 12，使之生成稳定的酚盐等。

③ 加入氧化剂或还原剂。如测定汞的水样需加入 HNO_3（至 pH<1）和 $K_2Cr_2O_7$（0.05%），使汞保持高价态。测定硫化物的水样，加入抗坏血酸，可以防止被氧化；测定溶解氧的水样则需加入少量硫酸锰和碘化钾固定溶解氧（还原）等。

应当注意，加入的保存剂不能干扰以后的测定；保存剂的纯度最好是优级纯的，还应做相应的空白实验，对测定结果进行校正。水样的保存期限与多种因素有关，如组分的稳定性、浓度、水样的污染程度等。

（3）其他措施 水样采集后在现场立即采取一些措施（如过滤等），对水样的保存是很有益的。水样中的藻类和细菌可被截留在滤膜上，这样就可大大减少和防止水样中的生物活性作用。如果要区分金属、磷等被测物是溶解状态还是悬浮状态时，也需要采样后立即过滤，否则这两种形态在水样储存期间会互相转化。

2.1.5　水样的预处理

环境水样所含组分复杂，并且多数污染组分含量低，存在形态各异，所以在分析测定之前，往往需要进行预处理，以得到欲测组分的形态、浓度适合测定方法要求和消除共存组分干扰的试样体系。在预处理过程中，常因挥发、吸附、污染等原因造成欲测组分含量的变化，故应对预处理方法进行回收率考核。下面介绍常用的预处理方法。

2.1.5.1　水样的消解

当测定含有机物水样中的无机元素时，需进行消解处理。消解处理的目的是破坏有机物，溶解悬浮性固体，将各种价态的欲测元素氧化成单一高价态或转变成易于分离的无机化合物。消解后的水样应清澈、透明、无沉淀。消解水样的方法有湿式消解法和干式分解法（干灰化法）。

（1）湿式消解法

① 硝酸消解法。对于较清洁的水样，可用硝酸消解。其方法要点是：取混匀的水样 $50\sim00mL$ 于烧杯中，加入 $5\sim10mL$ 浓硝酸，在电热板上加热煮沸，蒸发至小体积，试液应清澈透明，呈浅色或无色，否则，应补加硝酸继续消解。蒸至近干，取下烧杯，稍冷后加 $2\%HNO_3$（或 HCl）20mL，温热溶解可溶盐。若有沉淀，应过滤，滤液冷至室温后于 50mL 容量瓶中定容，备用。

② 硝酸-高氯酸消解法。两种酸都是强氧化性酸，联合使用可消解含难氧化有机物的水样。方法要点是：取适量水样于烧杯或锥形瓶中，加 $5\sim10mL$ 硝酸，在电热板上加热、消解至大部分有机物被分解。取下烧杯，稍冷，加 $2\sim5mL$ 高氯酸，继续加热至开始冒白烟，如试液呈深色，再补加硝酸，继续加热至冒浓厚白烟将尽（不可蒸至干涸）。取下烧杯冷却，用 $2\%HNO_3$ 溶解，如有沉淀，应过滤，滤液冷至室温定容备用。因为高氯酸能与羟基化合物反应生成不稳定的高氯酸酯，有发生爆炸的危险，故应先加入硝酸氧化水样中的羟基化合物，稍冷后再加高氯酸处理。

③ 硝酸-硫酸消解法。两种酸都有较强的氧化能力，其中硝酸沸点低，而硫酸沸点高，二者结合使用，可提高消解温度和消解效果。常用的硝酸与硫酸的比例为 5∶2。消解时，先将硝酸加入水样中，加热蒸发至小体积，稍冷，再加入硫酸、硝酸，继续加热蒸发至冒大量白烟，冷却，加适量水，温热溶解可溶盐，若有沉淀，应过滤。为提高消解效果，常加入少量过氧化氢。

④ 硫酸-磷酸消解法。两种酸的沸点都比较高，其中硫酸氧化性较强，磷酸能与一些金属离子如 Fe^{3+} 等络合，故二者结合消解水样，有利于测定时消除 Fe^{3+} 等离子的干扰。

⑤ 硫酸-高锰酸钾消解法。该方法常用于消解测定汞的水样。高锰酸钾是强氧化剂，在中性、碱性、酸性条件下都可以氧化有机物，其氧化产物多为草酸根，但在酸性介质中还可继续氧化。消解要点是：取适量水样，加适量硫酸和 5% 高锰酸钾，混匀后加热煮沸，冷却，滴加盐酸羟胺溶液破坏过量的高锰酸钾。

⑥ 多元消解法。为提高消解效果，在某些情况下需要采用三元以上酸或氧化剂消解体系。例如，处理测总铬的水样时，用硫酸、磷酸和高锰酸钾消解。

⑦ 碱分解法。当用酸体系消解水样造成易挥发组分损失时，可改用碱分解法，即在水样中加入氢氧化钠和过氧化氢溶液，或者氨水和过氧化氢溶液，加热煮沸至近干，用水或稀碱溶液温热溶解。

（2）干灰化法　干灰化法又称高温分解法。其处理过程中是：取适量水样于白瓷或石英蒸发皿中，置于水浴上或用红外灯蒸干，移入马弗炉内，于 $450\sim500℃$ 灼烧到残渣呈灰白色，使有机物完全分解除去。取出蒸发皿，冷却，用适量 2% HNO_3（或 HCl）溶解样品灰分，过滤，滤液定容后供测定。

本方法不适用于处理测定易挥发组分（如砷、汞、镉、硒、锡等）的水样。

2.1.5.2　过滤

如水样浊度较高或带有明显的颜色，就会影响分析结果，可采用过滤、澄清、离心等措施分离不可滤残渣，尤其用适当孔径的过滤器可有效地除去细菌和藻类。

2.1.5.3　挥发

挥发是利用某些污染物质挥发度大，或者将预测组分转变成易挥发物质，然后用惰性气体带出而达到分离的目的。例如，用冷原子荧光法测定水样中的汞时，先将汞离子用氯化亚锡还原为原子态汞，再利用汞易挥发的性质，通入惰性气体将其带出并送入仪器测定；用分光光度法测定水中的硫化物时，先使其在磷酸介质中生成硫化氢，再用惰性气体载入乙酸锌-乙酸钠溶液中吸收，从而达到与母液分离的目的。

2.1.5.4　蒸馏

蒸馏是利用水样中各污染组分具有不同的沸点而使其彼此分离的方法，它是环境检测分析技术中分离待测物的重要操作方法之一。测定水样中的挥发酚、氰化物等，均需先在酸性介质中进行预蒸馏分离。此时，蒸馏具有消解、富集和分离三种作用。按所用手段和条件的不同，蒸馏可分为常压蒸馏、减压蒸馏、分馏和其他类型的蒸馏等。

2.1.5.5　蒸发浓缩

蒸发就是将液体加热变成蒸气而除去的操作。在水质分析中蒸发可用来减少溶剂量（浓缩）或完全除去溶剂（蒸干），以达到富集待测物的目的。一般用于含有欲测组分的稀溶液。

2.1.5.6　溶剂萃取

有机化合物的测定多采用此法进行预处理。溶剂萃取法是基于物质在不同溶剂中的分配系数不同而达到组分的富集与分离目的。

2.1.5.7　超临界流体萃取

超临界流体萃取是利用超临界状态下的流体作为萃取剂，从环境样品中萃取出待测组分的方法。超临界流体萃取分离过程是利用超临界流体的溶解能力与其密度的关系，即利用压力和温度对超临界流体溶解能力的影响而进行的。

在超临界状态下，将超临界流体与待分离的物质接触，使其有选择性地把极性大小、沸点高低和分子量大小不同的成分依次萃取出来。超临界流体的密度和介电常数随密闭体系压力的增加而增加，同时极性增大，利用程序升压可将不同极性的成分进行分步提取，然后借助减压、升温的方法使超临界流体变成普通气体，被萃取物质则完全或基本析出，从而达到分离提纯的目的，所以超临界流体萃取过程是由萃取和分离过程组合而成的。

2.1.5.8　固相萃取

所谓固相萃取法是利用选择性吸附与选择性洗脱的液相色谱法分离原理，使液体样品通过吸附剂，保留其中某一组分，再选用适当溶剂冲去杂质，然后用少量溶剂迅速洗脱，从而达到快速分离净化与浓缩的目的。固相萃取是一个包括液相和固相的物理萃取过程。在固相萃取中，固相对分离物的吸附力比溶解分离物的溶剂更大。当样品溶液通过吸附剂床时，分离物浓缩在其表面，其他样品成分通过吸附剂床；通过只吸附分离物而不吸附其他样品成分的吸附剂，可以得到高纯度和浓缩的分离物。

2.2 纯水和特殊要求的水

2.2.1 纯水分类

纯水水质按照《实验室用超纯水技术指标标准》（GB 6682—2008），可以分为以下三类：①三级水标准，电阻率（25℃）≥0.2MΩ·cm；②二级水标准，电阻率（25℃）≥1MΩ·cm；③一级水标准，电阻率（25℃）≥18.25MΩ·cm。不同级别纯水的具体技术指标与应用领域分别见表 2-3、表 2-4。

表 2-3 纯水水质指标

指　标		一级	二级	三级
pH 值范围(25℃)		—	—	5.0~7.5
电导率(25℃)/(mS/m)	≤	0.01	0.10	0.50
可氧化物质(以 O 计)/(mg/L)	<	—	0.08	0.4
吸光度(254nm,1cm 光程)	≤	0.001	0.01	—
蒸发残渣(105℃±2℃)/(mg/L)	≤	—	1.0	2.0
可溶性硅(以 SiO_2 计)/(mg/L)	<	0.01	0.02	—

表 2-4 不同级别纯水的应用领域

应用领域	纯水级别	相关参数
高效液相色谱(HPLC) 气相色谱(GC) 原子吸收(AA) 电感耦合等离子体光谱(ICP) 电感耦合等离子体质谱(ICP-MS) 分子生物学实验和细胞培养等	Ⅰ级水	电阻率(MΩ·cm):>18.0 TOC 含量($\times 10^{-9}$):<10 热原(EU/mL):<0.03 颗粒(units/mL):<1 硅化物($\times 10^{-9}$):<10 细菌(CLU/mL):<1 pH:—
制备常用试剂溶液 制备缓冲液	Ⅱ级水	电阻率(MΩ·cm):>1.0 TOC 含量(μg/L):<50 热原(EU/mL):<0.25 颗粒(units/mL):NA 硅化物($\times 10^{-9}$):<100 细菌(CLU/mL):<100 pH:—
冲洗玻璃器皿 水浴用水	Ⅲ级水	电阻率(MΩ·cm):>0.05 TOC 含量($\times 10^{-9}$):<200 热原(EU/mL):NA 颗粒(units/mL):NA 硅化物($\times 10^{-9}$):<1000 细菌(CLU/mL):<1000 pH 值:5.0~7.5

2.2.2　实验室常见的水的种类

（1）蒸馏水（distilled water）　是实验室最常用的一种纯水，虽然设备便宜，但极其耗能和费水且速度慢，应用会逐渐减少。蒸馏水能去除自来水内大部分的污染物，但挥发性的杂质无法去除，如二氧化碳、氨、二氧化硅以及一些有机物。新鲜的蒸馏水是无菌的，但储存后细菌易繁殖；此外，储存的容器也很讲究，若是非惰性的物质，离子和容器的塑形物质会析出造成二次污染。

（2）去离子水（deionized water）　应用离子交换树脂去除水中的阴离子和阳离子，但水中仍然存在可溶性的有机物，可以污染离子交换柱从而降低其功效，去离子水存放后也容易引起细菌的繁殖。

（3）反渗透水（reverse osmosis water）　其生成的原理是水分子在压力的作用下，通过反渗透膜成为纯水，水中的杂质被反渗透膜截留排出。反渗透水克服了蒸馏水和去离子水的许多缺点，利用反渗透技术可以有效地去除水中的溶解盐、胶体、细菌、病毒、内毒素和大部分有机物等杂质，但不同厂家生产的反渗透膜对反渗透水的质量影响很大。

（4）超纯水（ultra-pure grade water）　其标准是水电阻率为 $18.2\mathrm{M}\Omega \cdot \mathrm{cm}$。但超纯水在 TOC、细菌、内毒素等指标方面并不相同，要根据实验的要求来确定，如细胞培养对细菌和内毒素有要求，而 HPLC 则要求 TOC 低。

2.2.3　特殊要求的水

在分析某些指标时，对分析过程中所用的纯水中的这些指标的含量应越低越好，这就提出了某些特殊要求的纯水以及制取方法。

（1）不含氯的水　加入亚硫酸钠等还原剂将自来水中的余氯还原为氯离子，用附有缓冲球的全玻璃蒸馏器（以下各项中的蒸馏均同此）进行蒸馏制取。

取实验用水 10mL 于试管中，加入 2～3 滴（1+1）硝酸、2～3 滴 0.1mol/L 硝酸银溶液，混匀，不得有白色沉淀出现。

（2）不含氨的水

① 向水中加入硫酸至 pH 值小于 2，使水中各种形态的氨或者胺最终都转变成不挥发的盐类，收集馏出液即得（注意：避免实验室内空气中含有氨而重新污染，应在无氨气的实验室进行蒸馏）。

② 向蒸馏制得的纯水中加入数毫升再生好的阳离子交换树脂振摇数分钟，即可除氨，或者通过交换树脂柱也能除氨。

（3）不含二氧化碳的水

① 煮沸法。将蒸馏水或去离子水煮沸至少 10min（水多时），或使水量蒸发 10% 以上（水少时），加盖放冷即可。

② 曝气法。将惰性气体（如高纯氮）通入蒸馏水或去离子水中至饱和即可。

制得的无二氧化碳水应储存在一个附有碱石灰管的橡皮塞盖严的瓶中。

（4）不含酚的水

① 加碱蒸馏法。加入氢氧化钠至水的 pH 值大于 11（可同时加入少量高锰酸钾溶液使水呈紫红色），使水中酚生成不挥发的酚钠后进行蒸馏制得。

② 活性炭吸附法。将粒状活性炭加热至 150～170℃烘烤 2h 以上进行活化，放入干燥器内冷却至室温后，装入预先盛有少量水（避免碳粒间存留气泡）的层析柱中，使蒸馏水或去

离子水缓慢通过柱床，按柱容量大小调节其流速，一般以每分钟不超过 100mL 为宜。开始流出的水（略多于装柱时预先加入的水量）必须再次返回柱中，然后正式收集，此柱所能净化的水量一般约为所用炭粒表观容积的 1000 倍。

（5）不含砷的水　通常使用的普通蒸馏水或去离子水基本不含砷，对所用蒸馏器、树脂管和储水容器要求不得用软质玻璃（钠钙玻璃）制品。进行痕量砷测定时，则应使用石英蒸馏器或聚乙烯树脂管及储水容器来制备和盛放不含砷的水。

（6）不含铅（重金属）的水　用氢型强酸性阳离子交换树脂制备不含铅（重金属）的水，储水容器应做无铅处理方可使用（将储水容器用 6mol/L 硝酸浸洗后用无铅水充分洗净）。

（7）不含有机物的水　将碱性高锰酸钾溶液加入水中再蒸馏，在再蒸馏过程中应始终保持水中高锰酸钾的紫红色不得消退，否则应及时补加高锰酸钾。

2.3　分析误差及表示方法

定量分析的目的是通过一系列的分析步骤来获得被测组分的准确含量。但是，在实际测量过程中，即使采用最可靠的分析方法，使用最精密的仪器，由技术最熟练的分析人员测定也不可能得到绝对准确的结果。由同一个人在同样条件下对同一个试样进行多次测定，所得结果也不尽相同。这说明，在分析测定过程中误差是客观存在的。因此，我们不仅要得到被测组分的含量，而且必须了解分析过程中误差产生的原因及出现的规律，以便采取相应措施减小误差，并进行科学的归纳、取舍、处理，使测定结果尽量接近客观真实值。

2.3.1　真值（x_T）

测量的目的就是获得被测量的真值（true value）。所谓真值，就是一个物理量在一定的时间和环境条件下被测量所呈现的客观大小或真实数值。真值是利用理想的量具或测量仪器而得到的无误差的测量结果，它只是一个理想的概念，实际的测量无法得到。真值包括以下几种。

（1）理论真值　指理论计算值，如某化合物的理论组成。

（2）约定真值　由国际计量大会定义的单位，如米、千克等；标准参考物质证书上给出的数值；有经验的人用可靠方法多次测定的平均值，确认消除了系统误差。

（3）相对真值　认定精确度高一个数量级的测定值作为低一个数量级测量值的真值，如标准试样（在仪器分析中常常用到）的含量。

2.3.2　误差与准确度

分析结果的准确度（accuracy）是指分析结果与真实值的接近程度，分析结果与真实值之间差别越小，则分析结果的准确度越高。准确度的大小用误差（error）来衡量，误差是指测定结果与真值（true value）之间的差值。误差又可分为绝对误差（absolute error）和相对误差（relative error）。

（1）绝对误差（E_a）　测量值 x 和真值 x_T 之差为绝对误差，通常称为误差，记为：

$$E_a = x - x_T \tag{2-1}$$

（2）相对误差（E_r）　衡量某一测量值的准确程度，一般用相对误差来表示。相对误差是指绝对误差与真值之比，常以百分数表示，记为：

$$E_r = \frac{E_a}{x_T} \times 100\%\qquad(2\text{-}2)$$

例如，分析天平称量两物体的质量分别为 1.6380g 和 0.1637g，假设两物体的真值各为 1.6381g 和 0.1638g，则两者的绝对误差分别为：

$$E_{a1} = 1.6380 - 1.6381 = -0.0001\text{g}$$
$$E_{a2} = 0.1637 - 0.1638 = -0.0001\text{g}$$

两者的相对误差分别为：

$$E_{r1} = \frac{-0.0001}{1.6381} \times 100\% = -0.006\%$$

$$E_{r2} = \frac{-0.0001}{0.1638} \times 100\% = -0.06\%$$

由此可见，绝对误差相等，相对误差并不一定相等。在上例中，同样的绝对误差，称量物体越重，其相对误差越小，因此，用相对误差来表示测定结果的准确度更为确切。绝对误差和相对误差都有正负值，正值表示分析结果偏高，负值表示分析结果偏低。

2.3.3 误差的分类及其产生原因

根据误差的性质与产生原因，可将误差分为系统误差、随机误差和过失误差三类。

2.3.3.1 系统误差

这类误差是由某种固定的原因造成的，它具有单向性，即正负、大小都有一定的规律性，当重复进行测定时系统误差会重复出现。若能找出原因，并设法加以校正，系统误差就可以消除，因此也称为可测误差。系统误差产生的主要原因如下。

（1）方法误差　指分析方法本身所造成的误差。例如滴定分析中，由指示剂确定的滴定终点与化学计量点不完全符合以及副反应的发生等，都将系统地使测定结果偏高或偏低。

（2）仪器误差　主要是仪器本身不够准确或未经校准所引起的。如天平、砝码和容量器皿刻度不准等，在使用过程中就会使测定结果产生误差。

（3）试剂误差　由于试剂不纯或蒸馏水中含有微量杂质所引起。

（4）操作误差　由于分析人员本身主观因素所引起。如对指示剂颜色辨别偏深或偏浅，滴定管读数习惯性偏高或偏低。

2.3.3.2 随机误差

在实际测量条件下，多次测量同一量时，在极力消除或改正一切明显的系统误差之后，每次测量结果仍会出现一些无规律的随机变化，这些变化正是由随机误差造成的。

产生随机误差的因素很多，有些因素虽然知道，但无法准确控制。例如温度、湿度及空气净化程度等都会对测量结果有影响，在测量中虽力求将它们控制为某一个定值，然而在每一次测量时，它们都存在微小的变化。

单个测量结果的随机误差无规律可言，有正有负，但众多个单个测量结果的随机误差之和就有相互抵消的机会。随着测量次数的增加，随机误差的个数也增加，而随机误差平均值愈来愈小，并以零为极限。因此，多次测量的随机误差的平均值比单个测量的随机误差小。

尽管单个测量的随机误差无规律可言，但当测量次数足够多时，可发现随机误差的总体服从统计规律，从而可以从理论上对随机误差进行研究。19 世纪德国数学家高斯研究大量的测量数据时发现，随机误差分布符合正态分布。一般来讲，随机误差是偶然的。整个实验过程中涉及的随机波动因素愈多，实验的环节愈多，时间愈长，随机误差发生的可能性及波动程度便愈大。随机误差不可避免，但可以减少，这主要依赖于控制实验过程，尤其是那些随机波动性大的因素。适当增加样本含量或处理的重复数可降低随机误差。

2.3.3.3 过失误差

过失误差是一种显然与事实不符的误差，它往往是由于实验人员粗心大意、过度疲劳和操作不正确等原因引起的。此类误差无规则可寻，只要加强责任感、多方警惕、细心操作，过失误差是可以避免的。处理所得数据时，对已发现因过失而产生的结果应舍弃。

2.3.4 消除或减弱误差的方法

从误差的分类和各种误差产生的原因来看，只有熟练操作并尽可能地减少系统误差和随机误差，才能提高分析结果的准确度。减少和避免误差的主要方法分述如下。

（1）对照实验 这是用来检验系统误差的有效方法。进行对照试验时，常用已知准确含量的标准试样（或标准溶液）按同样方法进行分析测定以资对照，也可用不同的分析方法或者由不同单位的化验人员分析同一试样来互相对照。

在生产中，常常在分析试样的同时，用同样的方法做标样分析，以检查操作是否正确和仪器是否正常，若分析标样的结果符合"公差"规定，说明操作与仪器均符合要求，试样的分析结果是可靠的。

（2）空白实验 在不加试样的情况下，按照试样的分析步骤和条件而进行的测定叫做空白试验，得到的结果称为"空白值"。从试样的分析结果中扣除空白值，就可以得到更接近于真实含量的分析结果。由试剂、蒸馏水、实验器皿和环境带入的杂质所引起的系统误差，可以通过空白试验来校正。空白值过大时，必须采取提纯试剂或改用适当的器皿等措施来降低。

（3）校准仪器 在日常分析工作中，因仪器出厂时已进行过校正，只要仪器保管妥善，一般可不必进行校准。在准确度要求较高的分析中，对所用的仪器如滴定管、移液管、容量瓶、天平砝码等必须进行校准，求出校正值，并在计算结果时采用，以消除由仪器带来的误差。

（4）方法校正 某些分析方法的系统误差可用其他方法直接校正。例如，在重量分析中，使被测组分沉淀绝对完全是不可能的，如有必要，需采用其他方法对溶解损失进行校正。如在沉淀硅酸后，可再用比色法测定残留在滤液中的少量硅，在准确度要求高时，应将滤液中该组分的比色测定结果加到重量分析结果中去。

（5）进行多次平行测定 这是减小随机误差的有效方法，随机误差初看起来似乎没有规律性，但事实上偶然中包含有必然性，经过人们大量的实践发现，当测量次数很多时，随机误差的分布服从一般的统计规律。在消除系统误差的情况下，平行测定的次数越多，则测得值的算术平均值越接近真值。

2.3.5 精密度与偏差

实际工作中，真值是无法知道的。虽然在分析化学中存在着"约定"的一些真值，如原子量等，但待测样品是不存在真值的，既然如此，用误差就无法衡量分析结果的好坏。在实际工作中，人们总是在相同条件下对同一试样进行多次平行测定，得到多个测定数据，取其算术平均值，以此作为最后的分析结果。所谓精密度（precision）就是多次平行测定结果相互接近的程度，精密度高表示结果的重复性（repeatability）或再现性（reproducibility）好。重复性表示同一操作者在相同条件下，获得一系列结果之间的一致程度。再现性表示不同操作者在不同条件下，获得一系列结果之间的一致程度。精密度的高低用偏差来衡量。偏差（deviation）又称表观误差，是指各单次测定结果与多次测定结果的算术平均值之间的差别。几个平行测定结果的偏差如果都很小，则说明分析结果的精密度比较高。

2.3.5.1　平均值

对某试样进行 n 次平行测定，测定数据为 x_1，x_2，$\cdots$，x_n，则其算术平均值 $\overline{x}$ 为：

$$\overline{x} = \frac{x_1 + x_2 + \cdots + x_n}{n} = \frac{1}{n}\sum_{i=1}^{n} x_i \tag{2-3}$$

2.3.5.2　平均偏差和标准偏差

计算平均偏差 $\overline{d}$ 时，先计算各次测定对于平均值的绝对偏差 d_i：

$$d_i = x_i - \overline{x} \quad (i=1,2,\cdots) \tag{2-4}$$

然后，计算出各次测量偏差的绝对值的平均值，即得平均偏差（average deviation）$\overline{d}$：

$$\overline{d} = \frac{1}{n}\sum_{i=1}^{n} |d_i| = \frac{1}{n}\sum_{i=1}^{n} |x_i - \overline{x}| \tag{2-5}$$

将平均偏差除以算术平均值得相对平均偏差（relative average deviation）：

$$相对平均偏差 = \frac{\overline{d}}{\overline{x}} \times 100\% \tag{2-6}$$

用平均偏差和相对偏差表示精密度比较简单，但由于在一系列的测定结果中，小偏差占多数，大偏差占少数，如果按总的测定次数要求计算平均偏差，所得结果会偏小，大偏差得不到应有的反映。

例如下面 A、B 两组分析数据，通过计算得各次测定的绝对偏差分别为：

d_A：$+0.15$、$+0.39$、0.00、-0.28、$+0.19$、-0.29、$+0.20$、-0.22、-0.38、$+0.30$

$n=10$，$\overline{d}_A = 0.24$

d_B：-0.10、-0.19、$+0.91^*$、0.00、$+0.12$、$+0.11$、0.00、$+0.10$、-0.69^*、-0.18

$n=10$，$\overline{d}_B = 0.24$

两组测定结果的平均偏差相同，而实际上 B 组数据中出现两个较大偏差（$+0.91$，-0.69），测定结果精密度较差。为了反映这些差别，引入标准偏差。

标准偏差又称均方根偏差，当测定次数趋于无穷大时，标准偏差用 σ 表示：

$$\sigma = \sqrt{\frac{\sum_{i=1}^{n}(x_i - \mu)^2}{n}} \tag{2-7}$$

式中，μ 为无限多次测定结果的平均值，称为总体平均值，即

$$\mu = \lim_{n \to \infty} \frac{1}{n}\sum_{i=1}^{n} x_i \tag{2-8}$$

显然，在没有系统误差的情况下，μ 即为真实值。

在一般的分析工作中，只做有限次数的平行测定，这时标准偏差用 s 表示：

$$s = \sqrt{\frac{\sum_{i=1}^{n}(x_i - \overline{x})^2}{n-1}} = \sqrt{\frac{\sum_{i=1}^{n} d_i^2}{n-1}} \tag{2-9}$$

上述两组数据的标准偏差分别为 $s_A = 0.28$，$s_B = 0.40$。可见采用标准偏差表示精密度比用平均偏差更合理。这是因为，将单次测定的偏差平方后，较大的偏差就能显著地反映出来，因此能更好地反映数据的分散程度。

相对标准偏差（relative standard deviation）也称变异系数（CV），其计算式为：

$$CV = \frac{s}{\bar{x}} \times 100\% \tag{2-10}$$

2.3.6　测量结果的评定

测量结果常用准确度、精密度和精确度来评定。

反映测量结果与真实值接近程度的量，称为精度（亦称精确度）。它与误差大小相对应，测量的精度越高，其测量误差就越小。精度应包括精密度和准确度两层含义。

（1）精密度（precision）　测量中所测得数值重现性的程度，称为精密度。它反映偶然误差的影响程度，精密度高就表示偶然误差小。

（2）准确度（accuracy）　测量值与真值的偏移程度，称为准确度。它反映系统误差的影响精度，准确度高就表示系统误差小。

（3）精确度（精度）　它反映测量中所有系统误差和偶然误差综合的影响程度。

在一组测量中，精密度高的准确度不一定高，准确度高的精密度也不一定高，但精确度高，则精密度和准确度都高。

为了说明精密度与准确度的区别，可用下述打靶的例子进行说明，如图 2-1 所示。

图 2-1(a) 表示精密度和准确度都很好，则精确度高；图 2-1(b) 表示精密度很好，但准确度却不高；图 2-1(c) 表示精密度与准确度都不好。在实际测量中没有像靶心那样明确的真值，而是设法去测定这个未知的真值。

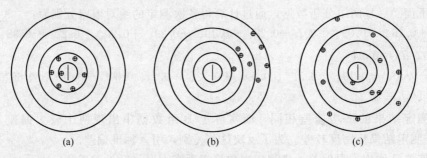

图 2-1　精密度和准确度的关系

2.3.7　随机误差的处理

随机误差是在测量过程中，因存在许多独立的、微小的随机影响因素对测量造成干扰而引起的综合结果。这些微小的随机影响因素既有测量装置方面的因素，也有环境方面的因素和人员方面的因素。由于人们对这些微小的随机影响因素很难把握，一般也无法进行控制，因而对随机误差不能用简单的修正值来校正，也不能用实验的方法来消除。

2.3.7.1　随机误差的正态分布

单个随机误差的出现具有随机性，即它的大小和符号都不可预知，但是，当重复测量次数足够多时，随机误差的出现遵循统计规律，即按正态分布规律分布。

正态分布即所谓的高斯分布，它的曲线呈对称钟形，两头小，中间大，分布曲线有最高点。服从正态分布的测量值 x，其概率密度函数为：

$$y = f(x) = \frac{1}{\sigma \sqrt{2\pi}} e^{-(x-\mu)^2/2\sigma^2} \tag{2-11}$$

式中，y 为概率密度；x 为测量值；μ 为总体平均值；σ 为标准偏差；$(x-\mu)$ 为随机误差。测量值的正态分布曲线如图 2-2 所示。

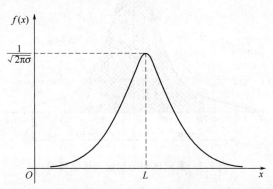

图 2-2　测量值的正态分布曲线

测量值的正态分布曲线具有以下特点。

① 曲线关于 $x=L$ 对称。

② 是单峰曲线，在 $x=L$ 处有最大值 $f(L) = \dfrac{1}{\sqrt{2\pi}\sigma}$。

③ 曲线以横坐标为渐进线，x 离 L 越远，$f(x)$ 的值就越小，当 $x \to \infty$ 时将趋近于横坐标。

④ L 决定了曲线的中心位置。若固定 σ 的值而改变 L 的值，则图形沿着横坐标水平移动，而不会改变图形的形状。

2.3.7.2　随机误差的置信度

对于服从正态分布的随机误差，当概率密度函数确定后，其概率密度分布曲线也就确定了。若给定的一个概率值 $P(0<P<1)$，则能确定一个对称的误差区间 $[-a, a]$，满足 $P\{-a \leqslant \delta \leqslant a\} = P$ 表征随机误差的变化范围，置信概率表征随机误差出现的可能程度。置信区间越宽，相应的置信概率就越大。置信区间和置信概率共同表明了随机误差的可信赖程度。把置信区间和置信概率两者结合起来，统称为置信度。a 为置信区间的界限值，称为置信限。往往将置信限 a 表示为标准偏差的倍数，即 $a = t\sigma$，t 称为置信因子。令 $\alpha = 1-P$，α 称为显著水平或显著度，它表示随机误差在置信区间以外出现的概率。$\Phi(t)$ 为拉普拉斯函数，其值见表 2-5。

当 $t=1$，置信区间为 $[-\sigma, \sigma]$，相应的置信概率 $P = 2\Phi(1) = 2 \times 0.3413 = 0.6826$，置信水平 $\alpha = 1-P = 0.3174 \approx 1/3$，这意味着大约每 3 次测量中有一次测得值的误差落在置信区间 $[-\sigma, \sigma]$ 之外。

当 $t=2$，置信区间为 $[-2\sigma, 2\sigma]$，相应的置信概率 $P = 2\Phi(2) = 2 \times 0.4772 = 0.9544$，置信水平 $\alpha = 1-P = 0.0456 \approx 1/22$，这意味着大约每 22 次测量中有一次测得值的误差落在置信区间 $[-2\sigma, 2\sigma]$ 之外。

当 $t=3$，置信区间为 $[-3\sigma, 3\sigma]$，相应的置信概率 $P = 2\Phi(3) = 2 \times 0.49865 = 0.9973$，置信水平 $\alpha = 1-P = 0.0027 \approx 1/370$，这意味着大约每 370 次测量中有一次测得值的误差落

在置信区间 $[-3\sigma, 3\sigma]$ 之外。

置信区间与相应的置信概率的关系如图 2-3 所示。

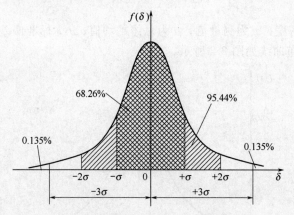

图 2-3 置信区间与相应的置信概率

常用在一定置信概率下的置信区间的大小来表示测量数据的精密程度，置信区间愈小，则测量数据的精密程度就愈高。

表 2-5 拉普拉斯函数表

t	$\Phi(t)$	t	$\Phi(t)$	t	$\Phi(t)$	t	$\Phi(t)$
0.00	0.0000	0.75	0.2734	1.50	0.4332	2.50	0.4938
0.05	0.0199	0.80	0.2881	1.55	0.4394	2.60	0.4953
0.10	0.0398	0.85	0.3023	1.60	0.4452	2.70	0.4965
0.15	0.0596	0.90	0.3159	1.65	0.4505	2.80	0.4974
0.20	0.0793	0.95	0.3289	1.70	0.4554	2.90	0.4981
0.25	0.0987	1.00	0.3413	1.75	0.4599	3.00	0.49865
0.30	0.1179	1.05	0.3531	1.80	0.4641	3.20	0.49931
0.35	0.1368	1.10	0.3643	1.85	0.4678	3.40	0.49966
0.40	0.1554	1.15	0.3740	1.90	0.4713	3.60	0.499841
0.45	0.1736	1.20	0.3849	1.95	0.4744	3.80	0.499928
0.50	0.1915	1.25	0.3944	2.00	0.4772	4.00	0.499968
0.55	0.2088	1.30	0.4032	2.10	0.4821	4.50	0.499997
0.60	0.2257	1.35	0.4115	2.20	0.4861	5.00	0.49999997
0.65	0.2422	1.40	0.4192	2.30	0.4893		
0.70	0.2580	1.45	0.4265	2.40	0.4918		

2.4　实验室的质量控制

实验室质量控制是指为将分析测试结果的误差控制在允许限度内所采取的控制措施，它包括实验室内质量控制和实验室间质量控制两部分内容。

实验室内质量控制包括空白实验、校准曲线的核查、仪器设备的标定、平行样分析、加标样分析以及使用质量控制图等，它是实验室分析人员对测试过程进行自我控制的过程。

2.4.1　质量控制图的绘制及使用

　　对经常性的分析项目常用控制图来控制质量。质量控制图的基本原理是由W. A. Shewart 提出的，他指出：每一个方法都存在着变异，都受到时间和空间的影响，即使在理想的条件下获得的一组分析结果，也会存在一定的随机误差，但当某一个结果超出了随机误差的允许范围时，运用数理统计的方法，可以判断这个结果是异常的、不足信的。质量控制图可以起到这种监测的仲裁作用。因此，实验室内质量控制图是监测常规分析过程中可能出现误差，控制分析数据在一定的精密度范围内，保证常规分析数据质量的有效方法。

　　在实验室工作中每一项分析工作都由许多操作步骤组成，测定结果的可信度受到许多因素的影响，如果对这些步骤、因素都建立质量控制图，这在实际工作中是无法做到的，因此分析工作的质量只能根据最终测量结果来进行判断。对经常性的分析项目，用控制图来控制质量。

　　编制控制图的基本假设是：测定结果在受控的条件下具有一定的精密度和准确度，并按正态分布。若对一个控制样品，用一种方法，由一个分析人员在一定时间内进行分析，累积一定的数据，如这些数据达到规定的精密度、准确度（即处于控制状态），以其结果编制控制图。在以后的经常分析过程中，取每份（或多次）平行的控制样品随机地编入环境样品中一起分析，根据控制样品的分析结果推断环境样品的分析质量。质量控制图的基本组成如图2-4 所示。

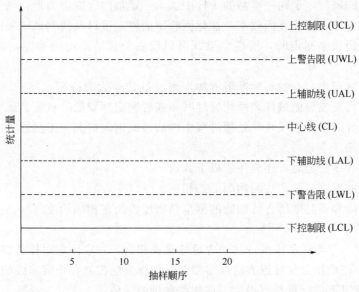

图 2-4　质量控制图的基本组成

图 2-4 中，中心线表示预期值；

$\pm 3\sigma$：控制限表示测定结果的可接受范围；

$\pm 2\sigma$：警告限表示测定结果的目标值区域；

$\pm \sigma$：检查测定结果质量的辅助指标所在区间。

根据误差为正态分布的原理，在统计学上 $X \pm \sigma$ 占正态曲线下面积的 68.26%，以此作为上辅助限和下辅助限；$X \pm 2\sigma$ 占总面积的 95.45%，以此作为上警告限和下警告限；$X \pm 3\sigma$ 占总面积的 99.73%，以此作为控制图的上控制限和下控制限；超过 3 倍 σ 的概率总共只占 0.27%，乃属于小概率事件，亦即同一总体中出现如此大偏差的概率极小，可以认为它不是这个总体中的一个随机样品，这个结论具有 99.73% 的把握是正确的。既然不能作为同一总体中的一个随机组成者，而在分析测试中是用同一分析方法在相同条件下所测得的同一个样品（例如空白实验）的检测值，则必然是某种影响较大的因素发生了作用，从而有根据否定这一测定值。

质量控制图的形式与正态曲线形式完全相同，即将正态曲线向逆时针方向旋转 90°，正态曲线的中心 μ 被 $\bar{x}$ 所代替，作为理想的预期测定值；将 68.26% 概率保证的置信区间作为目标值（即上、下辅助线之间的区域）；以 95.45% 概率保证的置信区间作为可接受范围（即上、下警告限之间的区域）；在上、下警告限至上、下控制限之间的区间可能存在"失控"倾向，应进行检查并采取相应的校正措施；在上、下控制限以外，则表示测定过程已失去控制，应立即停止检测，待查明原因加以纠正后对该批样品全部重新测定。

由于控制图的制作是以正态分布假设为基础的，所以制作一个控制图应对一份控制样品至少做 15~20 组的重复测定，低于 15 组的控制图是不可靠的。这 20 组数据应由 20 天的分析测出，或 20 批分析测出，不能一天进行数组或一批样进行数组测定。控制样品的测定条件应与样品的测定条件完全一致。

2.4.2 其他控制方法

2.4.2.1 加标回收实验

在测定样品的同时，于同一样品的子样中加入一定量的标准物质进行测定，将其测定结果扣除样品的测定值，以计算回收率。加标回收率的测定可以反映测试结果的准确度。当按照平行加标进行回收率测定时，所得结果既可以反映测试结果的准确度，也可以判断其精密度。

在实际测定过程中，有的将标准溶液加入到经过处理后的待测水样中，这样不够合理，尤其是测定有机污染成分而试样须净化处理时，或者测定挥发酚、氨氮、硫化物等需要蒸馏预处理的污染成分时，不能反映预处理过程中的沾污或损失情况，虽然回收率较好，但不能完全说明数据准确。

进行加标回收率测定时，还应注意以下几点。

（1）加标物的形态应该和待测物的形态相同。

（2）加标量应和样品中所含待测物的测量精密度控制在相同的范围内，一般情况下作如下规定。

① 加标量应尽量与样品中的待测物含量相等或相近，并应注意对样品容积的影响。

② 当样品中待测物含量接近方法检出限时，加标量应控制在校准曲线的低浓度范围。

③ 在任何情况下加标量均不得大于待测物含量的 3 倍。

④ 加标后的测定值不应超出方法的测量上限的 90%。

⑤ 当样品中待测物浓度高于校准曲线的中间浓度时，加标量应控制在待测物浓度的半量。

该方法由于加标样和样品的分析条件完全相同，其中干扰物质和不正确操作等因素所导致的效果相等。当以其测定结果的差值计算回收率时，常不能确切反映样品测定结果的实际差错。

2.4.2.2 比较实验

比较试验是指对同一样品采用不同的方法进行测定，比较结果的符合程度来估计测定的准确度。对于难度较大而不易掌握的方法或测定结果有争议的样品，常采用此法。必要时还可以进一步交换操作仪器，交换操作者或两者都交换，将所得结果加以比较，检查操作的稳定性和发现问题，用以控制检测质量。

2.4.2.3 对照分析

对照分析是指在进行环境样品分析的同时，对标准物质或权威部门制备的标准样品进行平行测定，然后将后者的测定结果与已知浓度进行对比，以控制分析的准确度。也可以由他人（上级或权威部门）配制（或选用）标准样品，但不告诉操作者浓度值（密码样），然后由上级或权威部门对结果进行检查。

2.5 分析结果的统计表述

2.5.1 数据修约规则

在定量分析中，为了得到可靠的结果，不仅要准确测定每一项数据，还要进行正确的记录和计算。由于测定值不仅表示了试样中待测组分的含量，而且反映了测定的准确程度，因此了解有效数字的意义，掌握正确的使用方法，避免随意性，是非常重要的。

2.5.1.1 有效数字的意义和位数

测定常量组分的含量时，使用万分之一的分析天平进行称量。由于天平的感量是0.0001g，一般情况下在读出和记录质量时应该保留到小数点后 4 位数字。比如欲标定某溶液的浓度，称取了基准物质 1.0010g。又如，欲配制溶液称取了某试剂 1.0g，由于该质量仅保留了小数点后 1 位数字，因此可以判断它是在感量为 0.1g 的台秤上称得的。

上述例子表明，在分析测定中，记录实验数据和计算测定结果究竟应该保留几位数字，应该根据分析方法和分析仪器的准确度来确定，人为地增减数字的位数是错误的。因此，所谓有效数字是指在分析工作中实际能测量到的数字。而且从量器和仪表上读出的数据不可避免地带有不确定性。

例如滴定中用去标准溶液 21.68mL，前 3 位数字因滴定管上有刻度都能准确读数，但第 4 位数字因在两个刻度之间，只能由分析者估计读出，故此数字不太准确，我们称它为不确定数字或可疑数字。由于不确定数字所表示的量是客观存在的，仅因为受到仪器刻度的精细程度的限制，在估计时会受到观察者主观因素的影响而不能对它准确认定，因此它仍然是一位有效数字（通常有 1 个单位的误差）。同理，基准物的质量为 1.0010g，其中最后一位数字 "0" 也是不确定数字。

综上所述，有效数字由全部准确数字和最后一位（只能是一位）不确定数字组成，它们共同决定了有效数字的位数。有效数字位数的多少反映了测量的准确度。例如用分析天平称取了 1.0010g 样品，一般情况下称量的绝对误差是 0.0002g，那么相对误差是：

$$\frac{\pm 0.0002}{1.0010} \times 100\% = \pm 0.02\%$$

若用台秤称取试样 1.0g，称量的绝对误差为 0.2g，则相对误差为：

$$\frac{\pm 0.2}{1.0} \times 100\% = \pm 20\%$$

可见测量的准确度较前者低很多。结果表明，在测定准确度允许的范围内，数据中有效数字的位数越多，表明测定的准确度越高。当然，超过了测量准确度范围的过多位数是毫无意义的。同时，数字后面的"0"也体现了一定的测量准确度，因而不可任意取舍。当使用准确度较高的量器（滴定管、容量瓶和移液管等）量度溶液的体积时，数据应记至小数点后面2位，例如20.00mL不应写成20mL，否则使人误解是用量筒量取的溶液体积。同理，滴定管的初始读数为零时，应记作0.00mL，而不是0mL。对于数据中的"0"，其情况要做具体分析。

例如，下面各数有效数字的位数分别为：1.0005，五位；0.0540，1.86×10^{-5}，三位；0.5，0.002%，一位；6.023×10^{23}，0.05000，四位；0.054，0.40%，两位；100，2800，较含糊。

以上情况表明，数字之间与数字之后的"0"是有效数字，因为它们是由测量所得到的0，而数字前面的"0"是起定位作用的，它的个数与所取的单位有关，而与测量的准确度无关，因而不是有效数字。例如20.00mL改用升（L）为单位时，表示成0.02000L，有效数字均是四位。而像2800，其有效数字的位数比较模糊，一般可视为四位。如果根据测量的实际情况，采用科学计数法将其表示成 2.8×10^3、2.80×10^3 或 2.800×10^3，则分别表示二、三或四位有效数字，其位数就明确了。

对于非测量所得的数字，如倍数、分数，它们没有不确定性，其有效数字可视为无限多位，根据具体的情况来确定。还有 π、e 等常数也如此处理。

pH、pK 等对数和负对数值，其有效数字的位数仅取决于小数点后数字的位数，而其整数部分只说明了该数据的方次。例如 $[H^+] = 0.0020$ mol/L，亦可写成 2.0×10^{-3} mol/L，或 pH=2.70，其有效数字均为两位。

此外，在乘除运算中，如果有效数字位数最少的因数的首数是"8"或"9"，则积或商的有效数字位数可以比这个因数多取一位。例如 $9.0 \times 0.241 \div 2.84$，其中 9.0 有效数字位数最少，只有两位，但是它的相对误差约为 ±1%，与 10.0 三位有效数字的相对误差接近，所以最后结果可保留三位，即等于 0.764。

2.5.1.2 数字修约规则

在进行具体的数字运算前，按照一定的规则确定一致的位数，然后舍去某些数字后面多余的尾数的过程被称为数字修约，指导数字修约的具体规则被称为数字修约规则。

科技工作中测定和计算得到的各种数值，除另有规定者外，修约时应按照国家标准文件《数值修约规则》进行。

数字修约时应首先确定"修约间隔"、"有效位数"（即保留位数），一经确定，修约值必须是"修约间隔"的整数倍，保留至"有效位数"。然后指定表达方式，即选择根据"修约间隔"保留到指定位数，或将数值修约成 n 位"有效位数"。

使用以下进舍规则进行修约。

① 拟舍弃数字的最左一位数字小于5时则舍去，即保留的各位数字不变。

② 拟舍弃数字的最左一位数字大于5，或等于5且其后跟有并非全部为0的数字时则进一，即保留的末位数字加1（指定"修约间隔"或"有效位数"明确时，以指定位数为准）。

③ 拟舍弃数字的最左一位数字等于5，而右面无数字或皆为0时，若所保留的末位数字为奇数则进一，为偶数（包含0）则舍弃。

④ 负数修约时，取绝对值按照上述 1～3 规定进行修约，再加上负号。

值修约简明口诀：4 舍 6 入 5 看右，5 后有数进上去，尾数为 0 向左看，左数奇进偶舍弃。即四舍六入五留双规则。

四舍六入五留双规则的具体示例如下。

① 当拟舍弃数字的最左一位数字小于或等于 4 时，直接将尾数舍去。例如将下列数字全部修约为四位有效数字，结果为：

0.53664——0.5366， 10.2731——10.27， 18.5049——18.50， 0.58344——0.5834，16.4005——16.40，27.1829——27.18。

② 当拟舍弃数字的最左一位数字大于或等于 6 时，将尾数舍去并向前一位进位。例如将下列数字全部修约为四位有效数字，结果为：

0.53666——0.5367， 8.3176——8.318， 16.7777——16.78， 0.58387——0.5839，10.29501——10.30，21.0191——21.02。

③ 当拟舍弃数字的最左一位数字为 5，而尾数后面的数字均为 0 时，应看尾数"5"的前一位：若前一位数字此时为奇数，就应向前进一位；若前一位数字此时为偶数，则应将尾数舍去。数字"0"在此时应被视为偶数。例如将下列数字全部修约为四位有效数字，结果为：

0.153050——0.1530， 12.6450——12.64， 18.2750——18.28， 0.153750——0.1538，12.7350——12.74，21.845000——21.84。

④ 当拟舍弃数字的最左一位数字为 5，而尾数"5"的后面还有任何不是 0 的数字时，无论前一位在此时为奇数还是偶数，也无论"5"后面不为 0 的数字在哪一位上，都应向前进一位。例如将下列数字全部修约为四位有效数字，结果为：

0.326552——0.3266， 12.73507——12.74， 21.84502——21.85， 12.64501——12.65，18.27509——18.28，38.305000001——38.31。

按照四舍六入五留双规则进行数字修约时，也应像四舍五入规则那样，一次性修约到指定的位数，不可以进行数次修约，否则得到的结果也有可能是错误的。例如将数字 10.2749945001 修约为四位有效数字时，应一步到位 10.2749945001——10.27（正确），如果按照四舍六入五留双规则分步修约将得到错误结果 10.2749945001——10.274995——10.275——10.28（错误）。

2.5.1.3　有效数字的运算规则

（1）加减法　当几个数据相加或相减时，它们的和或差保留几位有效数字，应以小数点后位数最少（即绝对误差最大）的数为依据。例如 0.0121、25.64 和 1.027 三个数相加，由于 25.64 中的"4"已经是不确定数字，这样三个数相加后，小数点后的第 2 位就已不确定了。因此，我们首先按照数字修约规则将其余两数都修约至小数点后面两位，再相加（实际情况：如果运算过程中无中间结果写出，则直接运算完后修约到位；如中间有结果写出，写出的结果要按修约规则写出，然后参与下一步的运算）。

（2）乘除法　对几个数据进行乘除运算时，它们的积或商的有效数字位数，应以其中相对误差最大的（即有效数字位数最少的）那个数为依据。例如，欲求 0.0121、25.64 和 1.027 相乘之积，这三个数中第一个数的相对误差最大，因此，应以它为根据对其他两数进行修约，即各数均取三位有效数字后再相乘，计算结果的有效数字也为三位：0.0121×25.6×1.03＝0.319。

2.5.2 可疑数据的取舍

在实验中得到一组数据，往往发现个别数据离群较远，这一数据称为异常值，又称可疑值。比如四次平行测定值为 0.1010、0.1012、0.1014 和 0.1024，其中 0.1024 与其他三个数据相差较远，究竟应该舍去还是保留？由于可疑值的取舍对结果的平均值影响较大，比如这四个数据的平均值为 0.1015，而如果将 0.1024 舍弃，则三个数据的平均值就是 0.1012。所以对可疑数值的取舍必须十分慎重，尤其当数据较少时，可疑数据的取舍对结果影响更大，不能为了单纯追求实验结果的精密度高而随意舍弃可疑数值。如果可疑数据是由明显的过失造成的，则必须舍去，否则应按一定的统计方法进行处理。

判断离群值是否仍在偶然误差范围内，常用的统计检测方法有格鲁布斯检验法、Q 检验法、$4\bar{d}$ 检验法和 t 检验法等。

2.5.2.1 格鲁布斯（Grubbs）检验法

格鲁布斯（Grubbs）检验法用于不同实验室或不同分析方法对同一样品测得的数据的平均值的一致性检验和剔除离群均值，也可用于一组测量值的一致性检验和剔除离群值。检验方法如下。

设有 n 个测定值，其递增顺序为：x_1，x_2，x_3，…，x_n，其中 x_1 或 x_n 可能是可疑数值。

若 x_1 为可疑值时，统计量 G 算式为：

$$G_{计} = \frac{\overline{x} - x_1}{s} \quad (x_1 为可疑值)   \tag{2-12}$$

若 x_n 为可疑值时，统计量 G 算式为：

$$G_{计} = \frac{x_n - \overline{x}}{s} \quad (x_n 为可疑值)   \tag{2-13}$$

$G_{p,n}$ 值查表 2-6，根据测量次数 n 和给定置信度 P 查得相应的 $G_{p,n}$，如果 $G_{计} \geqslant G_{p,n}$，则可疑数据应弃去，否则应保留。

表 2-6　$G_{p,n}$ 值表

测量次数 n	置信度（P）				
	90.00%	95.00%	97.50%	99.00%	99.50%
3	1.148	1.153	1.155	1.155	1.155
4	1.425	1.463	1.481	1.492	1.496
5	1.602	1.672	1.715	1.749	1.764
6	1.729	1.822	1.887	1.944	1.973
7	1.828	1.938	2.020	2.097	2.139
8	1.909	2.032	2.126	2.22	2.274
9	1.977	2.110	2.215	2.323	2.387
10	2.036	2.176	2.290	2.410	2.482
11	2.088	2.234	2.355	2.485	2.564
12	2.134	2.285	2.412	2.550	2.636
13	2.175	2.331	2.462	2.607	2.699
14	2.213	2.371	2.507	2.659	2.755
15	2.247	2.409	2.549	2.705	2.806
16	2.279	2.443	2.585	2.747	2.852
17	2.309	2.475	2.620	2.785	2.894

测量次数 n	置信度(P)				
	90.00%	95.00%	97.50%	99.00%	99.50%
18	2.335	2.501	2.651	2.821	2.932
19	2.361	2.532	2.681	2.954	2.968
20	2.385	2.557	2.709	2.884	3.001
21	2.408	2.580	2.733	2.912	3.031
22	2.429	2.603	2.758	2.939	3.060
23	2.448	2.624	2.781	2.963	3.087
24	2.467	2.644	2.802	2.987	3.112
25	2.486	2.663	2.822	3.009	3.135

2.5.2.2　Q 值检验法

此法适用于一组测量值的一致性检验和剔除离群值，本法中对最小可疑值和最大可疑值进行检验的公式因样本的容量（n）不同而异，检验方法如下。

① 将测得的数据由小到大排列为：x_1，x_2，x_3，…，x_n，其中 x_1 或 x_n 为可疑数值。

② 求出最大与最小数据之差（极差）$x_n - x_1$。

③ 求出可疑数据与其最邻近数据之差 $x_n - x_{n-1}$ 或 $x_2 - x_1$。

④ 求出舍弃商 $Q_{计}$

$$Q_{计} = \frac{x_n - x_{n-1}}{x_n - x_1}(x_n 可疑) \quad Q_{计} = \frac{x_2 - x_1}{x_n - x_1}(x_1 可疑)$$

⑤ Q 值查表 2-7，可得相应 n 值和置信度下的 $Q_{P,n}$ 值，若 $Q_{计} > Q_{表}$，则应将极端值舍弃，否则应保留。如果出现 $Q_{计} = Q_{表}$，最好再补测一两次，再用 Q 检验法决定取舍。

此外如果需对一个以上可疑值决定取舍时，首先检验最小值，然后再检验最大值。

Q 检验法适用于测定次数为 3~10 次。

表 2-7　$Q_{P,n}$ 值表

Q＼n	3	4	5	6	7	8	9	10
$Q_{0.90}$	0.94	0.76	0.64	0.56	0.51	0.47	0.44	0.41
$Q_{0.95}$	0.97	0.84	0.73	0.64	0.59	0.54	0.51	0.49

【例 2-1】　某矿石中钒的含量（%），4 次分析测定结果为 20.39、20.41、20.40 和 20.16，用 Q 检验法判断 20.16 是否舍弃（置信度为 90%）。

解：将测定值由小到大排列：20.16、20.39、20.40、20.41

$$Q = \frac{20.39 - 20.16}{20.41 - 20.16} = \frac{0.23}{0.25} = 0.92$$

查表 2-7，在 90% 的置信度时，当 $n=4$，$Q_{表} = 0.76 < Q = 0.92$。因此，该数值舍弃。

2.5.3　有限测定数据的统计处理

2.5.3.1　t 分布曲线

正态分布是无限次测量数据的分布规律，而在实际工作中，只能对随机抽得的样本进行有限次的测量。由于测量次数有限，均未求得总体平均值 μ 和总体标准偏差 σ，只能用样本的标准偏差 S 来估计测量数据的分散情况。用 S 代替 σ 必然会引起分布曲线变得平坦，从而引起误差。为了得到同样的置信度（面积），必须用一个新的因子代替 μ 由英国统计学家兼化学家戈塞特（Gosset）在 1908 年以笔名为 Student 提出，称为置信因子 t，统计量 t 的表达式为：

$$t = \frac{\overline{x} - \mu}{S_{\overline{x}}} \tag{2-14}$$

式中，$S_{\overline{x}}$ 称为平均值的标准偏差（平均值 $\overline{x}$ 与总体平均值 μ 相符的程度），与样本容量 n 有关，即：$S_{\overline{x}} = \dfrac{S}{\sqrt{n}}$，则：

$$t = \frac{\overline{x} - \mu}{S_{\overline{x}}} = \frac{\overline{x} - \mu}{S}\sqrt{n} \tag{2-15}$$

与正态分布曲线形状相似，但 t 分布随自由度 f 而改变，当 $f > 20$ 时，t 值与 μ 值已非常接近了。当 f 趋于 ∞ 时，t 分布趋于正态分布，见图 2-5。

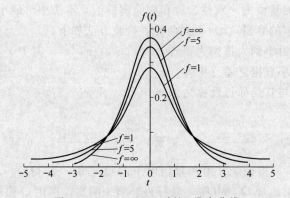

图 2-5　$f = 1$，5，∞ 时的 t 分布曲线

与正态分布曲线一样，t 分布曲线下面一定范围内的面积，也是该范围内测定值出现的概率，纵坐标表示概率密度值，横坐标则用统计量 t 值来表示。随着 n 增多，t 分布曲线愈来愈陡峭，测定值的集中趋势亦更加明显。但应注意，对于正态分布曲线，只要 μ 值一定，相应的概率也就一定；但对于 t 分布曲线，当 t 一定时，由于 f 不同，相应曲线所包括的面积也不同，即概率也就不同。为此引入置信度的概念，置信度 P 是指人们对所作判断的把握程度，其实质为某事件出现的概率，表示某一 t 值时，平均值落在 $(\mu \pm tS_x)$ 区间内的概率。落在此范围之外的概率为 $(1 - P)$，称为显著性水平，用 α 表示。

不同概率 P 与 f 值所对应的 t 值，表示为 $t_{P, f}$。如 $t_{0.95, 10}$ 代表置信度为 95%、自由度为 10 时的 t 值。由表 2-8 中的数据可知，f 越小，t 与 μ 相差越大；随着 f 增大，t 逐渐减小并与 μ 接近。当 $f = 20$ 时，t 与 μ 已经相当接近。当 f 趋近于 ∞ 时，t 趋近于 μ，而 S 趋近于 σ。

表 2-8　不同自由度及不同置信度下的 t 值

自由度 $f = n - 1$	置信度				
	50%	90%	95%	99%	99.5%
1	1.000	6.314	12.706	63.657	127.32
2	0.816	2.920	4.303	9.925	14.089
3	0.765	2.353	3.182	5.841	7.453
4	0.741	2.132	2.776	4.604	5.598

自由度 $f=n-1$	置信度				
	50%	90%	95%	99%	99.5%
5	0.727	2.015	2.571	4.032	4.773
6	0.718	1.943	2.447	3.707	4.317
7	0.711	1.895	2.365	3.500	4.029
8	0.706	1.860	2.306	3.355	3.832
9	0.703	1.833	2.262	3.250	3.690
10	0.700	1.812	2.228	3.169	3.581
20	0.687	1.725	2.086	2.845	3.153
∞	0.674	1.645	1.960	2.576	2.807

2.5.3.2 平均值的置信区间

将式（2-15）改写为：

$$\mu = \overline{x} \pm \frac{tS}{\sqrt{n}} \qquad (2\text{-}16)$$

$\overline{x} \pm \dfrac{tS}{\sqrt{n}}$ 的范围就是平均值的置信区间，表示在某一置信度下，以测量值为中心，真值出现的范围。

置信区间分双侧置信区间与单侧置信区间两种。双侧置信区间是指同时存在大于和小于总体平均值的置信范围，即 $\overline{x} - \dfrac{tS}{\sqrt{n}} < \mu < \overline{x} + \dfrac{tS}{\sqrt{n}}$；单侧置信区间是指 $\mu < \overline{x} + \dfrac{tS}{\sqrt{n}}$ 或 $\mu > \overline{x} - \dfrac{tS}{\sqrt{n}}$ 的范围。除了指明求算在一定置信水平时总体均值大于或小于某值外，一般都是求算双侧置信区间。

置信度越高，t 曲线下面积越大，置信区间就越大，即所估计的区间包括真值的可能性也就越大。但当 $P=100\%$，则意味着区间无限大，这样的区间毫无意义；分析中通常将 P 定在 95% 或 90%。

【例 2-2】 分析 SiO_2 的质量分数，得到下列数据：28.62%，28.59%，28.51%，28.48%，28.52%，28.63%。求平均值、标准偏差和置信度分别为 90% 和 95% 时，平均值的置信区间。

解：

$$\overline{x} = \left(\frac{28.62+28.59+28.51+28.48+28.52+28.63}{6} \right) \div 100 \times 100\% = 28.56\%$$

$$S = \sqrt{\frac{0.06^2 + 0.03^2 + 0.05^2 + 0.08^2 + 0.04^2 + 0.07^2}{6-1}} \div 100 \times 100\% = 0.06\%$$

查表 2-8，置信度为 90% 时，$n=6$，$t=2.015$，则

$$\mu = \left(28.56 \pm \frac{2.015 \times 0.06}{\sqrt{6}} \right) \div 100 \times 100\% = 28.56\% \pm 0.05\%$$

同理，置信度为 95% 时，$n=6$，$t=2.571$，则

$$\mu = \left(28.56 \pm \frac{2.571 \times 0.06}{\sqrt{6}} \right) \div 100 \times 100\% = 28.56\% \pm 0.07\%$$

上述计算说明，随着置信度的增加，置信区间同时增大。

从 t 值表中还可以看出，当测量次数 n 增大时，t 值减小；当测定次数为 20 次以上到测定次数为 ∞ 时，t 值之间相差不多，这表明当 $n > 20$ 时，再增加测定次数对提高测定结果的准确度已经没有什么意义，因此只有在一定的测定次数范围内，分析数据的可靠性才随平行测定次数的增多而增加。

2.5.3.3 显著性检验

在分析工作中常遇到这样的情况，某人对标样进行分析，得到的平均值 $\bar{x}$ 与标准值 μ 不一致；或采用两种不同的分析方法分析同一试样，得到的两组测定数据的平均值不一致；或两个不同分析人员对同一试样进行分析时，两组数据的平均值 $\bar{x}_1$ 与 $\bar{x}_2$ 不一致。如这种差异是由随机误差引起，则是不可避免的（正常的），可以认为差异不显著；如这种差异是由系统误差引起，则认为它们之间存在"显著性"差异。

显著性检验就是运用统计的方法来判断这类数据间的差异是否属于显著性差异，其目的是检验测量中是否存在系统误差，从而正确评价测量结果的可靠性。在分析工作中常用的显著性检验方法有 t 检验法和 F 检验法。

（1）平均值与标准值比较（t 检验）　当检查某一新分析方法或某操作过程是否存在系统误差，可用标样或基准物质做几次测定，然后用 t 检验法检验 $\bar{x}$ 与 μ 之间是否存在显著性差异。

t 检验法的理论基础仍然是 t 分布，它从平均值的置信区间的表达式出发，定义参数 $t_{\text{计}}$：

$$t_{\text{计}} = \frac{|\bar{x} - \mu|}{S}\sqrt{n} \tag{2-17}$$

t 检验法的操作步骤如下。

① 根据 $\bar{x}$，μ，S，n，先计算 t 值。

② 给出显著性水平或置信度，查 $t_{P,f}$ 表。

③ 比较：若 $t_{\text{计}} < t_{P,f}$，表示有显著性差异，存在系统误差；若 $t_{\text{计}} \leqslant t_{P,f}$，表示无显著性差异。

【例 2-3】　一种新方法用来测定试样含铜量，用含量为 11.7mg/kg 的标准试样进行五次测定，所得数据为 10.9，11.8，10.9，10.3，10.0，判断该方法是否可行（是否存在系统误差）。

解：求得 $\bar{x} = 10.8$，$S = 0.7$

$$t = \frac{|\bar{x} - \mu|}{S}\sqrt{n} = \frac{|10.8 - 11.7|}{0.7}\sqrt{5} = 2.87$$

查表得 $t_{0.95,5} = 2.78$，因此 $t_{\text{计}} > t_{P,f}$，说明该方法存在系统误差。

（2）两组平均值的比较　当需要对两个分析人员测定相同试样所得结果进行评价或对两种方法进行比较，检查两种方法是否存在显著性差异，即是否存在系统误差时，先用 F 检验检测两种数据的精密度是否存在显著性差异，若两种数据的精密度不存在显著性差异，则必须再进行 t 检验，以确定两种数据或两种方法是否存在显著性差异，即是否存在系统误差；若先用 F 检验检测两种数据的精密度存在显著性差异时，则不必再进行 t 检验就可确定两种数据或两种方法之间存在显著性差异。

① F 检验。设两种方法的测定结果分别是 $\bar{x}_1$、S_1 和 n_1 以及 $\bar{x}_2$、S_2 和 n_2，首先用 F 检验法检验这两组数据的精密度有无显著性差异，先按式（2-18）计算统计量 $F_{\text{计}}$：

$$F_{计} = \frac{S_1^2}{S_2^2} \tag{2-18}$$

由于总是以较大的标准偏差的平方值为分子,而以较小的标准偏差的平方值为分母,所以 $F_{计}$ 总是大于或等于 1。再由两组测定的自由度 f_1 和 f_2 查得相应的 $F_{表}$,比较 $F_{计}$ 与 $F_{表}$ 的大小,如果 $F_{计} > F_{表}$,表明 S_1 和 S_2 有显著差异;如果 $F_{计} < F_{表}$,表明 S_1 和 S_2 没有显著差异,需进一步做 t 检验。

应该注意的是,在用 F 检验法来检验两组数据的精密度是否有显著差异时,应首先确定这种检验是属于单边检验还是双边检验。如果事先并不确定这两组数据在精密度上的优劣,第一组数据的 S_1 既可能大于第二组数据的 S_2,也可能小于 S_2,则为双边检验。而如果事先已经确定 S_1 和 S_2 的优劣,例如已知 S_1 只可能大于或等于 S_2,而不可能小于 S_2,F 检验只是为了确定 S_1 是否显著大于 S_2,则为单边检验,表 2-9 为 $P=0.95$ 时的单边检验 F 值表,如果要用此表进行双边 F 检验,由于此时显著性水平 α 为单边检验时的 2 倍,则 $\alpha = 0.10$,则置信度 $P=0.90$。

表 2-9　F 值表 (单边,置信度 0.95)

$f_小$ \ $f_大$	2	3	4	5	6	7	8	9	10	∞
2	19.00	19.16	19.25	19.30	19.33	19.36	19.37	19.38	19.39	19.50
3	9.55	9.28	9.12	9.01	8.94	8.88	8.84	8.81	8.78	8.53
4	6.94	6.59	6.39	6.26	6.16	6.09	6.04	6.00	5.96	5.63
5	5.79	5.41	5.19	5.05	4.95	4.88	4.82	4.78	4.74	4.36
6	5.14	4.76	4.53	4.39	4.28	4.21	4.15	4.10	4.05	3.67
7	4.74	4.35	4.12	3.97	3.87	3.79	3.73	3.68	3.63	3.23
8	4.46	4.07	3.84	3.69	3.58	3.50	3.44	3.39	3.34	2.93
9	4.26	3.86	3.63	3.43	3.37	3.29	3.23	3.18	3.13	2.71
10	4.10	3.71	3.48	3.33	3.22	3.14	3.07	3.02	2.97	2.54
∞	3.00	2.60	2.37	2.21	2.10	2.01	1.94	1.88	1.83	1.00

注:$f_大$ 为大方差数据的自由度;$f_小$ 为小方差的自由度。

② t 检验。当用 F 检验法检验两组数据的精密度 S_1 和 S_2 没有显著差异时,需再用 t 检验法判断两个平均值 $\bar{x}_1$ 和 $\bar{x}_2$ 之间有无显著性差异,即两者的差异是否由系统误差所引起。

先求合并后的标准偏差 $S_合$ 和 $t_{计}$

$$S_合 = \sqrt{\frac{(n_1-1)S_1^2 + (n_2-1)S_2^2}{n_1+n_2-2}} \tag{2-19}$$

$$t = \frac{|\bar{x}_1 - \bar{x}_2|}{S_合} \sqrt{\frac{n_1 n_2}{n_1+n_2}} \tag{2-20}$$

再查 t 值表,自由度 $f = n_1 + n_2 - 2$。

若 $t_{计} > t_{P,f}$,说明两组数据不属于同一总体,它们之间存在显著性差异;若 $t_{计} \leqslant t_{P,f}$,说明两组数据之间不存在系统误差。

2.5.4　线性相关和回归分析

2.5.4.1　确定关系与相关关系

在科学实验过程中,总会遇到多个变量,同一过程中的这些变量往往是相互依赖、相互制约的，也就是说它们之间存在相互关系，这种相互关系可分为确定性关系和相关关系。

当一个或几个变量 x_1、x_2、…、x_n 取一定值时，另一个变量 y 有确定值与之对应，也就是说变量之间存在严格的函数关系，这种关系就称为确定性关系。

当一个或几个变量 x_1、x_2、…、x_n 取一定值时，与之对应的另一变量 y 的值虽然不能确定，但它按照某种规律在一定范围内变化，其相互关系往往以相关的形式表达出来，变量之间的这种关系称为相关关系。

2.5.4.2　回归分析

相关关系虽然是不确定的，但却是一种统计关系，在大量观察数据下，往往呈现出一定的规律性。它可以通过大量实验指标的散点图反映出来，也可借助相应的函数式表达出来，这种函数被称为回归函数或回归方程。

回归分析（regression analysis）是研究一个因变量 y 与其他若干自变量 x 之间相关关系的统计方法，它可以在一组实验或观测数据的基础上，寻找被随机性掩盖了的变量之间的统计规律。

回归分析中，当研究的因果关系只涉及一个因变量 y 和一个自变量 x 时，叫做一元回归分析；当研究的因果关系涉及因变量和两个或两个以上自变量时，叫做多元回归分析。此外，回归分析中，又依据描述自变量与因变量之间因果关系的函数表达式是线性的还是非线性的，分为线性回归分析和非线性回归分析。通常线性回归分析法是最基本的分析方法，遇到非线性回归问题可以借助数学手段化为线性回归问题处理。

2.5.4.3　一元线性回归分析

一元线性回归方程（linear regression equation）又称直线拟合，是处理两个变量 x 和 y 之间相关关系的最简单模型。

（1）一元线性回归方程的建立　假设：一组实验数据中，自变量为 $x_i(i=1，2，…，n)$，因变量为 y_i。若 x 和 y 符合线性关系，或根据已知经验公式为直线形式，都可拟合为直线方程，即

$$\hat{y}_i = a + bx_i \tag{2-21}$$

式中，a，b 为回归系数（regression coefficient）；$\hat{y}_i$ 为 x_i 对应的回归值。

实验观测值 y_i 和回归值 $\hat{y}_i$ 是不同的两个变量，两者不一定相等。y_i 表示通过实验得到的某一点的实际观测值；$\hat{y}_i$ 可看作是某一点的实际观测值 y_i 的平均值，是统计规律值。

① 最小二乘法原理。假设 $\hat{y}_i$ 和 y_i 之间的偏差称为残差 e_i，则有：

$$e_i = y_i - \hat{y}_i$$

显然，当残差平方值之和最小时（考虑到残差有正有负），回归方程与实验值的拟合程度才是最好的。

令残差平方和为：

$$SS_e = \sum_{i=1}^{n} e_i^2 = \sum_{i=1}^{n} (y_i - \hat{y}_i)^2 = \sum_{i=1}^{n} [y_i - (a + bx_i)]^2$$

为使 SS_e 达到最小值，根据极值原理，将上式分别对 a 和 b 求偏导数，并令其等于零，即可求得回归系数 a 和 b。即：

$$\frac{\partial(SS_e)}{\partial a} = 0$$

$$\frac{\partial(SS_e)}{\partial b}=0$$

这就是最小二乘法原理。

② 回归系数计算。根据最小二乘法原理，可得到方程组：

$$\begin{cases} \dfrac{\partial(SS_e)}{\partial a}=-2\sum_{i=1}^{n}(y_i-a-bx_i)=0 \\ \dfrac{\partial(SS_e)}{\partial b}=-2\sum_{i=1}^{n}(y_i-a-bx_i)x_i=0 \end{cases}$$

即：

$$\begin{cases} na+b\sum_{i=1}^{n}x_i=\sum_{i=1}^{n}y_i \\ a\sum_{i=1}^{n}x_i+b\sum_{i=1}^{n}x_i^2=\sum_{i=1}^{n}(x_iy_i) \end{cases}$$

上式即为正规方程组（normal equation）。

对方程组求解，即可得到回归系数 a 和 b。

$$\begin{cases} a=\overline{y}-b\overline{x} \\ b=\dfrac{n\sum\limits_{i=1}^{n}(x_iy_i)-\sum\limits_{i=1}^{n}x_i\sum\limits_{i=1}^{n}x_i}{n\sum\limits_{i=1}^{n}x_i^2-(\sum\limits_{i=1}^{n}x_i)^2}=\dfrac{\sum\limits_{i=1}^{n}(x_iy_i)-n\overline{x}\,\overline{y}}{\sum\limits_{i=1}^{n}x_i^2-n(\overline{x})^2} \end{cases}$$

式中，$\overline{x}$ 为实验数据 x_i 的算术平均值；$\overline{y}$ 为实验数据 y_i 的算术平均值。

$$\overline{x}=\frac{\sum\limits_{i=1}^{n}x_i}{n}$$

$$\overline{y}=\frac{\sum\limits_{i=1}^{n}y_i}{n}$$

为了计算方便，令：

$$\begin{cases} L_{xx}=\sum_{i=1}^{n}(x_i-\overline{x})_2=\sum_{i=1}^{n}x_i^2-n(\overline{x})^2 \\ L_{xy}=\sum_{i=1}^{n}(x_i-\overline{x})(y_i-\overline{y})^2=\sum_{i=1}^{n}x_iy_i-n\overline{x}\,\overline{y} \\ L_{yy}=\sum_{i=1}^{n}(y_i-\overline{y})_2=\sum_{i=1}^{n}y_i^2-n(\overline{y})^2 \end{cases}$$

则回归系数计算公式可简化为

$$\begin{cases} a=\overline{y}-b\overline{x} \\ b=\dfrac{L_{xy}}{L_{xx}} \end{cases}$$

将 b 代入回归方程中，可得到回归方程的另一种表达形式：

$$\hat{y}-\overline{y}=b(x-\overline{x})$$

可见，回归直线一定通过 $(\bar{x}, \bar{y})$，即只有观测值 x_i 在回归直线上时，$\hat{y}_i$ 才等于 y_i。

（2）一元线性回归方程的建立步骤

① 假设：一组实验数据中，自变量为 x_i（$i=1, 2, \cdots, n$），因变量为 y_i。

② 根据实验数据画出散点图。散点图是表示两个变量之间关系的图，也称相关图，用于分析两个测定值之间的相关关系，且直观简便。通过做散点图对数据的相关性进行直观观察，不但可以得到定性结论，而且也可通过观察剔除异常数据，从而提高利用计算法估算的准确性。

③ 根据散点图或经验公式确定回归方程的数学模型。从散点图中可以看出，如数据点大部分都落在一条直线附近，可以说变量 x 和 y 之间存在线性关系。

假设 x_i 和 y_i 之间有如下关系：

$$y_i = \beta_0 + \beta x_i + \xi_i$$

式中，ξ_i 为其他因素对 y_i 的影响，一般假设它们是相互独立且服从正态分布的随机变量；β_0，β 为参数。

④ 利用最小二乘法得到正规方程组。设 a 和 b 分别是参数 β_0 和 β 的最小二乘估计值，则数学模型可写为：

$$\hat{y} = a + bx$$

通过最小二乘原理，得到正规方程组：

$$\begin{cases} \dfrac{\partial(SS_e)}{\partial a} = -2 \sum\limits_{i=1}^{n} (y_i - a - bx_i) = 0 \\ \dfrac{\partial(SS_e)}{\partial b} = -2 \sum\limits_{i=1}^{n} (y_i - a - bx_i)x_i = 0 \end{cases}$$

⑤ 求回归系数。根据正规方程组，求得回归系数：

$$\begin{cases} a = \bar{y} - b\bar{x} \\ b = \dfrac{L_{xy}}{L_{xx}} \end{cases}$$

这样就能得到该实验中 x 和 y 的回归方程：

$$\hat{y} = a + bx$$

（3）一元线性回归方程的检验　在一些情况下，根据 x_i 和 y_i 做出的散点图，即使一眼就能看出这些点不可能近似位于一条直线附近，即 x 和 y 不存在线性相关关系，但是仍可以利用最小二乘法求得线性拟合方程，这样的回归方程显然没有任何意义。

因此，我们不仅要建立回归方程，还要对其可信度或拟合效果进行检验。

下面介绍一元线性回归方程的相关系数检验方法。

相关系数（correlation coefficient）是用于描述变量 x 和 y 的线性相关程度的，常用 r 表示。

设实验中有 n 个实验值 x_i 和 y_i（$i=1, 2, \cdots, n$），则相关系数的计算公式为：

$$r = \frac{L_{xy}}{\sqrt{L_{xx}L_{yy}}} = b\sqrt{\frac{L_{xx}}{L_{yy}}} \tag{2-22}$$

相关系数具有如下特点。

① r 与 b 符号相同。

② $|r| \leqslant 1$。

③ 如图 2-6(a) 和(c) 所示，如果 $|r|=1$，表明 x 与 y 完全线性相关。

④ 如果 $0<|r|<1$，说明 x 与 y 之间存在一定的线性关系。如图 2-6(b) 所示，当 $r>0$ 时，称 x 与 y 正线性相关，y 随 x 的增加而增加；如图 2-6(d) 所示，当 $r<0$ 时，称 x 与 y 负线性相关，y 随 x 的增加而减小。

⑤ 如图 2-6(e) 和(f) 所示，当 $r=0$ 时，说明 x 和 y 之间没有线性关系。

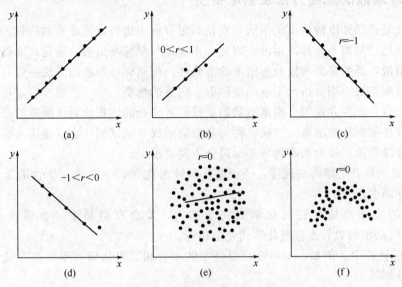

图 2-6　不同相关系数散点意义图

相关系数检验法步骤如下。

① 计算相关系数 r：

$$r=\frac{L_{xy}}{\sqrt{L_{xx}L_{yy}}}=b\sqrt{\frac{L_{xx}}{L_{yy}}}$$

② 对于给定的显著性水平，根据相关系数检验表 2-10，查得其临界值 $r_表$。

③ 如果 $|r|>r_表$，说明 x 和 y 之间存在线性相关关系，在 α 水平上显著；如果 $|r|\leqslant r_表$，说明 x 和 y 之间不存在线性相关关系，在 α 水平上不显著。

r 接近于 1 的程度与实验数据数目 n 有关。当 n 较小时，$|r|$ 容易接近于 1；当 n 较大时，$|r|$ 容易偏小。特别是当 $n=2$ 时，因两点确定一条直线，$|r|$ 总是等于 1。所以，只有实验次数 n 较多时，才能得出真正有实际意义的回归方程。

表 2-10　相关系数 r 的临界值

$f=n-2$	$\alpha=0.10$	$\alpha=0.05$	$\alpha=0.01$	$\alpha=0.001$
1	0.988	0.997	0.9998	0.99999
2	0.900	0.950	0.990	0.999
3	0.805	0.878	0.959	0.991
4	0.729	0.811	0.917	0.974
5	0.669	0.754	0.874	0.951
6	0.622	0.707	0.834	0.925
7	0.582	0.666	0.798	0.898
8	0.549	0.632	0.765	0.872
9	0.521	0.602	0.735	0.847
10	0.479	0.576	0.708	0.823

2.6 标准溶液及浓度表示方法

2.6.1 标准溶液的配制方法及基准物质

标准溶液是指已知准确浓度的溶液，它是滴定分析中进行定量计算的依据之一。不论采用何种滴定方法，都离不开标准溶液。因此，正确地配制标准溶液，确定其准确浓度，妥善地储存标准溶液，都关系到滴定分析结果的准确性。配制标准溶液的方法一般有以下两种。

（1）直接配制法　用分析天平准确地称取一定量的物质，溶于适量水后定量转入容量瓶中，稀释至标线，定容并摇匀。根据溶质的质量和容量瓶的体积计算该溶液的准确浓度。

能用于直接配制标准溶液的物质，称为基准物质或基准试剂，它也是用来确定某一溶液准确浓度的标准物质。作为基准物质必须符合下列要求。

① 试剂必须具有足够高的纯度，一般要求其纯度在 99.9% 以上，所含的杂质应不影响滴定反应的准确度。

② 物质的实际组成与它的化学式完全相符，若含有结晶水（如硼砂 $Na_2B_4O_7 \cdot 10H_2O$），其结晶水的数目也应与化学式完全相符。

③ 试剂应该稳定。例如，不易吸收空气中的水分和二氧化碳，不易被空气氧化，加热干燥时不易分解等。

④ 试剂最好有较大的摩尔质量，这样可以减少称量误差。常用的基准物质有纯金属和某些纯化合物，如 Cu、Zn、Al、Fe 和 $K_2Cr_2O_7$、Na_2CO_3、$KBrO_3$ 等，它们的纯度一般在 99.9% 以上，甚至可达 99.99%。

应注意，有些高纯试剂和光谱纯试剂虽然纯度很高，但只能说明其中杂质含量很低，由于可能含有组成不定的水分和气体杂质，使其组成与化学式不一定准确相符，致使主要成分的含量可能达不到 99.9%，这时就不能用作基准物质。一些常用的基准物质及其应用范围列于表 2-11 中。

表 2-11　常用基准物质的干燥条件和应用

基准物质		干燥后的组成	干燥条件/℃	标定对象
名称	化学式			
碳酸氢钠	$NaHCO_3$	Na_2CO_3	270～300	酸
十水合碳酸钠	$Na_2CO_3 \cdot 10H_2O$	$Na_2CO_3 \cdot 10H_2O$	270～300	酸
硼砂	$Na_2B_4O_7 \cdot 10H_2O$	$Na_2B_4O_7 \cdot 10H_2O$	放在装有 NaCl 和蔗糖饱和溶液的密闭器皿中	酸
二水合草酸	$H_2C_2O_4 \cdot 2H_2O$	$H_2C_2O_4 \cdot 2H_2O$	室温空气干燥	碱或 $KMnO_4$
邻苯二甲酸氢钾	$KHC_8H_4O_4$	$KHC_8H_4O_4$	110～120	碱
重铬酸钾	$K_2Cr_2O_7$	$K_2Cr_2O_7$	140～150	还原剂
溴酸钾	$KBrO_3$	$KBrO_3$	130	还原剂
草酸钠	$Na_2C_2O_4$	$Na_2C_2O_4$	130	$KMnO_4$
碳酸钙	$CaCO_3$	$CaCO_3$	110	EDTA
锌	Zn	Zn	室温干燥器中保存	EDTA
氯化钠	NaCl	NaCl	500～600	$AgNO_3$
硝酸银	$AgNO_3$	$AgNO_3$	220～250	氯化物

（2）间接配制法（标定法）　需要用来配制标准溶液的许多试剂不能完全符合上述基准物质必备的条件，例如：NaOH 极易吸收空气中的二氧化碳和水分，纯度不高；市售盐酸中 HCl 的准确含量难以确定，且易挥发；$KMnO_4$ 和 $Na_2S_2O_3$ 等均不易提纯，且见光分解，在空气中不稳定等。因此，这类试剂不能用直接法配制标准溶液，只能用间接法配制，即先配制成接近于所需浓度的溶液，然后用基准物质（或另一种物质的标准溶液）来测定其准确浓度，这种确定其准确浓度的操作称为标定。

例如欲配制 0.1mol/L HCl 标准溶液，先用一定量的浓 HCl 加水稀释，配制成浓度约为 0.1mol/L 的稀溶液，然后用该溶液滴定经准确称量的无水 Na_2CO_3 基准物质，直至两者定量反应完全，再根据滴定中消耗 HCl 溶液的体积和无水 Na_2CO_3 的质量，计算出 HCl 溶液的准确浓度。大多数标准溶液的准确浓度是通过标定的方法确定的。

在常量组分的测定中，标准溶液的浓度大致范围为 0.01～1mol/L，通常根据待测组分含量的高低来选择标准溶液浓度的大小。

为了提高标定的准确度，标定时应注意以下几点。

① 标定应平行测定 3～4 次，至少重复三次，并要求测定结果的相对偏差不大于 0.2%。

② 为了减少测量误差，称取基准物质的量不应太少，最少应称取 0.2g 以上；同样滴定到终点时消耗标准溶液的体积也不能太小，最好在于 20mL 以上。

③ 配制和标定溶液时使用的量器，如滴定管、容量瓶和移液管等，在必要时应校正其体积，并考虑温度的影响。

④ 标定好的标准溶液应该妥善保存，避免因水分蒸发而使溶液浓度发生变化；有些不够稳定，如见光易分解的 $AgNO_3$ 和 $KMnO_4$ 等标准溶液应储存于棕色瓶中，并置于暗处保存；能吸收空气中二氧化碳并对玻璃有腐蚀作用的强碱溶液，最好装在塑料瓶中，并在瓶口处装一碱石灰管，以吸收空气中的二氧化碳和水。对不稳定的标准溶液，久置后，在使用前还需重新标定其浓度。

2.6.2　标准溶液浓度表示方法

（1）物质的量浓度（简称浓度）　物质的量浓度是指单位体积溶液中含溶质 B 的物质的量，以符号 c_B 表示。即

$$c_B = \frac{n_B}{V_B} \tag{2-23}$$

式中，B 代表溶质的化学式；n_B 为溶质 B 的物质的量，它的 SI 单位是 mol；V_B 表示溶液的体积，其 SI 单位是 m^3；所以物质的量浓度 c_B 的 SI 单位是 mol/m^3，在分析化学中常用的单位为 mol/L 或 mol/dm^3。

（2）滴定度（T）　在工业生产中，由于测定对象比较固定，常使用同一标准溶液测定同一种物质，因此常用滴定度表示标准溶液的浓度，使计算简便、快速。滴定度是指 1mL 标准溶液相当于被测物质的质量（单位为 g/mL 或 mg/mL），以符号 $T_{A/B}$ 表示。其中 A 为被测物质，B 为滴定剂。例如，1.00mL $K_2Cr_2O_7$ 标准溶液恰好能与 0.005682g Fe 完全反应，则此 $K_2Cr_2O_7$ 溶液对 Fe 的滴定度 $T_{Fe/K_2Cr_2O_7}=0.005682$g/mL。

在实际生产过程中，常常需要对大批试样测定其中同一组分，标准溶液的浓度若用滴定度表示，计算被测组分的含量就很简便。如上例中若已知滴定时消耗 $K_2Cr_2O_7$ 标准溶液的体积 V(mL)，则被测组分的质量 m_{Fe} 为：

$$m_{Fe} = T_{Fe/K_2Cr_2O_7} V \tag{2-24}$$

（3）质量浓度　指单位体积的溶液中含有溶质的质量，如 g/L、mg/L、μg/L 等。在水质分析中，由于水体中污染物的含量较低，一般用 mg/L 表示。

$$c_B = \frac{m_B}{V_B} \tag{2-25}$$

式中，B 代表溶质的化学式；m_B 为溶质 B 的质量；V_B 表示溶液的体积。

思考题

1. 怎样制订地面水体水质的监测方案？以河流为例，说明如何设置监测断面和采样点？

2. 水样保存的目的是什么？有哪几种保存方法？试举几个实例说明怎样根据被测物质的性质选用不同的保存方法。

3. 水样在分析测定之前，为什么要进行预处理？预处理包括哪些内容？

4. 对于工业废水排放源，怎样布设采样点和确定采样类型？

5. 指出下列各种误差是系统误差还是偶然误差？如果是系统误差，请区别方法误差、仪器和试剂误差或操作误差，并给出它们的减免办法。

①砝码受腐蚀；②天平的两臂不等长；③容量瓶与移液管未经校准；④在重量分析中，试样的非被测组分被共沉淀；⑤试剂含有被测组分；⑥试样在称量过程中吸湿；⑦化学计量点不在指示剂的变色范围内；⑧读取滴定管读数时，最后一位数字估计不准；⑨在分光光度法测定中，波长指示器所示波长与实际波长不符；⑩在 HPLC 测定中，待测组分峰与相邻杂质峰部分重叠。

6. 说明误差与偏差、准确度与精密度的区别。

7. 为什么统计检测的正确顺序是先进行可疑数据的取舍，再进行 F 检验，在 F 检验通过后，才能进行 t 检验？

8. 基准物质应符合哪些条件？

习题

1. 如果分析天平的称量误差为 $\pm 0.2 mg$，拟分别称取试样 0.1g 和 1g 左右，称量的相对误差各为多少？这些结果说明了什么问题？

2. 滴定管的读数误差为 $\pm 0.02 mL$。如果滴定中用去标准溶液的体积分别为 2mL 和 20mL 左右，读数的相对误差各是多少？从相对误差的大小说明了什么问题？

3. 下列数据各包括几位有效数字？

①0.0330；②10.030；③0.01020；④$8.7 \times 10^{-5}$；⑤$pK_a = 4.74$；⑥$pH = 10.00$。

4. 测定碳的相对原子质量所得数据：12.0080、12.0095、12.0099、12.0101、12.0102、12.0106、12.0111、12.0113、12.0118 及 12.0120。求算：①平均值；②标准偏差；③平均值的标准偏差；④平均值在 99% 置信水平的置信限。

5. 用重量法测定试样中 Fe 的含量时，六次测定结果的平均值为 46.20%；用滴定分析法四次测定结果的平均值为 46.02%；两者的标准偏差都是 0.08%。这两种方法所得的结果是否存在显著性差别？

6. 测定石灰中铁的质量分数，4 次测定结果为：1.59%，1.53%，1.54% 和 1.83%。①用 Q 检验法判断第四个结果是否应弃去？②如第 5 次测定结果为 1.65，此时情况又如何

（P 均为 0.90）？

7. 用电位滴定法测定铁精矿中铁的质量分数，6 次测定结果如下：

60.72%　　60.81%　　60.70%　　60.78%　　60.56%　　60.84%

① 用格鲁布斯法检验有无应舍去的测定值（$P=0.95$）。

② 已知此标准试样中铁的真实含量为 60.75%，问上述测定方法是否准确可靠（$P=0.95$）？

8. 用化学法与高效液相色谱法（HPLC）测定同一复方乙酰水杨酸（APC）片剂中乙酰水杨酸的含量，测得的标示量含量如下：HPLC（3 次进样的均值），97.2%、98.1%、99.9%、99.3%、97.2% 及 98.1%；化学法，97.8%、97.7%、98.1%、96.7% 及 97.3%。问：①两种方法分析结果的精密度与平均值是否存在显著性差别？②在该项分析中 HPLC 法可否替代化学法？

9. 用巯基乙酸法进行亚铁离子的分光光度法测定，在波长 605nm 处测定试样溶液的吸光度（A），所得数据如下：

x（μg Fe/100mL）:	0	10	20	30	40	50
y（$A=\lg I_0/I$）:	0.009	0.035	0.061	0.083	0.109	0.133

试求：①吸光度-浓度（A-c）的回归方程式；②相关系数；③$A=0.050$ 时，试样溶液中亚铁离子的浓度。

第3章

酸碱滴定法

酸碱滴定法（acid-base titration）是以酸碱反应（acid-base reaction）为基础的滴定分析方法，又称中和法。它是重要的滴定分析方法之一，具有反应速率快、反应过程简单、副反应少、滴定终点易判断、有多种指示剂指示终点等优点。理论上，酸碱滴定法主要是研究酸碱滴定中 pH 值的变化规律、化学计量点的确定、指示剂的选择以及终点误差的求算等，要解决这些问题，有赖于对酸碱平衡理论的认识与了解。因此，酸碱平衡的处理不仅对酸碱滴定本身，对于其他化学分析而言都是必不可少的。本章首先简述酸碱溶液平衡的基本原理，然后重点讨论酸碱滴定的理论和应用问题。

3.1　水溶液中的酸碱平衡

3.1.1　酸碱的定义和共轭酸碱对

质子理论定义：凡是能给出质子的物质是酸，能接受质子的物质是碱。酸和碱的关系可用下式表示为

$$酸（HB）\Longrightarrow 质子（H^+）+碱（B^-） \tag{3-1}$$

酸给出质子后，转化成它的共轭碱；碱接受质子后，转化成它的共轭酸。因此，因一个质子的得失而互相转变的每一对酸碱称为共轭酸碱对。这样的反应也称为酸碱半反应。例如：

$$\underset{（共轭酸）}{HA} \Longrightarrow H^+ + \underset{（共轭碱）}{A^-} \tag{3-2}$$

从上述酸碱的半反应可知，质子理论的酸碱概念较电离理论的酸碱概念具有更为广泛的含义，即酸或碱可以是中性分子，也可以是阳离子或阴离子。另外，质子理论的酸碱概念还具有相对性。如 HPO_4^{2-} 在 $H_2PO_4^- - HPO_4^{2-}$ 共轭酸碱对中为碱，而在 $HPO_4^{2-} - PO_4^{3-}$ 共轭酸碱对中为酸。这类物质作为酸或碱，主要取决于它们对质子的亲和力的相对大小和存在的条件。这种既可以给出质子表现为酸，又可以接受质子表现为碱的物质，称为两性物质。

3.1.2　酸碱平衡与平衡常数

根据酸碱质子理论，酸碱的强弱取决于物质给出质子或接受质子能力的强弱。在共轭酸碱对中，如果酸越易于给出质子，则酸性越强，其共轭碱的碱性就越弱。酸给出质子或碱接受质子能力的大小可以用解离常数 K_a 或 K_b 来衡量。根据 K_a、K_b 的大小，可以定量比较酸碱的相对强弱，解离常数越大，酸（碱）的强度就越强。

共轭酸碱对的 K_a 和 K_b 有下列关系：

$$K_a K_b = K_w = 10^{-14}(25℃)$$ (3-3)

或

$$pK_a + pK_b = pK_w = 14$$ (3-4)

因此，知道了酸的 K_a，即可得到其共轭碱的 K_b；同样，知道了碱的 K_b，就可以得到其共轭酸的 K_a。

多元酸或多元碱（如三元酸） K_a 和 K_b 的关系：

$$K_{a_1} K_{b_3} = K_{a_2} K_{b_2} = K_{a_3} K_{b_1} = K_w$$ (3-5)

3.2 酸碱平衡中有关组分浓度的计算

在酸碱平衡体系中，溶液中通常存在着多种酸碱形式，此时它们的浓度称为平衡浓度，用［ ］表示。各种存在形式的平衡浓度之和称为分析浓度或总浓度，一般用 c 表示。这些组分的平衡浓度随溶液酸度的变化而变化。溶液中某一存在形式的平衡浓度占总浓度的分数，即为该存在形式的分布系数，以 δ 表示。分布系数 δ 与溶液 pH 值间的关系曲线称为分布曲线。

3.2.1 溶液中酸碱组分的分布

（1）一元酸溶液　以醋酸（HAc）为例，HAc 在水溶液中以 HAc 和 Ac^- 两种形式存在，它们的平衡浓度分别为［HAc］和［Ac^-］，则总浓度（分析浓度）为：

$$HAc = H^+ + Ac^- \qquad c = [HAc] + [Ac^-]$$ (3-6)

设 HAc 的分布系数为 δ_1，Ac^- 的分布系数为 δ_0，则：

$$\delta_1 = \frac{[HAc]}{c} = \frac{[H^+]}{[H^+] + K_a}$$

$$\delta_2 = \frac{[Ac^-]}{c} = \frac{K_a}{[H^+] + K_a}$$ (3-7)

一元弱酸 HAc 分布系数与 pH 值关系曲线如图 3-1 所示。

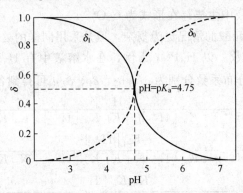

图 3-1　HAc 中两种存在形式的分布曲线

如果以 pH 值为横坐标，各存在形式的分布系数为纵坐标，可得如图 3-1 所示的分布曲线。从图中可以看到：

① $\delta_0 + \delta_1 = 1$；

② pH = pK_a 时，$\delta_0 = \delta_1 = 0.5$；

③ pH<pK_a 时，HAc 为主要形式；

④ pH>pK_a 时，Ac$^-$ 为主要形式。

（2）二元酸溶液　以草酸 $H_2C_2O_4$ 为例，在水溶液中有 $H_2C_2O_4$、$HC_2O_4^-$、$C_2O_4^{2-}$ 三种存在形式，其分布系数分别为 δ_2、δ_1、δ_0，草酸的总浓度为 c，即：

$$c=[H_2C_2O_4]+[HC_2O_4^-]+[C_2O_4^{2-}] \tag{3-8}$$

$$\delta_2=\frac{[H_2C_2O_4]}{c}=\frac{[H^+]^2}{[H^+]^2+K_{a_1}[H^+]+K_{a_1}K_{a_2}}$$

$$\delta_1=\frac{[HC_2O_4^-]}{c}=\frac{K_{a_1}[H^+]}{[H^+]^2+K_{a_1}[H^+]+K_{a_1}K_{a_2}} \tag{3-9}$$

$$\delta_0=\frac{[C_2O_4^{2-}]}{c}=\frac{K_{a_1}+K_{a_2}}{[H^+]^2+K_{a_1}[H^+]+K_{a_1}K_{a_2}}$$

于是可以得到二元弱酸草酸的分布系数与溶液 pH 值的关系曲线如图 3-2 所示。

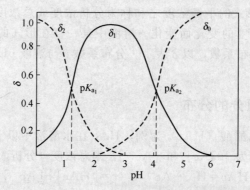

图 3-2　$H_2C_2O_4$ 中各种存在形式的分布曲线

由图 3-2 可知：

① $\delta_0+\delta_1+\delta_3=1$；

② pH<pK_{a_1} 时，$\delta_2>\delta_1$，溶液中的主要存在形式为 $H_2C_2O_4$；

③ pK_{a_1}<pH<pK_{a_2} 时，$\delta_1>\delta_2$ 和 $\delta_1>\delta_0$，溶液中主要存在形式为 $HC_2O_4^-$；

④ pH>pK_{a_2} 时，溶液中主要存在形式为 $C_2O_4^{2-}$。

（3）三元酸溶液　三元酸的情况更为复杂，但是采用同样的处理方法，也可以得到溶液中各种存在形式的分布系数。以 H_3PO_4 为例，在水溶液中有 H_3PO_4、$H_2PO_4^-$、HPO_4^{2-}、PO_4^{3-} 四种存在形式，其分布系数分别为 δ_3、δ_2、δ_1、δ_0，可得到各分布系数的计算公式：

$$\delta_3=\frac{[H^+]^3}{[H^+]^3+K_{a_1}[H^+]^2+K_{a_1}K_{a_2}[H^+]+K_{a_1}K_{a_2}K_{a_3}}$$

$$\delta_2=\frac{K_{a_1}[H^+]^2}{[H^+]^3+K_{a_1}[H^+]^2+K_{a_1}K_{a_2}[H^+]+K_{a_1}K_{a_2}K_{a_3}} \tag{3-10}$$

$$\delta_1=\frac{K_{a_1}K_{a_2}[H^+]}{[H^+]^3+K_{a_1}[H^+]^2+K_{a_1}K_{a_2}[H^+]+K_{a_1}K_{a_2}K_{a_3}}$$

$$\delta_0=\frac{K_{a_1}K_{a_2}K_{a_3}}{[H^+]^3+K_{a_1}[H^+]^2+K_{a_1}K_{a_2}[H^+]+K_{a_1}K_{a_2}K_{a_3}}$$

图 3-3 为 H_3PO_4 溶液在不同 pH 值时各存在形式的分布曲线。

由图 3-3 可知，当 pH<pK_{a_1} 时，H_3PO_4 为主要存在形式；当 pK_{a_1}<pH<pK_{a_2} 时，

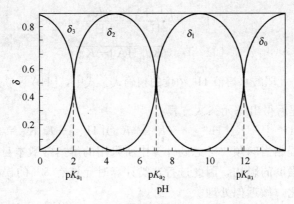

图 3-3　H_3PO_4 各种存在形式的分布曲线

$H_2PO_4^-$ 为主要存在形式；当 $pK_{a_2} < pH < pK_{a_3}$ 时，HPO_4^{2-} 为主要存在形式；当 $pH < pK_{a_3}$ 时，PO_4^{3-} 为主要存在形式。

3.2.2　酸碱溶液 pH 值的计算

在酸碱滴定中，需了解滴定过程中溶液 pH 值的变化情况。强酸（碱）在水溶液中全部解离，溶液酸度可以用酸（碱）的浓度表示；弱酸（碱）在水溶液中部分解离，酸度与酸（碱）的浓度是不相等的。在计算溶液 pH 值时，首先需全面考虑影响溶液 pH 值的因素，即应把溶剂也作为参与酸碱的一个组分，然后根据质子转移的平衡关系得到精确的计算式，这样做对酸碱平衡关系的理解才是全面的。然后在允许的计算误差范围内进行合理简化，得到计算 pH 值的近似式和最简式。

平衡后，得质子后的产物所获得质子与失去质子后的产物所失去质子的物质的量必然相等，称为质子平衡，简写为 PBE。质子条件反映了平衡体系中质子转移的数量关系，是计算溶液 pH 值的基本关系式。PBE 的应用，首先选择大量存在并参与质子转移的物质作为质子参考水准（零水准），通常选择原始酸碱组分，然后由溶液中反应产物的质子得失的相等关系直接列出 PBE。

例如，在浓度为 c 的 $NaNH_4HPO_4$ 溶液中：

得质子后的产物　H_3O^+　　　$H_2PO_4^-$　H_3PO_4
　　　　　　　　　H^+　　　　　H^+　　2H^+
零水准（原始组分）　H_2O　NH_4^+　　HPO_4^{2-}
失质子后的产物　OH^-　NH_3　　　PO_4^{3-}

$$PBE: [H_3O^+] + [H_2PO_4^-] + 2[H_3PO_4] === [OH^-] + [NH_3] + [PO_4^{3-}] \qquad (3\text{-}11)$$

（1）一元弱酸碱水溶液中 pH 值的计算　一元弱酸 HA 水溶液中存在以下质子转移反应：

$$HA + H_2O \Longrightarrow H_3O^+ + A^-$$
$$H_2O + H_2O \Longrightarrow H_3O^+ + OH^-$$

质子条件为：

$$[H^+] = [OH^-] + [A^-]$$

由于 $[OH^-] = \dfrac{K_w}{[H^+]}$，$[A^-] = \dfrac{K_a[HA]}{[H^+]}$

则

$$[H^+] = \frac{K[HA]}{[H^+]} + \frac{K_w}{[H^+]} \tag{3-12}$$

即

$$[H^+] = \sqrt{K_a[HA] + K_w} \tag{3-13}$$

式(3-13)是计算一元弱酸水溶液 H^+ 浓度的精确式。式中，$[HA] = \delta_{HA} = \frac{[H^+]}{[H^+] + K_a} c$，将其代入式(3-13)，整理后得出一元三次方程：

$$[H^+]^3 + K_a[H^+]^2 - (K_a c + K_w)[H^+] - K_a K_w = 0 \tag{3-14}$$

显然，解上述方程相当麻烦。考虑到计算中所采用的解离常数本身有一定的误差，且在计算中又忽略了离子强度的影响，因此进行这类计算时允许有 5% 的误差。所以对于具体情况，可以进行合理简化，做近似处理。

考虑到弱酸的解离度一般都不大，在实际应用中，为简便起见，HA 的平衡浓度可近似等于总浓度 c，即忽略弱酸本身的解离；若 $cK_a \geqslant 10K_w$ 时，可忽略水的解离，具体如下。

① 若 $cK_a \geqslant 10K_w$ 时，可忽略 K_w，此时，式(3-14)可简化为

$$[H^+] = \sqrt{K_a[HA]} \tag{3-15}$$

$[HA] = c - [A^-] \approx c - [H^+]$，上式可表示为

$$[H^+] = \sqrt{K_a(c - [H^+])} \tag{3-16}$$

经整理得：

$$[H^+] = \frac{-K_a + \sqrt{K_a^2 + 4K_a c}}{2} \tag{3-17}$$

② 若 $c/K_a \geqslant 105$，但 $cK_a < 10K_w$，原式可简化为：

$$[H^+] = \sqrt{K_a c + K_w} \tag{3-18}$$

上式也是计算一元弱酸溶液中 $[H^+]$ 的近似式。

③ 当 $cK_a \geqslant 10K_w$，且 $c/K_a \geqslant 105$ 时，原式可表示为：

$$[H^+] = \sqrt{K_a c} \tag{3-19}$$

该式是计算一元弱酸水溶液 $[H^+]$ 的最简式。

对于一元弱碱，处理方式以及计算公式、使用条件与一元弱酸相似，只需把相应公式及判断条件中的 K_a 换成 K_b，将 $[H^+]$ 换成 $[OH^-]$ 即可。

(2) 多元弱酸碱溶液中 pH 值的计算 多元弱酸（碱）溶液中 H^+ 浓度的计算方法与一元弱酸（碱）溶液相似，但由于多元酸（碱）在溶液中逐级解离，因此情况要复杂一些。

以浓度为 c 的 H_2CO_3 溶液为例，质子条件 PBE 为：

$$[H^+] = [OH^-] + [HCO_3^-] + 2[CO_3^{2-}] \tag{3-20}$$

做近似处理如下：

① 多元弱酸 $K_{a_1} \gg K_{a_2}$，可以忽略第二级解离，近似为一元弱酸处理；

② 若 $c/K_{a_1} \geqslant 105$，则 $[H_2CO_3] \approx c$；

③ $cK_{a_1} \geqslant 10K_w$，则 $cK_{a_1} + K_w \approx cK_{a_1}$，得：

$$[H^+] = (cK_{a_1})^{1/2} \tag{3-21}$$

式(3-21)即多元弱酸计算的最简式。

(3) 强酸（碱）溶液中 pH 值的计算 对于浓度为 c 的一元强酸溶液：

① 当强酸浓度 c 不是太小时，忽略水的解离，此时最简式为

$$[H^+] = c_{酸}$$

② 当强酸浓度太小，$c < 10^{-8}$ 时，主要是水的解离，此时

$$[H^+] \approx 10^{-7}$$

如 $c_{\text{酸}} = 10^{-8}$ 时，不可能 pH=8，溶液变成碱性。

（4）两性物质溶液中 pH 值的计算　两性物质溶液中的酸碱平衡比较复杂，故应根据具体情况进行合理简化。以 NaHA 为例，说明溶液中存在的质子转移反应：

$$HA^- + H_2O \Longrightarrow H_3O^+ + A^{2-}$$

$$HA^- + H_2O \Longrightarrow H_2A + OH^-$$

$$H_2O + H_2O \Longrightarrow H_3O + OH^-$$

质子条件为：

$$[H_2A] + [H^+] = [OH^-] + [A^{2-}] \tag{3-22}$$

以平衡常数 K_{a_1}、K_{a_2}、K_w 代入上式，得：

$$\frac{[A^+][HA^-]}{K_{a_1}} + [H^+] = \frac{K_{a_2}[HA^-]}{[H^+]} + \frac{K_w}{[H^+]} \tag{3-23}$$

整理后得到：

$$[H^+] = \sqrt{\frac{K_{a_1}(K_{a_2}[HA^-] + K_w)}{K_{a_1} + [HA^-]}} \tag{3-24}$$

上式就是计算 NaHA 水溶液酸度的精确式。

一般情况下，HA^- 给出质子和接受质子的能力都较弱，则可以认为 $[HA^-]$ 约为 c，则得到：

$$[H^+] = \sqrt{\frac{K_{a_1}(K_{a_2}c + K_w)}{K_{a_1} + c}} \tag{3-25}$$

① 若 $cK_a > K_w$ 时，可忽略 K_w，此时，上式可简化为：

$$[H^+] = \sqrt{\frac{K_{a_1}K_{a_2}c}{K_{a_1} + c}} \tag{3-26}$$

② 若 $c/K_a > 10$，但 $cK_{a_2} < 10K_w$ 时，原式可简化为：

$$[H^+] = \sqrt{\frac{K_{a_1}(K_{a_2}c + K_w)}{c}} \tag{3-27}$$

③ 当 $cK_a > 10K_w$ 且 $c/K_a > 10$ 时，原式可表示为：

$$[H^+] = \sqrt{K_{a_1}K_{a_2}} \tag{3-28}$$

3.2.3　酸碱缓冲溶液

溶液的 pH 值是直接影响化学反应的重要条件之一。化学反应要求在适当稳定的 pH 介质中进行，否则化学反应不能进行或进行得不完全。一般溶液不能满足这个要求，尤其当加入微量酸或碱等试剂时，溶液的 pH 值发生变化，为此，必须加入相应的缓冲溶液，稳定溶液的 pH 值，使化学反应进行完全，确保分析质量。

（1）缓冲溶液的特点及组成　在分析化学中，用来稳定试液 pH 值的溶液叫做缓冲溶液。

缓冲溶液浓度较大，一般都在 $0.1 \sim 0.5 \text{mol/L}$，少数在 1.0mol/L 以上。缓冲溶液本身具有一定的 pH 值。它能够使试液保持在一定的 pH 值范围内，且不因外加少量的酸或碱，或由化学反应产生的少量酸或碱，或将试液稍加稀释等而改变。

缓冲溶液一般由浓度较大的弱酸及其共轭碱混合液组成，如 HAc-NaAc，或者由浓度较大的弱碱及其共轭酸混合溶液组成，如 NH_3-NH_4Cl。高浓度的强酸或强碱溶液也可组成缓冲溶液，主要作为高酸度（pH<2）或高碱度（pH>10）溶液的缓冲液，但需加入 KCl 以维持较大的离子强度。此外，酸式盐及次级盐也可组成缓冲溶液，如 $NaHCO_3-Na_2CO_3$、$NaH_2PO_4-Na_2HPO_4$ 等。

（2）缓冲溶液的缓冲原理　以 HAc-NaAc 缓冲溶液为例，说明缓冲溶液之所以能抵抗少量强酸或强碱使 pH 值稳定的原理。乙酸是弱酸，在溶液中的解离度很小，溶液中主要以 HAc 分子形式存在，Ac^- 的浓度很低。乙酸钠是强电解质，在溶液中全部解离成 Na^+ 和 Ac^-，由于同离子效应，加入 NaAc 后使 HAc 解离平衡向左移动，HAc 的解离度减小，[HAc] 增大。所以，在 HAc-NaAc 混合溶液中，存在着大量的 HAc 和 Ac^-。其中 HAc 主要来自共轭酸 HAc，Ac^- 主要来自 NaAc。这个溶液有一定的 $[H^+]$，即有一定的 pH 值。

在缓冲溶液中加入少量强酸（如 HCl），则增加了溶液的 $[H^+]$。假设不发生其他反应，溶液的 pH 值应该减小。但是由于 $[H^+]$ 增加，抗酸成分即共轭碱 Ac^- 与增加的 H^+ 结合成 HAc，破坏了 HAc 原有的解离平衡。因为加入 H^+ 较少，溶液中 Ac^- 浓度较大，所以加入的 H^+ 绝大部分转变成弱酸 HAc，故溶液的 pH 值不发生明显的降低。

在缓冲溶液中加入少量强碱（如 NaOH），则增加了溶液的 $[OH^-]$。假设不发生其他反应，溶液的 pH 值应该增大。但是由于溶液中的 H^+ 与加入的 OH^- 结合成更难解离的 H_2O，这就破坏了 HAc 原有的解离平衡，促使 HAc 的解离平衡向右移动，即不断向生成 H^+ 和 Ac^- 的方向移动，直至加入的 OH^- 绝大部分转变成 H_2O 建立新的平衡为止。因为加入 OH^- 较少，溶液中抗碱成分即 HAc 浓度较大，故溶液的 pH 值不发生明显的升高。

在溶液稍加稀释时，其中 $[H^+]$ 虽然降低了，但 $[Ac^-]$ 同时降低了，同离子反应减弱，促使 HAc 的解离度增加，所产生的 H^+ 可维持溶液的 pH 值不发生明显的变化，所以缓冲溶液具有抗酸、抗碱和抗稀释左右。

（3）缓冲溶液的 pH 值的计算　在缓冲溶液如 HAc-NaAc 溶液中，有以下的解离平衡：

$$HAc \rightleftharpoons H^+ + Ac^-$$

对上述解离平衡，有：

$$K_a = [H^+][Ac^-]/[HAc] \tag{3-29}$$

等式两边各取负对数，则：

$$pH = pK_a + \lg \frac{[Ac^-]}{[HAc]} \tag{3-30}$$

HAc 的解离度比较小，由于溶液中大量的 Ac^- 对 HAc 所产生的同离子效应，使 HAc 的解离度变得更小。因此，[HAc] 可以看作是 HAc 的总浓度 [共轭酸]，$[Ac^-]$ 等于 NaAc 的总浓度 [共轭碱]。则得到：

$$pH = pK + \lg \frac{[共轭碱]}{[共轭酸]} \tag{3-31}$$

上式称为 Henderson 方程。它表明缓冲溶液 pH 值取决于共轭酸的解离常数 K_a 和组成缓冲溶液的共轭碱与共轭酸浓度的比值。对于一定的共轭酸，pK_a 为定值，所以缓冲溶液的 pH 值就取决于两者浓度的比值。其中浓度项指的是混合溶液中共轭酸碱的浓度，而不是混合前的浓度。若混合前的共轭酸的浓度是 $c_{共轭酸}$，体积是 $V_{共轭酸}$，共轭碱的浓度是 $c_{共轭碱}$，体积是 $V_{共轭碱}$，则有：

$$pH = pK + \lg \frac{c_{共轭碱}V_{共轭碱}}{c_{共轭酸}V_{共轭酸}} \tag{3-32}$$

若两种溶液的量浓度相等，则：

$$pH = pK + \lg \frac{V_{\text{共轭碱}}}{V_{\text{共轭酸}}} \tag{3-33}$$

若是等体积的两溶液相混合，则：

$$pH = pK + \lg \frac{c_{\text{共轭碱}}}{c_{\text{共轭酸}}} \tag{3-34}$$

（4）缓冲容量 缓冲容量是衡量缓冲能力大小的尺度，亦称缓冲指数或缓冲值。其大小与缓冲剂的浓度有关，浓度愈大，缓冲容量愈大。另与缓冲剂组分的浓度比值 [c（碱）/ c（酸）]有关，一般控制在（1∶10）～（10∶1）之间，缓冲范围大致为 $pH = pK_a \pm 1$。

（5）常用缓冲溶液 缓冲溶液种类很多，常用的有氨基乙酸-盐酸、邻苯二甲酸氢钾-盐酸、六亚甲基四胺-盐酸、Na_2HPO_4-NaH_2PO_4、$Na_2B_4O_7$-HCl、$Na_2B_4O_7$-NaOH、$NaHCO_3$-Na_2CO_3 等。

（6）缓冲溶液选择的原则 主要包括：①缓冲溶液对分析的全过程应无干扰；②缓冲溶液的缓冲范围应将所需控制的 pH 值包括在其中，对于由弱酸及其共轭碱组成的缓冲溶液，则 pK_a 值应尽量与所需控制的 pH 值一致；③缓冲溶液应有足够大的缓存容量，其缓冲组成的物质的量浓度应保持在 0.01～1.00mol/L 之间。

3.3　酸碱指示剂

3.3.1　酸碱指示剂的变色原理

酸碱滴定过程本身不发生任何外观的变化，故常借助酸碱指示剂的颜色变化来指示滴定的化学计量点。酸碱指示剂一般是有机弱酸或弱碱，它的酸式与其共轭碱式具有不同颜色。当溶液的 pH 值发生改变时，其共轭酸碱对相互发生转变，从而引起溶液的颜色变化。现以酚酞指示剂为例加以说明。

酚酞是一种有机弱酸，$pK_a = 9.1$，其离解平衡如下：

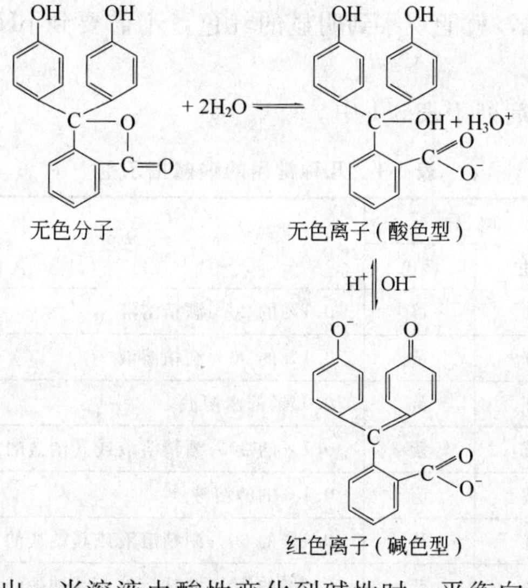

无色分子　　　　　　　　无色离子（酸色型）

红色离子（碱色型）

从离解平衡式可以看出，当溶液由酸性变化到碱性时，平衡向下移动，酚酞由酸色转变为碱色，溶液由无色变成红色；反之，由红色变成无色。

3.3.2 指示剂的变色范围

指示剂的变色范围，可由指示剂在溶液中的离解平衡过程来解释。现以 HIn 代表指示剂弱酸型体，以 In^- 代表指示剂的碱式型体为例来讨论。弱酸指示剂在溶液中的离解平衡可用下式表示：

$$HIn \Longrightarrow H^+ + In^-$$

$$K_a = \frac{[H^+][In^-]}{[HIn]} \tag{3-35}$$

$$\frac{[In^-]}{[HIn]} = \frac{K_a}{[H^+]}$$

由此可见，比值 $[In^-]/[HIn]$ 是 $[H^+]$ 的函数，因此 $[H^+]$ 决定了溶液的颜色。当溶液 pH 值改变时，$[In^-]/[HIn]$ 随之改变，则溶液的颜色也随之改变。由于人眼对颜色的分辨力有一定限度，溶液中虽含有带不同颜色的 HIn 与 In^-，但如果两者浓度相差 10 倍以上时，就只能看出浓度较大的那种颜色。一般认为，能够看到颜色变化的指示剂浓度比 $[In^-]/[HIn]$ 的范围是 $1/10 \sim 10$。得到：

若 $\dfrac{[In^-]}{[HIn]} \geqslant 10$，看到碱色，$\dfrac{K_a}{[H^+]} \geqslant 10$，即 $pH \geqslant pK_a + 1$；

若 $\dfrac{[In^-]}{[HIn]} \leqslant \dfrac{1}{10}$，看到酸色，$\dfrac{K_a}{[H^+]} \leqslant \dfrac{1}{10}$，即 $pH \leqslant pK_a - 1$；

若 $\dfrac{[In^-]}{[HIn]} = 1$，$pH = pK_a$，为指示剂的理论变色点。

故指示剂理论变色范围为：

$$pH = pK_a \pm 1 \tag{3-36}$$

当溶液中 $[In^-] = [HIn]$ 时，溶液中 $[H^+] = K_{HIn}$，即 $pH = pK_{HIn}$，溶液的颜色是酸式色和碱式色的中间色，称为指示剂的理论变色点。由于人的眼睛对各种颜色的敏感程度不同，加上两种颜色相互掩盖，所以实际观察结果与理论结果有差别。例如甲基橙 $pK_a = 3.4$，理论上变色范围应该是 $pH = 2.4 \sim 4.4$ 间，但是人眼对红色较敏感，而对黄色不敏感，实践证明，当 $pH = 3.1$ 时，就能观察到明显的红色，不需要到 $pH = 2.4$。所以实际变色范围应该是 $pH = 3.1 \sim 4.4$。

几种常用的酸碱指示剂列于表 3-1 中。

表 3-1　几种常用的酸碱指示剂

指示剂	变色范围（pH 值）	颜色		浓度	用量/(滴/10mL 试液)
		酸色	碱色		
百里酚蓝	1.2~2.8	红	黄	0.1%的 20%酒精溶液	1~2
甲基黄	2.9~4.0	红	黄	0.1%的 90%酒精溶液	1
甲基橙	3.1~4.4	红	黄	0.05%的水溶液	1
溴酚蓝	3.0~4.6	黄	紫	0.1%的 20%酒精溶液或其钠盐的水溶液	1
溴甲酚绿	3.8~5.4	黄	蓝	0.1%的醇溶液	1
甲基红	4.4~6.2	红	黄	0.1%的 60%酒精溶液或其钠盐的水溶液	1
溴百里酚蓝	6.2~7.6	黄	蓝	0.1%的 20%酒精溶液或其钠盐的水溶液	1

指示剂	变色范围 （pH值）	颜色		浓度	用量 /（滴/10mL试液）
		酸色	碱色		
中性红	6.8～8.0	红	黄橙	0.1％的60％酒精溶液	1
酚红	6.4～8.0	黄	红	0.1％的60％酒精溶液或其钠盐的水溶液	1
酚酞	8.0～10.0	无	红	0.5％的90％酒精溶液	1～3
百里酚酞	9.4～9.6	无	蓝	0.1％的90％酒精溶液	1～2

3.3.3 混合指示剂

指示剂的变色有一定的pH值范围，用于指示酸碱滴定，溶液pH值的改变必须超过一定的数值，即在计量点附近具有一定的pH值突跃，指示剂才能变色，起到指示终点的作用。但有些弱酸、弱碱的滴定，由于滴定突跃范围小，一般指示剂无法满足指示终点的要求。因此，为使指示剂的变色范围变窄，终点时变色敏锐，可采用混合指示剂。混合指示剂利用颜色的互补作用使变色范围变窄。有以下两种配制方法。

① 由两种或两种以上的指示剂混合而成　例如溴甲酚绿＋甲基红，在pH＝5.1时，甲基红呈现的橙色和溴甲酚绿呈现的绿色互为补色而呈现灰色，这时颜色发生突变，变色十分敏锐。

② 在某种指示剂中加入一种惰性染料　例如中性红＋次甲基蓝染料，在pH＝7.0时呈紫蓝色，变色范围只有0.2个pH单位左右。

3.4　酸碱滴定曲线和指示剂的选择

酸碱滴定曲线表示的是酸碱滴定过程中滴定剂的加入量与溶液pH值之间的变化关系。研究酸碱滴定曲线，特别是在计量点附近pH值突跃的研究，目的之一是为确定终点和选择合适的指示剂。下面介绍几种典型的酸碱滴定曲线以了解滴定过程中溶液pH值的变化规律、滴定突跃及其影响因素和如何正确地选择指示剂。

3.4.1 强碱滴定强酸

这一类型的反应很完全，滴定的基本反应为：

$$H^+ + OH^- \Longrightarrow H_2O$$

现以强碱$0.1000 mol \cdot L^{-1}$的NaOH滴定20.00mL $0.1000 mol \cdot L^{-1}$的强酸HCl为例，说明滴定过程中溶液pH值的变化。

① 滴定前未加入滴定剂（NaOH）时：

$0.1000 mol/L$盐酸：$[H^+] = 0.1000 mol/L$　pH＝1.00

② 滴定开始至计量点前。滴定过程中，加入滴定剂18.00mL时：

$$[H^+] = 0.1000 \times (20.00 - 18.00)/(20.00 + 18.00)$$
$$= 5.0 \times 10^{-3} mol/L \quad pH = 2.20$$

加入滴定剂19.98mL时（离化学计量点差约半滴）：

$$[H^+] = 0.1000 \times (20.00 - 19.98)/(20.00 + 19.98)$$

$$=5.0\times10^{-5}\,mol/L \quad pH=4.30$$

③ 化学计量点时，加入滴定剂 20.00mL

$$[H^+]=10^{-7}\,mol/L, \quad pH=7.0$$

④ 化学计量点后，加入滴定剂 20.02mL，过量约半滴：

$$[OH^-]=(0.1000\times0.02)/(20.00+20.02)$$

$$=5.0\times10^{-5}\,mol/L$$

$$pOH=4.30，pH=14-4.30=9.70$$

⑤ 滴定过程中，加入滴定剂体积为 22.00mL 时：

$$[OH^-]=0.1000\times(22.00-20.00)/(20.00+22.00)$$

$$=4.510^{-3}\,mol/L \quad pH=11.72$$

以 NaOH 的加入量为横坐标，被滴液的 pH 值为纵坐标，绘制滴定曲线，如图 3-4 所示。

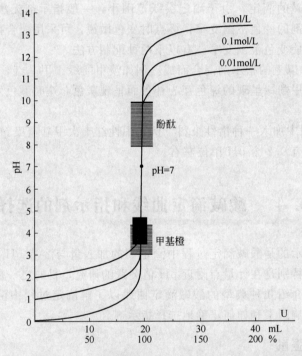

图 3-4　0.1000mol/L NaOH 滴定 20.00mL 0.1000mol/L HCl 滴定曲线

① 滴入 18mL，溶液 pH 值变化仅为 1.28，而化学计量点前后共 0.04mL（约 1 滴），溶液 pH 值变化为 5.40（突跃）。

② 滴定突跃。化学计量点前后，滴定不足 0.1% 至滴定过量 0.1%（即滴定分数 0.999～1.001 的范围内）溶液 pH 值的变化，称为滴定突跃；相应的 pH 值变化范围，称为滴定突跃范围，突跃范围是选择判断终点的依据。

③ 滴定终点，即指示剂变色点。

④ 滴定终点与化学计量点并不一定相同，但相差不超过 ±0.02mL，相对误差不超过 ±0.1%。

⑤ 指示剂选择原则。指示剂变色点 pH 值处于滴定突跃范围内，即 $pH_{HIn}<\Delta pH$ 或 $pH_{HIn}\approx pH_{SP}$（指示剂变色范围部分或全部落在滴定突跃范围内）。

在滴定分析中，指示剂的选择主要以突跃范围为依据：凡是变色范围全部或部分落在突跃范围内的指示剂都可用来指示滴定终点。如上述滴定的突跃范围为 pH＝4.30～9.70，因此选择酚酞 pH＝8.0～10.0（滴至微红色）、甲基红 pH＝4.4～6.2（滴至橙色）和甲基橙 pH＝3.1～4.4（滴至恰为黄色）为指示剂，均能保证终点误差在±0.1％以内。

图 3-5 是滴定曲线突跃范围的大小与酸碱溶液浓度的关系，该图表明酸碱溶液浓度越大，突跃范围越大。酸碱浓度增大 10 倍，突跃范围增大 2 个 pH 值单位。对于 1.0mol/L NaOH 滴定 0mol/L HCl，突跃 pH＝3.3～10.7，指示剂可选择甲基橙、甲基红、酚酞；0.1mol/L NaOH 滴定 0.1mol/L HCl，突跃 pH＝4.3～9.7，指示剂可选择甲基红、酚酞、甲基橙（差）；0.01mol/L NaOH 滴定 0.01mol/L HCl，突跃 pH＝5.3～8.7，选择甲基红、酚酞（差）。

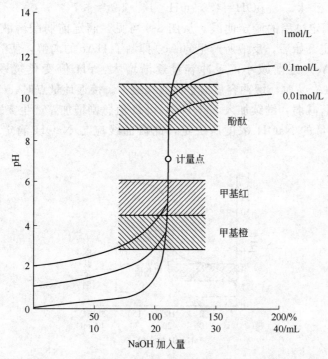

图 3-5　不同浓度 NaOH 滴定不同浓度 HCl 时的滴定曲线

3.4.2　强碱滴定弱酸

强碱滴定弱酸以 NaOH 滴定 HAc（乙酸）为例进行讨论。滴定中发生的反应为：

$$OH^- + HA \Longrightarrow A^- + H_2O$$

滴定过程中溶液的 pH 值也在不断升高，其变化规律可用 0.1000mol/L NaOH 溶液滴定 20.00mL 0.1000mol/L HAc 溶液为例进行计算分析。

① 滴定开始前，一元弱酸（用最简式计算）：

$$[H^+] = \sqrt{c_a K_a} = \sqrt{0.1000 \times 10^{-4.74}} = 10^{-2.87} \quad pH = 2.87$$

② 化学计量点前，加入滴定剂 19.98mL。开始滴定后，溶液即变为 HAc(c_a)-NaAc（c_b）缓冲溶液：

$$c_a = 0.02 \times 0.1000/(20.00 + 19.98) = 5.00 \times 10^{-5} \text{mol/L}$$

$$c_b = 19.98 \times 0.1000/(20.00 + 19.98) = 5.00 \times 10^{-2} \text{mol/L}$$

$$[H^+]=K_a \times c_a/c_b=10^{-4.74}(5.00\times10^{-5}/(5.00\times10^{-2})$$
$$=1.82\times10^{-8}\,mol/L \quad pH=7.74$$

③ 化学计量点时，生成 HAc 的共轭碱 NaAc，浓度为：

$$c_b=20.00\times0.1000/(20.00+20.00)=5.00\times10^{-2}\,mol/L$$

$$pK_b=14-pK_a=14-4.74=9.26$$

$$[OH^-]=\sqrt{K_b c_b}=\sqrt{\frac{K_w}{K_a}c_b}=5.00\times10^{-2}\times10^{-9.26}=5.24\times10^{-6}\,mol/L$$

$$pOH=5.28 \quad pH=14-5.28=8.72$$

④ 化学计量点后，加入滴定剂体积 20.02mL：

$$[OH^-]=(0.1000\times0.02)/(20.00+20.02)=5.0\times10^{-5}\,mol/L$$

$$pOH=4.3 \quad pH=14-4.3=9.7$$

图 3-6 是上述滴定过程的滴定曲线。从图 3-6 可见，滴定前弱酸溶液 pH 值比强酸高，曲线起点较高。滴定开始后，反应所产生的 Ac^- 抑制了 HAc 的离解，使溶液中的 $c^{eq}(Ac^-)$ 逐渐增大和 $c^{eq}(HAc)$ 逐渐减小，缓冲容量逐渐增大，pH 值变化缓慢，曲线平缓。当 $c^{eq}(Ac^-)=c^{eq}(HAc)$ 时，缓冲容量最小，曲线最平。接近计量点时，$c^{eq}(HAc)$ 已很小，溶液的缓冲作用显著减弱，继续加入 NaOH 时，pH 值急剧增加，产生突跃。达到计量点后溶液的 pH 值由过量的 NaOH 浓度所决定，此段曲线应与 NaOH 滴定 HCl 的曲线基本相同。

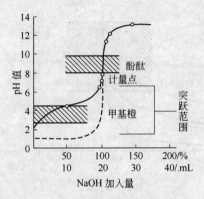

图 3-6　0.1000mol/L NaOH 滴定
20mL 0.1000mol/L HAc 滴定曲线

酸的强弱是影响该滴定突跃大小的主要因素，酸越弱，突跃越小。当浓度一定时，$K_a^\ominus$ 值越大，突跃范围越大；当 $K_a^\ominus$ 值一定时，浓度越大，突跃范围越大。实践证明，突跃范围必须在 0.3 个 pH 单位以上，人们才能通过目视观察指示剂的变色来准备判断滴定终点。要有 0.3 个 pH 单位的突跃，必须满足 $K_a^\ominus c_b \geq 10^{-8}$ 这一条件，这就是一元弱酸能否被强碱准确滴定的判断式，终点误差绝对值不大于 0.2%。

3.4.3　强酸滴定弱碱

关于强酸滴定一元弱碱，如 HCl 滴定 NH_3，溶液中各阶段 pH 值的计算与强酸滴定一元弱碱相似，滴定曲线与 NaOH 滴定 HAc 相似，只是变化方向相反，滴定的突跃范围落在酸性区域，应选择在酸性范围内变色的指示剂如甲基橙、甲基红等。

与一元弱酸的滴定一样，只有当 $K_b^\ominus c_a \geq 10^{-8}$ 时，该一元弱碱能直接被强酸准确滴定。

3.4.4 多元酸碱的滴定

（1）多元酸的滴定　以 0.1000mol/L NaOH 滴定 0.1000mol/L H_3PO_4 为例进行说明。

$$H_3PO_4 \Longrightarrow H^+ + H_2PO_4^- \qquad K_{a_1} = 7.5 \times 10^{-3}$$
$$H_2PO_4^- \Longrightarrow H^+ + HPO_4^{2-} \qquad K_{a_2} = 6.3 \times 10^{-8}$$
$$HPO_4^{2-} \Longrightarrow H^+ + PO_4^{3-} \qquad K_{a_3} = 4.4 \times 10^{-13}$$

首先判断各级离解出来的 H^+ 可否被准确滴定。

第一级：$c_{H_3PO_4} K_{a_1} = 0.1000 \times 7.5 \times 10^{-3} > 10^{-8}$，可被准确滴定。

第二级：$c_{H_2PO_4^-} K_{a_2} = \dfrac{0.1000}{2} \times 6.3 \times 10^{-8} = 3.2 \times 10^{-9} < 10^{-8}$，如果要求允许误差稍大一些，也可被准确滴定。

第三级：$c_{HPO_4^{2-}} K_{a_3} = \dfrac{0.1000}{3} \times 4.4 \times 10^{-13} \ll 10^{-8}$；不能被准确滴定。

其次判断能否分步滴定，用 $\dfrac{K_{a_i}}{K_{a_{i+1}}} > 10^5$ 来判断。

对于 H_3PO_4，第一级和第二级的分步：

$$\frac{K_{a_1}}{K_{a_2}} = \frac{7.5 \times 10^{-3}}{6.3 \times 10^{-8}} = 1.2 \times 10^5 > 10^5$$

第二级和第三级的分步：

$$\frac{K_{a_2}}{K_{a_3}} = \frac{6.3 \times 10^{-8}}{4.4 \times 10^{-13}} = 1.4 \times 10^5 > 10^5$$

以上均可分步滴定。

综上所述，可知滴定的可行性判断为：

$c_a K_{a_1} \geqslant 10^{-8}$ 且 $K_{a_1}/K_{a_2} > 10^5$，第一级能准确、分步滴定；

$c_a K_{a_2} \geqslant 10^{-8}$ 且 $K_{a_2}/K_{a_3} > 10^5$，第二级能准确、分步滴定；

$c_a K_{a_3} < 10^{-8}$，第三级不能被准确滴定。

多元酸的滴定曲线较为复杂，下面只讨论化学计量点 pH 值的计算，以供选择指示剂的参考。

当第一级 H^+ 被完全滴定后，溶液组成 NaH_2PO_4 两性物质，由于 $c_2 = \dfrac{0.10}{2} = 0.05 < 20K_{a_1}$，且 $c_2 K_{a_2} \gg 20K_w$，故：

$$[H^+] = \sqrt{\frac{K_{a_1} K_{a_2} c_2}{K_{a_1} + c_2}} = 2.0 \times 10^{-5} \qquad pH = 4.7$$

当第二级 H^+ 被完全滴定后，溶液组成 Na_2HPO_4 两性物质，由于 $c_3 = \dfrac{0.10}{3} = 0.033 > 20K_{a_2}$，但 $c_3 K_{a_3} < 20K_w$，故有：

$$[H^+] = \sqrt{\frac{K_{a_2}(K_{a_3} c_3 + K_w)}{c_3}} = 2.2 \times 10^{-10} \text{mol/L}, \ pH = 9.66$$

第一变色点 pH＝4.70，指示剂选甲基橙、甲基红、溴甲酚绿＋甲基橙；第二变色点 pH＝9.66，指示剂选酚酞、百里酚酞、酚酞＋百里酚酞。

（2）多元碱的滴定　判断原则与多元酸的滴定类似，只需将 cK_a 换成 cK_b 即可。以

0.1000mol/L HCl 滴定 20.00mL 0.1000mol/L 的 Na_2CO_3 为例进行说明。

首先判断滴定的可行性。

$c_b K_{b_1} \geqslant 10^{-8}$ 且 $K_{b_1}/K_{b_2} \approx 10^5$，第一级能被准确分级滴定。

$c_b K_{b_2} \geqslant 10^{-8}$，第二级能被准确滴定。

第一级 CO_3^{2-} 被完全滴定后，溶液组成为 $NaHCO_3$ 两性物质，有：

$$pH = \frac{(pK_{a_1} + pK_{a_2})}{2} = 8.37$$

当第二级 HCO_3^- 被完全滴定后，溶液组成为 $CO_2 + H_2O$（H_2CO_3 饱和溶液，0.04mol/L）。

$$[H^+] = \sqrt{c_a K_{a_1}} = \sqrt{4.3 \times 10^{-7} \times 0.04} = 1.3 \times 10^{-4} mol/L, \ pH = 3.9$$

根据变色点 pH 值选择指示剂。第一变色点 pH＝8.37，选酚酞；第二变色点 pH＝3.9，选甲基红。

3.5　酸碱滴定的终点误差

酸碱滴定分析中，通常利用指示剂来确定终点。滴定终点与理论终点（计量点）不可能完全吻合，所造成的误差叫终点误差或叫滴定误差，简写为 TE，通常以百分数或千分数表示。终点误差是系统误差，弄清楚其产生的原因，在实际工作中是可以设法减免的。

设用浓度为 c 的 NaOH 滴定浓度为 c_0、体积为 V_0 的 HCl，若指示剂变色点与化学计量点不一致，引起的终点误差应为：

$$TE(\%) = \frac{NaOH \ 过量或不足的毫摩尔数}{HCl \ 的毫摩尔数} \times 100\% \tag{3-37}$$

若终点在化学计量点之前，则溶液中存在如下两个离解平衡：

$$HCl \Longleftrightarrow H^+ + Cl^-$$
$$\qquad\quad c_0' \qquad\quad c_0'$$

$$H_2O \Longleftrightarrow H^+ + OH^-$$

c_0' 是未被中和的 HCl 浓度，即 NaOH 不足的浓度，故终点时溶液的 $[H^+]_终$ 为：

$$[H^+]_终 = [OH^-]_终 + c_0' \tag{3-38}$$

则　　　　　　　　　　　$c_0' = [H^+]_终 - [OH^-]_终$

因滴定终点在化学计量点前，终点误差为负，故：

$$TE(\%) = \frac{-([H^+] - [OH^-])V_终}{c_0 V_0} \times 100\%$$

$$= \frac{-([H^+] - [OH^-])}{c_终} \times 100\%$$

式中，$c_终 = c_0 V_0 / V_终$，即终点时被滴定酸的分析浓度。

若终点在化学计量点之后，则 NaOH 过量，误差为正，终点误差计算式与上式相同。

3.6　酸碱滴定法的应用

酸碱滴定法可用于测定各种酸或碱以及能够与酸碱起作用的物质，还可以用间接的方法测定一些非酸非碱的物质，也可以用于非水滴定。因此，酸碱滴定法在生产和科学实验中应用很广泛。在我国的国家标准（GB）和有关的部颁标准中，许多试样如食品、化工产品、化学试剂等，凡涉及酸度、碱度项目的，多数都采用简便易行的酸碱滴定法。

3.6.1 酸的滴定

酸碱滴定法常用于酸度、游离酸、总酸度等指标的测定。各种强酸及无机或有机弱酸，只要 $cK_a > 10^{-8}$ 均可以用 NaOH 标准溶液直接滴定。

例如食醋中总酸度的测定，食醋中含乙酸 3‰～5‰，此外还含有少量其他有机酸，如乳酸等，测定时，将食醋用不含 CO_2 的蒸馏水适当稀释后，用 NaOH 标准溶液滴定。中和后产物是 NaAc，化学计量点时溶液的 pH＝8.7 左右，应以酚酞为指示剂，滴定至呈现红色即为终点。相同方法用于食品检验的有酸味剂总酸度、饼干酸度、油或油脂酸度、奶油酸度、蛋及其制品酸度等，均以酚酞作为指示剂，用 NaOH 标准溶液滴定。

在药物分析中，有机羧酸类药物如乙酸、酒石酸、草酸、三氯乙酸、乳酸、苯甲酸、水杨酸、阿司匹林、烟酸、十一烯酸等均含羧酸，K_a 在 10^{-6}～10^{-3} 之间，可以酚酞作指示剂，用 NaOH 标准溶液进行滴定。

3.6.2 含氮化合物中含氮量的测定

肥料、土壤等含氮化合物需要测定氮的含量，有机化合物分析以及食品中蛋白质含量测定都要求测定含氮量。这类化合物虽然有些是酸或碱，但 $cK_a < 10^{-8}$ 或 $cK_b < 10^{-8}$，所以不能用酸或碱标准溶液直接滴定。对这些含氮化合物常采用间接滴定法，经适当处理转化为铵后再进行测定，这类方法有凯氏定氮法、蒸馏法、甲醛法等，常用的方法是蒸馏法和甲醛法。

3.6.3 工业硼酸含量的测定

硼酸（H_3BO_4）是一种极弱的酸，不能用碱标准溶液直接测定，若先加入甘油或甘露醇等多元醇，则可滴定测其含量。

硼酸能够与甘油或甘露醇反应生成配合酸，其酸性增强，可以用碱标准溶液滴定配合酸，即用强碱 NaOH 标准溶液滴定，化学计量点 pH 值在 9 左右，可选用酚酞或百里酚酞作为指示剂，滴定终点为粉红色。为使反应进行完全，需加入过量的甘露醇或甘油。

3.6.4 有机化合物酸值、羟值、酯值、皂化值的测定

（1）酸值 酸值是中和 1g 试样中游离脂肪酸所需 KOH 的质量，单位为 mg/g。测定方法：一般为称取一定量的样品置于烧瓶中，加入一定量的乙醇或乙醚-乙醇溶剂，加温使样品溶解，然后加酚酞指示剂，用 KOH 标准溶液滴定。

（2）羟值 羟值是 1g 试样乙酰化后，中和连接在羟基上的醋酸所需 KOH 的质量（mg）。测定方法：称取一定量的样品，于烧瓶中加入乙酸酐-吡啶酰试剂酰化样品，冷却后，以酚酞作指示剂，用 KOH-乙醇标准溶液滴定。

（3）酯值 酯值是皂化 1g 试样中的酯所需要的 KOH 的质量（毫克）。测定方法：称取一定量样品于烧瓶中，加入乙醇及酚酞作指示剂，用 KOH 中和游离酸之后再加入一定量的过量标准 KOH-乙醇溶液加热皂化试样中的酯，冷却后以酚酞为指示剂，用酸标准溶液滴定过量 KOH，测得样品中酯值。

（4）皂化值　皂化值是1g试样中的酯以及中和游离酸所需KOH的质量（毫克）。测定方法：称取一定量试样，准确加入一定量的过量KOH-乙醇溶液，水浴加热，皂化试样中酯与中和游离酸，冷却，加入酚酞指示剂，用酸标准溶液滴定多余的KOH。

3.6.5　非水介质中的酸碱滴定

酸碱滴定大多数都在水溶液中进行。但是很多有机试样难溶于水，不能直接滴定；有些物质的cK_a小于等于10^{-8}、cK_b小于等于10^{-8}时也不能用酸、碱直接滴定。为了解决这些问题，可采用非水溶剂体系滴定，简称非水滴定。

（1）溶剂的选择　非水滴定中，首先要根据滴定的要求选择合适的溶剂，其原则如下。

① 滴定弱酸时应该选用酸性很弱的溶剂，通常选用碱性溶剂或非质子传递溶剂；滴定弱碱时应该选用碱性很弱的溶剂，通常选用酸性溶剂或惰性溶剂；测定混合酸（碱）时，应该选择具有区分效应的溶剂，以增大其强度差别。

② 溶剂的K_s要小，即pK_s要大。

③ 溶剂的介电常数ε要大。

其中以第一和第二更为重要。此外，还需考虑溶剂能溶解试样及滴定反应的产物，并要求其有一定的纯度、黏度小、挥发性低、低廉、安全、易于回收。

（2）滴定剂的选择　滴定弱碱时用酸性滴定剂。因为一般采用冰醋酸作溶剂，应选用在醋酸中最强的酸$HClO_4$作为滴定剂，配成$HClO_4$-HAc溶液。市售高氯酸是含70%～72%$HClO_4$的水溶液，其中的水分通过加入一定量的乙酸酐预先去除。酸性滴定剂可用邻二苯二甲酸氢钾基准物来标定。

滴定弱酸时用碱性滴定剂，常用的有甲醇钠或甲醇钾的苯-甲醇溶液、氢氧化四丁基铵的乙醇溶液或苯-甲醇溶液等。碱性滴定可以用苯甲醇基准物来标定。

（3）滴定终点的检测　非水滴定的终点检测常用电位法和指示剂法。指示剂法的关键在于选择合适的指示剂。一般在HAc溶液中用$HClO_4$滴定碱时，常用甲基紫做指示剂；在碱性溶剂或混合溶剂中滴定弱酸时，常用百里酚蓝和百里酚酞作指示剂。

3.7　碱度和游离CO_2的精确计算

3.7.1　碱度的分类及组合形式

水中的碱度主要有以下三类：一类是强碱，如$Ca(OH)_2$等，在水中全部解离成OH^-；一类是弱碱如NH_3、$C_6H_5NH_2$等，在水中部分解离成OH^-；一类是强碱弱酸盐，如Na_2CO_3等，在水中部分解离产生OH^-。

天然水中的碱度主要是由碳酸盐、重碳酸盐和氢氧化物引起的，其中重碳酸盐是主要形式。理论上，水中可能存在的碱度有六种组合形式，即OH^-碱度、OH^-和CO_3^{2-}碱度、CO_3^{2-}碱度、CO_3^{2-}和HCO_3^-碱度及HCO_3^-碱度。

3.7.2　碱度的分析方法

常用的有双指示剂法和氯化钡沉淀法两种方法。

（1）双指示剂法　取相同体积的两份试液，用标准HCl溶液进行滴定。第一份以酚酞作指示剂，消耗 HCl 体积 V_1（mL）；第二份用甲基橙作指示剂，消耗 HCl 体积 V_2（mL）。根据 V_1 和 V_2 的关系就可以判断碱的组成并计算出各组分的含量。

在用酚酞作指示剂时，NaOH 被中和成 H_2O，Na_2CO_3 被中和成 $NaHCO_3$，而 $NaHCO_3$ 不被滴定；用甲基橙作指示剂时，NaOH 被中和成 H_2O，Na_2CO_3 和 $NaHCO_3$ 都被中和成 H_2CO_3 和 CO_2。此时，存在着以下关系。

V_1 和 V_2 的关系　　$V_1=0$　　　　$2V_1<V_2$　　　$2V_1=V_2$　　　$2V_1>V_2$　　　$V_1=V_2$
溶液的组成　　　　$NaHCO_3$　　$NaHCO_3+Na_2CO_3$　　Na_2CO_3　　$NaOH+Na_2CO_3$　　NaOH

设 HCl 标准溶液的浓度为 c，当 $2V_1>V_2$ 时，为 $NaOH+Na_2CO_3$ 混合物，各组分含量以质量分数 ω 计，可分别计算如下：

$$\omega(NaOH)=\frac{(2cV_1-cV_2)\times M_{NaOH}}{m_s\times 1000}\times 100\%$$

$$\omega(Na_2CO_3)=\frac{(cV_2-cV_1)\times M_{Na_2CO_3}}{m_s\times 1000}\times 100\%$$

当 $2V_1<V_2$ 时，为 $NaHCO_3+Na_2CO_3$ 混合物，各组分含量可分别计算如下：

$$\omega(Na_2CO_3)=\frac{cV_1\times M_{Na_2CO_3}}{m_s\times 1000}\times 100\%$$

$$\omega(NaHCO_3)=\frac{(cV_2-2cV_1)\times M_{NaHCO_3}}{m_s\times 1000}\times 100\%$$

双指示剂法操作简单，但因滴定至第一化学计量点时，终点观察不明显，有 1% 左右的误差。若要求测定结果较准确，可用氯化钡测定。双指示剂法不仅用于混合物的定量分析，还可用于未知试样（碱）的定性分析。

（2）氯化钡法　一定量试样溶解后，稀释到一定体积，取两等份试样，分别测定。第一份以甲基橙为指示剂，用盐酸标准溶液滴定橙色，此时混合碱中 NaOH 和 Na_2CO_3 均被滴定，设消耗 HCl 为 V_1（mL）；第二份加入过量 $BaCl_2$ 溶液，使其中的 Na_2CO_3 变成 $BaCO_3$ 沉淀洗出，然后以酚酞作指示剂，用 HCl 标准溶液滴定至酚酞红色刚好褪色，设消耗 HCl 体积为 V_2（mL），此量用于滴定混合碱中的 NaOH。

第一份滴定反应式：

$$HCl+NaOH \Longrightarrow NaCl+H_2O \qquad \text{甲基橙作指示剂}$$

$$2HCl+Na_2CO_3 \Longrightarrow H_2CO_3+NaCl$$

此时：$c(HCl)V_1=n(NaOH)+n(Na_2CO_3)$

第二份滴定反应式：

$$Na_2CO_3+BaCl_2 \Longrightarrow BaCO_3\downarrow+2NaCl$$

$$NaOH+HCl \Longrightarrow NaCl+H_2O \qquad \text{酚酞作指示剂}$$

$$\omega(NaOH)=\frac{c(HCl)V_2\times M(NaOH)}{m_s\times 1000}\times 100\%$$

$$\omega(Na_2CO_3)=\frac{c(HCl)(V_1-V_2)\times M(\frac{1}{2}Na_2CO_3)}{m_s\times 1000}\times 100\%$$

思考题

1. 水的酸度、碱度和 pH 值有什么联系和区别？

2. 强碱滴定弱酸的特点和准确滴定的最低要求是什么？

3. 什么是酸碱滴定的突跃范围？其影响因素是什么以及如何选择指示剂？

4. 选择酸碱指示剂的依据是什么？化学计量点的 pH 值与选择酸碱指示剂有何关系？

习题

1. 写出下列各酸、碱水溶液的质子条件式：① NH_4Cl；②$(NH_4)_2CO_3$；③H_2CO_3；④NaH_2PO_4；⑤$H_2SO_4+HCOOH$。

2. 计算 0.1mol/L $H_2C_2O_4$ 溶液的 $[H^+]$、$[HC_2O_4^-]$ 和 $[C_2O_4^{2-}]$。

3. 将 0.2mol NaOH 和 0.2mol NH_4NO_3 配成 1.0L 溶液，求此混合溶液的 pH 值。

4. 欲配制 250mL pH 值为 5.00 的缓冲溶液，问在 125mL 1.0mol/L NaAc 溶液中应加入多少 6.0mol/L HAc 和多少水？

5. 用 0.1000mol/L HCl 溶液滴定 20.00mL 0.1000mol/L NH_3 水溶液，计算此体系化学计量点及突跃范围，并选择合适的指示剂。

6. 某三元酸的解离常数分别为 $K_{a_1}^\ominus=1.0\times10^{-2}$，$K_{a_2}^\ominus=1.0\times10^{-6}$，$pK_{a_3}^\ominus=1.0\times10^{-12}$，用 NaOH 标准溶液滴定，有几个突跃？化学计量点时的 pH 值等于多少？应选择何种指示剂？

7. 已知 Na_2CO_3、$NaHCO_3$ 混合溶液的 pH＝10.55，取 25.00mL，用 0.1000mol/L HCl 滴定。当 pH＝6.38 时，消耗 HCl 21.00mL，求 Na_2CO_3 和 $NaHCO_3$ 的浓度。

8. 取水样 100.0mL，以酚酞为指示剂，用 0.100mol/L HCl 溶液滴定至指示剂刚好褪色，用去 13.00mL，再加甲基橙指示剂，继续用盐酸溶液滴定至终点，又消耗 20.00mL，问水样中有何种碱度？其含量为多少（用 mg/L 表示)？

9. 将一元弱酸（HA）纯试样 1.250g 溶于 50.00mL 水中，需用 41.20mL 0.09000mol/L NaOH 滴定到终点。已知加入 8.24mL NaOH 时，溶液的 pH＝4.30。①求弱酸的摩尔质量；②计算弱酸的解离常数 $K_a^\ominus$；③求计量点时的 pH 值，并选择合适的指示剂指示终点。

第4章

配位滴定法

4.1 概　述

利用形成配位化合物的反应进行滴定分析的方法，称为配位滴定法。在水质分析中，配位滴定法主要用于测定水中的硬度、Fe^{3+}、Al^{3+} 等多种金属离子，也可以间接测定水中的 SO_4^{2-}、PO_4^{3-} 等阴离子。

配位滴定中所用的配位剂有无机和有机两种。利用无机配位剂进行分析的，例如测定水样中 CN^- 的含量时，用 $AgNO_3$ 标准溶液进行滴定，Ag^+ 与 CN^- 形成难离解的配合物 $[Ag(CN)_2]^-$，其反应如下：$Ag^+ + CN^- \rightleftharpoons [Ag(CN)_2]^-$，当反应到达终点时，稍过量的 Ag^+ 与 $[Ag(CN)_2]^-$ 形成白色的 $Ag[Ag(CN)_2]$ 沉淀，指示终点的到达。此时，由滴定中用去 $AgNO_3$ 的量，可得出 CN^- 的含量。

能够形成无机配位化合物的反应很多，但能用于配位滴定的并不多。这是由于大多数无机配位化合物的稳定性不高，而且还存在分级反应的缺点。例如，CN^- 与 Cd^{2+} 的配位反应：

$$Cd^{2+} + CN^- \rightleftharpoons Cd(CN)^+ \qquad K_1 = 3.5 \times 10^5$$
$$Cd(CN)^+ + CN^- \rightleftharpoons Cd(CN)_2 \qquad K_2 = 1.0 \times 10^5$$
$$Cd(CN)_2 + CN^- \rightleftharpoons Cd(CN)_3^- \qquad K_3 = 5.0 \times 10^4$$
$$Cd(CN)_3^- + CN^- \rightleftharpoons Cd(CN)_4^- \qquad K_4 = 3.5 \times 10^5$$

由于各级配位化合物的稳定常数相差很小，在配位滴定时容易形成配位数不同的配位化合物，因此，很难确定"配位比"和判断滴定终点，所以，这类配位反应不能用于配位滴定。对于这类配位化合物，只有当形成配位数不同的稳定常数相差较大时，而且控制反应条件才能用于配位滴定。

从上述讨论中可以看出，能够用于配位滴定的配位反应必须具备下列条件：①形成的配位物要相当稳定，使配位反应能够进行完全；②在一定的反应条件下，只形成一种配位数的配位物；③配位反应的速度要快；④要有适当的方法确定滴定的化学计量点。

一般无机配位剂很难满足上述条件，而有机配位剂却往往能满足上述条件。在配位滴定中，应用最广泛的是氨羧配位剂一类的有机配位剂，它能与许多金属离子形成组成一定的稳定配位物。其中最为常用的氨羧配位剂是乙二胺四乙酸，简称 EDTA 或 EDTA 酸。

4.2　EDTA 的性质及其配合物

4.2.1　乙二胺四乙酸及其二钠盐

乙二胺四乙酸简称 EDTA 或 EDTA 酸，常用 H_4Y 表示。当 H_4Y 溶解于酸度很高的溶液中时，它的两个羧基可再接受 H^+，形成 H_6Y^{2+}，这样 EDTA 就相当于六元酸，存在六级离解平衡。由于分级离解，EDTA 在水溶液中总是以 H_6Y^{2+}、H_5Y^+、H_4Y、H_3Y^-、H_2Y^{2-}、HY^{3-}、Y^{4-} 共 7 种型体存在。在不同 pH 值时，EDTA 各种型体的分布系数如图 4-1 所示。

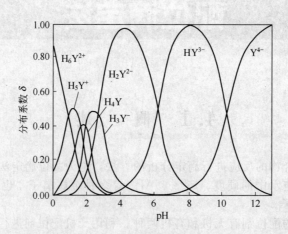

图 4-1　EDTA 各种型体的分布系数

从图 4-1 中可以看出，EDTA 在 pH<1 的强酸性溶液中，主要以 H_6Y^{2+} 型体存在；在 pH 值为 1～1.6 的溶液中，主要以 H_5Y^+ 型体存在；在 pH 值为 1.6～2 的溶液中，主要以 H_4Y 型体存在；在 pH 值为 2～2.67 的溶液中，主要以 H_3Y^- 型体存在；在 pH 值为2.67～6.16 的溶液中，主要以 H_2Y^{2-} 型体存在；当 pH=6.16～10.26 时，主要以 HY^{3-} 存在；当 pH>10.26 时，才几乎完全以 Y^{4-} 型体存在。在上述 7 种型体中，主要是 Y^{4-} 与金属离子直接反应。溶液的 pH 值愈大，Y^{4-} 的分布系数就愈大。因此，EDTA 在碱性溶液中的反应能力较强。

EDTA 微溶于水（22℃时，每 100mL 水中可溶解 0.02g），难溶于酸和一般有机溶剂，易溶于氨水和 NaOH 溶液，并生成相应的盐。由于 H_4Y 在水中溶解度小，通常把它制成二钠盐，一般也简称 EDTA 或 EDTA-2Na，用 $Na_2H_2Y \cdot 2H_2O$ 表示。

EDTA-2Na 的溶解度较大，在 22℃时，每 100mL 水中可溶解 11.1g，此溶液的浓度为 0.3mol/L。由于 EDTA-2Na 溶液中，主要是 H_2Y^{2-}，所以溶液的 pH 值约为 4.4。

4.2.2　EDTA 与金属离子形成的配合物

EDTA 与金属离子形成的配合物具有以下特点。

(1) EDTA 与大多数金属离子能形成易溶性配合物　在水溶液中，EDTA 几乎能与所有 1～4 价金属离子迅速形成易溶性配合物。因此可以满足配位滴定的基本要求。

(2) 形成的配合物较稳定　EDTA 分子中，有 6 个可与金属离子形成配位键的原子，其中包括 2 个氮原子和四个羧基氧原子。由 Ca^{2+} 与 EDTA 形成配合物 CaY^{2-} 的结构式如图 4-2 所示。从图中看出，所形成的配合物是具有五元螯合环的五环结构，具有环状结构的配位物称为螯合物。通常，EDTA 与金属离子配位时形成 5 个五元环，这种螯合物是很稳定的。

(3) EDTA 与金属离子以 1:1 的比例形成配合物　在书写反应式时，应根据溶液 pH

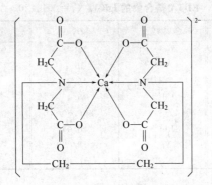

图 4-2 CaY²⁻ 络合物的结构式

值将 EDTA 的主要型体写入反应式中。例如：

在 pH＝4～6 时，$M^{n+}+H_2Y^{2-} \Longrightarrow Y^{n-4}+2H^+$

在 pH＝7～9 时，$M^{n+}+HY^{3-} \Longrightarrow MY^{n-4}+H^+$

在 pH＞10 时，$M^{n+}+Y^{4-} \Longrightarrow MY^{n-4}+H^+$

在不同 pH 值下，EDTA 与金属离子的配位反应可用以下通式表示：

$$M^{n+}+H_jY^{j-4} \Longrightarrow MY^{n-4}+jH^+ \tag{4-1}$$

由通式知，不论价态金属离子与任何型体 EDTA 反应都形成化学计量数为 1∶1 型配合物 MY^{n-4}。只有少数高价金属离子与 EDTA 反应时，不是形成 1∶1 的配合物。例如五价钼与 EDTA 2∶1 反应形成螯合物 $(MoO_2)_2Y^{2-}$。

（4）EDTA 与无色金属离子形成无色配合物，与有色金属一般形成颜色更深的配合物。EDTA 的这一特点有利于指示剂确定滴定终点，但与有色金属反应时应控制其浓度不宜过大，否则难以判断滴定终点。部分金属配合物颜色如下：

FeY^-，NiY^{2-}，CuY^{2-}，$Cr(OH)Y^{2-}$ (pH＞10)，$Fe(OH)Y^{2-}$ (pH≈6)，CrY^-，MnY^{2-}
黄　　蓝绿　　深蓝　　　蓝　　　　　　　　　　褐　　　　深紫　　紫红

4.3　EDTA 配合物的稳定性及其影响因素

4.3.1　EDTA 配合物的稳定性

金属离子与 EDTA 形成配合物的反应，可略去式中的电荷简写成：

$$M+Y \Longrightarrow MY$$

其稳定常数为：

$$K_{稳}=K_{MY}=\frac{[MY]}{[M][Y]} \tag{4-2}$$

式中，K_{MY} 为金属-EDTA 配合物的稳定常数。K_{MY} 值愈大，说明配合物越稳定。配合物的稳定性，主要取决于金属离子和配合剂的性质。EDTA 与不同金属离子形成的配合物，其稳定性是不同的，且在一定条件下都有各自的稳定常数。表 4-1 列出部分金属-EDTA 配合物稳定常数。

表 4-1 EDTA 螯合物的 lgK_{MY}（$I=0.1$, 20~25℃）

金属离子	lgK_{MY}	金属离子	lgK_{MY}	金属离子	lgK_{MY}
Na^+	1.66	Ce^{3+}	15.98	Cu^{2+}	18.80
Li^+	2.79	Al^{3+}	16.1	Hg^{2+}	21.7
Ba^{2+}	7.76	Co^{3+}	16.31	Cr^{3+}	23.4
Sr^{2+}	8.63	Cd^{2+}	16.46	Tb^{3+}	17.67
Mg^{2+}	8.69	Zn^{2+}	16.50	Fe^{3+}	25.1
Ca^{2+}	10.69	Pb^{2+}	18.04	Sn^{2+}	22.11
Mn^{2+}	14.04	Y^{2+}	18.09	Bi^{3+}	27.94
Fe^{2+}	14.33	Ni^{2+}	18.62		

4.3.2 EDTA 配合物的稳定性的影响因素

在 EDTA 滴定金属离子的反应中，被测金属离子 M 与 EDTA 之间的反应称为主反应。除了主反应外，反应物 M 和 Y 及反应产物 MY 都可能同溶液中其他组分发生副反应，溶液的酸度及其他配位剂 L 或共存的其他金属离子 N 的存在而影响主反应的进行，如下式所示：

在有副反应存在的情况下，K_{MY} 不能反映 M 与 Y 配位时的实际情况，在副反应中最重要的是酸效应。

（1）EDTA 的副反应系数 由于溶液中的 H^+ 与 Y^- 之间发生副反应，形成它的共轭酸 HY，H_2Y，…使 EDTA 参加主反应的能力下降，这种效应称为酸效应。H^+ 引起副反应时的副反应系数，称为酸效应系数，通常用 $\alpha_{Y(H)}$ 表示。

$\alpha_{Y(H)}$ 表示未与金属离子配位的 EDTA 总浓度 [Y'] 与 Y 的平衡浓度 [Y] 的比值：

$$\alpha_{Y(H)} = \frac{[Y']}{Y} = \frac{[Y]+[HY]+[H_2Y]+\cdots+[H_6Y]}{[Y]}$$

$$= 1 + \frac{[H^+]}{K_{a_6}} + \frac{[H^+]^2}{K_{a_6}K_{a_5}} + \frac{[H^+]^3}{K_{a_6}K_{a_5}K_{a_4}} + \frac{[H^+]^4}{K_{a_6}K_{a_5}K_{a_4}K_{a_3}} +$$

$$\frac{[H^+]^5}{K_{a_6}K_{a_5}K_{a_4}K_{a_3}K_{a_2}} + \frac{[H^+]^6}{K_{a_6}K_{a_5}K_{a_4}K_{a_3}K_{a_2}K_{a_1}} \qquad (4\text{-}3)$$

$\alpha_{Y(H)}$ 值越大，表示副反应越严重，通常用 $\lg\alpha_{Y(H)}$ 表示副反应系数。表 4-2 列出不同 pH 值时 EDTA 的 $\lg\alpha_{Y(H)}$ 值。

从表 4-2 可以看出，pH 值越小，$\lg\alpha_{Y(H)}$ 越大，即 [Y] 越低。只有在 pH≥12 时，酸效应才可以忽略。

当溶液中存在干扰离子 N 时，N 与 Y 发生配位反应，N 的存在使 Y 参加主反应能力降低的现象称为共存离子效应，共存离子效应的副反应系数称为共存离子效应系数，用 $\alpha_{Y(N)}$

表 4-2　不同 pH 值时 EDTA 的 $\lg\alpha_{Y(H)}$

pH	$\lg\alpha_{Y(H)}$	pH	$\lg\alpha_{Y(H)}$	pH	$\lg\alpha_{Y(H)}$
0.0	21.18	3.4	9.71	6.8	3.55
0.4	19.59	3.8	8.86	7.0	3.32
0.8	18.01	4.0	8.44	7.5	2.78
1.0	17.20	4.4	7.64	8.0	2.26
1.4	15.68	4.8	6.84	8.5	1.77
1.8	14.21	5.0	6.45	9.0	1.29
2.0	13.51	5.4	5.69	9.5	0.83
2.4	12.24	5.8	4.98	10.0	0.45
2.8	11.13	6.0	4.65	11.0	0.07
3.0	10.63	6.4	4.06	12.0	0.00

表示：

$$\alpha_{Y(N)} = \frac{[Y']}{[Y]} = \frac{[Y]+[NY']}{[Y]} = 1 + K_{NY}[N] \tag{4-4}$$

式中，$[Y']$ 为 NY 的平衡浓度与游离 Y 的平衡浓度之和；K_{NY} 为 NY 的稳定常数；$[N]$ 为游离 N 的平衡浓度。

同时考虑酸度和干扰离子的存在，Y 的总副反应系数：

$$\alpha_Y = \alpha_{Y(H)} + \alpha_{Y(N)} - 1 \tag{4-5}$$

（2）金属离子的副反应系数　当 M 与 Y 反应时，如果溶液中存在其他配位剂 L，L 与 M 形成配合物，使主反应受到影响。这种由于配位剂存在使金属离子参加主反应能力降低的现象，称为配位效应。配位效应的大小用副反应系数 $\alpha_{M(L)}$ 表示：

$$\alpha_{M(L)} = \frac{[M']}{[M]} = \frac{[M]+[ML]+[ML_2]+\cdots+[ML_n]}{[M]}$$
$$= 1 + K_1[L] + K_1 K_2[L]^2 + \cdots + K_1 K_2 \cdots K_n[L]^n$$
$$= 1 + \beta_1[L] + \beta_2[L]^2 + \cdots + \beta_n[L]^n \tag{4-6}$$

由上式知 $\alpha_{M(L)}$ 越大，M 与 L 配位越多，即副反应越严重。若 M 没有副反应，则 $\alpha_{M(L)}=1$。

若溶液中有 OH^- 与 M 发生副反应，其副反应系数用 $\alpha_{M(OH)}$ 表示。

$$\alpha_{M(OH)} = \frac{[M]+[MOH]+[ML(OH)_2]+\cdots+[M(OH)_n]}{[M]}$$
$$= 1 + \beta_1[OH^-] + \beta_2[OH^-]^2 + \cdots + \beta_n[OH^-]^n \tag{4-7}$$

若溶液中有配位剂 L 和 OH^-，同时与 M 发生副反应，则 M 的总副反应系数：

$$\alpha_M = \alpha_{M(L)} + \alpha_{M(OH)} - 1 \tag{4-8}$$

（3）条件稳定常数　在溶液中，M 与 Y 反应生成 MY，如果没有副反应发生，K_{MY} 称为 MY 的绝对稳定常数。它不因浓度、酸度及其他外界条件的改变而发生变化。从前面讨论可知，当溶液中具有一定的酸度和其他配位剂存在时，将会引起一系列副反应，当配位反应达到平衡时，用 K'_{MY} 表示副反应存在对主反应进行程度的影响。

$$K'_{MY} = \frac{[MY]}{[M'][Y']} \tag{4-9}$$

从 Y 和 M 的副反应系数的讨论中可知：

$$[Y'] = \alpha_Y[Y]$$
$$[M'] = \alpha_M[M]$$

故
$$K'_{MY} = \frac{[MY]}{\alpha_M[M]\alpha_Y[Y]} = \frac{[MY]}{[M][Y]} \times \frac{1}{\alpha_M \alpha_Y} = \frac{K_{MY}}{\alpha_M \alpha_Y} \tag{4-10}$$

$$\lg K'_{MY} = \lg K_{MY} - \lg \alpha_M - \lg \alpha_Y \qquad (4-11)$$

式中，$\lg K'_{MY}$ 称为条件稳定常数。

如果溶液中不存在其他配位剂，只考虑酸效应，则上式可简化为：

$$\lg K'_{MY} = \lg K_{MY} - \lg \alpha_{Y(H)} \qquad (4-12)$$

上式可说明在一定的酸度的条件下，配合物的实际稳定程度，pH 值越大，$\lg \alpha_{(H)}$ 值越小，则 $\lg K'_{MY}$ 越大，配合物越稳定。

【例 4-1】 计算在 pH=3.00 和 pH=6.00 时，ZnY 的条件稳定常数。

解：查表 4-1，$\lg K_{ZnY} = 16.50$。

查表 4-2，当 pH=3.00 时，$\lg \alpha_{Y(H)} = 10.63$；当 pH=6.00 时，$\lg \alpha_{Y(H)} = 4.65$。将查出的数值代入

$$\lg K'_{MY} = \lg K_{MY} - \lg \alpha_{Y(H)}$$

当 pH=3.00 时，$\lg K'_{ZnY} = 16.50 - 10.63 = 5.87$；

当 pH=6.00 时，$\lg K'_{ZnY} = 16.50 - 4.65 = 11.85$。

计算结果表明，在 pH=3.00 时，配合物 ZnY 很不稳定；当 pH=6.00 时，配合物 ZnY 的稳定性较好。这说明在配位滴定中控制酸度的重要性。

4.4 金属指示剂

配位滴定和酸碱滴定一样，也需用指示剂来指示滴定终点。由于在配位滴定中，指示剂是指示滴定过程中金属离子浓度的变化，故称为金属指示剂。

4.4.1 金属指示剂作用原理

金属指示剂通常是一种有机配位剂，它能与金属离子形成一种配合物，这种配位物的颜色与指示剂本身的颜色有显著不同，以指示滴定络点。现以 EDTA 滴定金属离子为例，说明金属指示剂（In）的作用原理。

在用 EDTA 滴定前，将少量金属指示剂加入被测金属离子溶液中，此时指示剂与金属离子反应，形成一种与指示剂本身颜色不同的配位物：

$$M \quad + \quad In \quad \Longleftrightarrow \quad MIn$$
颜色甲（指示剂）　　　　　　　颜色乙（显色配合物）

滴加 EDTA 时，金属离子逐步发生配位反应，当达到反应的化学计量点时，溶液中游离的金属离子完全反应。此时，EDTA 夺取 MIn 配位物中的金属离子，使指示剂 In 被释放出来，溶液由金属-指示剂配合物的颜色，转变为游离指示剂的颜色，以指示滴定终点的到达。

$$Y \quad + \quad MIn \quad \Longleftrightarrow \quad MY \quad + \quad In$$
颜色乙（显色配合物）　　　　　　　颜色甲（指示剂）

从以上讨论中可以看出，金属指示剂必须具备下列条件。

① 指示剂（In）的颜色与金属-指示剂配合物（MIn）的颜色应显著不同，这样终点时的颜色变化才明显。

② 指示剂（In）与金属离子形成的有色配合物（MIn）要有足够的稳定性，但又要比该金属的 EDTA 配合物的稳定性小。如果稳定性太低，在化学计量点前就会显示出指示剂本身的颜色，使滴定终点提前出现，而且变色不敏锐；如果稳定性太高，就会使滴定终点推后，而且有可能使 EDTA 不能夺取 MIn 配合物中的金属离子，得不到滴定终点。一般来说，两者的稳定常数应相差 100 倍以上，才能有效地指示滴定终点。

③ 指示剂应具有一定的选择性，即在一定条件下，只对某一种（或某几种）离子发生显色反应，且显色反应要灵敏、迅速，有良好的变色可逆性。

④ 指示剂应比较稳定，不容易被氧化、还原或分解等，便于储藏和使用。

此外，指示剂与金属离子形成的配合物应易溶于水。如果生成胶体溶液或沉淀，则会使变色不明显。

4.4.2　指示剂的封闭和僵化现象

在实际工作中，有时指示剂的颜色变化受到干扰，即达到化学计量点后，过量 EDTA 并不能夺取金属-指示剂有色配合物中的金属离子，因而使指示剂在化学计量点附近没有颜色变化，这种现象称为指示剂的封闭现象。

产生封闭现象的原因，可能是由于溶液中某些离子的存在，与指示剂形成十分稳定的有色配位物，不能被 EDTA 所破坏。例如，用 EDTA 标准溶液测定水中 Ca^{2+}、Mg^{2+} 时，以铬黑 T 为指示剂，如果水中含有 Fe^{3+}、Al^{3+}、Ti^{4+}、Cu^{2+}、Ni^{2+}、Co^{2+} 等离子时，则与铬黑 T 指示剂形成配合物，其 $K_{MIn} > K_{MY}$，则显色配合物 MIn 不能被 EDTA 置换，无法指示终点。对于这种情况，通常需要加入适当的掩蔽剂，以消除某些离子的干扰。例如，加入三乙醇胺，掩蔽 Fe^{3+}、Al^{3+} 和 Ti^{4+}；加入氰化钾或硫化钠，掩蔽 Cu^{2+}、Ni^{2+} 和 Co^{2+} 等离子。

有时产生封闭现象是由于动力学方面的原因，即由于有色配合物的颜色变化为不可逆反应所引起的。此时，金属-指示剂有色配位物的稳定性虽不及金属-EDTA 配合物的稳定性高，但由于其颜色变化为不可逆，有色配合物不能很快地被 EDTA 所破坏，故对指示剂也产生封闭现象。这种由被滴定离子本身引起的封闭现象，可用先加入过量 EDTA，然后进行返滴定的方法加以避免。

有时，金属离子与指示剂生成难溶性有色化合物（为胶体或沉淀），在终点时与滴定剂置换缓慢，使终点推后，这种现象叫做指示剂的僵化现象。例如：用 PAN 指示剂与 Cu^{2+}、Bi^{3+}、Cd^{2+}、Hg^{2+}、Pb^{2+}、Zn^{2+}、Ni^{2+}、Th^{4+} 等金属离子形成紫红色的螯合物，但它们往往是胶体或沉淀，使滴定时变色缓慢或终点延长。对于这种情况可加入适当的有机溶剂增大其溶解度；或将溶液适当加热加快置换速度，使指示剂在终点时变色明显，也可在接近滴定终点时缓慢滴定并剧烈振荡。

4.4.3　常用的金属指示剂

（1）铬黑 T（EBT）　铬黑 T 属于偶氮染料，化学名称是 1-(1-羟基-2-萘偶氮基)-6-硝基-2-萘酚-4-磺酸钠，其结构式为：

固体铬黑 T 性质稳定，易溶于水，磺酸基的 Na^+ 全部解离，形成 H_2In^-，并有如下平衡：

$$H_2In^- \xrightarrow{pK_{a_2}=6.3} HIn^{2-} \xrightarrow{pK_{a_3}=11.6} In^{3-}$$

$$\text{紫红色} \qquad\qquad \text{蓝色} \qquad\qquad \text{橙色}$$
$$(pH<6.3) \qquad (pH=8\sim11) \qquad (pH>11.6)$$

铬黑 T 可与许多二价金属离子配位，形成稳定的酒红色配合物，如 Mg^{2+}、Mn^{2+}、Zn^{2+}、Cd^{2+}、Pb^{2+} 等。实验结果表明，在 $pH=9\sim10.5$ 的溶液中，用 EDTA 直接滴定这些离子时，铬黑 T 是良好的指示剂，终点时变色敏锐，溶液由酒红色变为蓝色。但 Ca^{2+} 与铬黑 T 显色不够灵敏，必须有 Mg^{2+} 存在时，才能改善滴定终点。

固体铬黑 T 性质稳定，但其水溶液只能保存几天，易发生聚合反应，所以保存铬黑 T 时加入三乙醇胺防止聚合。

在碱性溶液中，空气中的氧及 Mn 和 Ce^{4+} 等能将铬黑 T 氧化并使其褪色，加入盐酸羟胺或抗坏血酸等还原剂可防止其氧化。

铬黑 T 常与 NaCl 或 KNO_3 等中性盐制成固体混合物（1∶100）使用，直接加入被滴定溶液中，这种干燥的固体虽然易保存，但滴定时对指示剂的用量不易控制。

（2）钙指示剂（NN） 钙指示剂的化学名称是 2-羟基-1-(2-羟基-4-磺酸基-1-萘偶氮基)-3-萘甲酸，其结构式为：

钙指示剂在 pH 值为 $12\sim14$ 的溶液中呈蓝色，可与 Ca^{2+} 形成红色配合物。在 Ca^{2+} 和 Mg^{2+} 共存时，可用其测定 Ca^{2+}，终点由橙红色变为蓝色，其变色敏锐。在 $pH>12$ 时，Mg^{2+} 可生成 $Mg(OH)_2$ 沉淀，故须先调至 $pH>12.5$，使 $Mg(OH)_2$ 沉淀后，再加入指示剂，以减少沉淀对指示剂吸附。

Fe^{3+}、Al^{3+}、Cu^{2+}、Ni^{2+}、Co^{2+}、Mn^{2+} 等离子能封闭指示剂。Al^{3+} 和少量 Fe^{3+} 可用三乙醇胺掩蔽；Cu^{2+}、Ni^{2+}、Co^{2+} 等可用 KCN 掩蔽；Mn^{2+} 可用三乙醇胺和 KCN 联合掩蔽。

钙指示剂为紫黑色粉末，它的水溶液或乙醇溶液都不稳定，故一般取固体试剂，用干燥的 NaCl（1∶100 或 1∶200）粉末稀释后使用。

（3）酸性铬蓝 K 酸性铬蓝 K 的化学名称是 1,8-二羟基 2-(2-羟基-5-磺酸基-1-偶氮苯)-3,6-二磺酸萘钠盐，其结构式为：

酸性铬蓝 K 的水溶液，在 $pH<7$ 时呈玫瑰红色，pH 值为 $8\sim13$ 时呈蓝色。在碱性溶液中能与 Ca^{2+}、Mg^{2+}、Mn^{2+}、Zn^{2+} 等离子形成红色螯合物，它对 Ca^{2+} 的灵敏度比铬黑 T 高。

为了提高终点的敏锐性，通常将酸性铬蓝 K 与萘酚绿 B 混合 [1∶(2~2.5)]，然后再用 50 倍的 NaCl 或 KNO_3 固体粉末稀释后使用。这种指示剂可较长期保存，简称 K-B 指示剂。K-B 指示剂在 $pH=10$ 时可用于测定 Ca^{2+}、Mg^{2+} 的总量，在 $pH=12.5$ 时可单独测定 Ca^{2+}。

（4）PAN PAN 属于吡啶偶氮类显色剂，化学名称是 1-(2-吡啶偶氮)-2-萘酚，其结构式为：

PAN 是橙红色针状结晶，难溶于水，可溶于碱、氨溶液及甲醇、乙醇等溶剂中，通常配成 0.1% 的乙醇溶液使用。

PAN 的杂环氮原子能发生质子化，因而表现为二级酸式离解：

$$H_2In^+ \xrightarrow{pK_{a_3}=1.9} HIn \xrightarrow{pK_{a_2}=12.2} In^-$$

黄绿色　　　　　　　黄色　　　　　　淡红色

由此可见，PAN 在 pH=1.9~12.2 的范围内呈黄色，而 PAN 与金属离子形成的配合物是红色，故 PAN 可在此范围内使用。

PAN 可与 Cu^{2+}、Bi^{3+}、Cd^{2+}、Hg^{2+}、Pb^{2+}、Zn^{2+}、Sn^{2+}、In^{3+}、Fe^{2+}、Ni^{2+}、Mn^{2+}、Th^{4+} 和稀土金属离子形成红色螯合物，这些螯合物的水溶性差，大多出现沉淀，使变色不敏锐。为了加快变色过程，可加入乙醇并适当加热。

Cu^{2+} 与 PAN 的配合物稳定性强（lgK=16），且显色敏锐，故间接测定某些离子（如 Al^{3+}、Ca^{2+}）时，常用 PAN 作指示剂，用 Cu^{2+} 标准溶液进行反滴定。但注意 Ni^{2+} 对 Cu^{2+}-PAN 有封闭作用。

（5）二甲酚橙（XO）　二甲酚橙属于三苯甲烷类显色剂，化学名称是 3-3′-双（二羧甲基氨甲基)-邻甲酚磺酞，其结构式为：

二甲酚橙是紫色晶体，易溶于水，它有六级酸式离解。其中 H_6In 至 H_2In^{4-} 都是黄色，HIn^{5-} 和 In^{6-} 是红色。在 pH=5~6 时，二甲酚橙主要以 H_2In^{4-}（$pK_{a_5}=6.3$）的形式存在。当 pH>6.3 时，呈黄色；pH=6.3 时，呈黄色和红色混合色。而二甲酚橙与金属离子形成的配合物是紫红色，因此，它只适用于 pH<6 的酸性溶液中。通常配成 0.5% 的水溶液，可保存 2~3 周。

Bi^{3+}、Th^{4+}、Pb^{2+}、Zn^{2+}、Cd^{2+}、Hg^{2+} 等可用二甲酚橙作指示剂直接滴定，终点时溶液由红色变为亮黄色。Fe^{3+}、Al^{3+}、Ni^{2+}、Cu^{2+} 等离子也可以在加入过量 EDTA 后用 Zn^{2+} 标准溶液进行返滴定。

Fe^{3+}、Al^{3+}、Ni^{2+}、Ti^{4+} 对二甲酚橙有封闭作用。可用 NH_4F 掩蔽 Al^{3+}、Ti^{4+}；抗坏血酸掩蔽 Fe^{3+}；邻二氮菲掩蔽 Ni^{2+}，以消除封闭现象。

4.5　配位滴定法的基本原理

4.5.1　配位滴定曲线

在配位滴定中，随着配位剂 EDTA 标准溶液的加入，被滴定的金属离子浓度不断减少。

与酸碱滴定类似，在滴定达到化学计量点时，溶液 pM 值发生突变，以 pM 值为纵坐标，以 EDTA 标准溶液的加入量为横坐标，可以作出滴定曲线。

以 0.01000mol/L EDTA 标准溶液滴定 20.00mL 0.01000mol/L Ca^{2+} 溶液（在 NH_3-NH_4Cl 缓冲溶液存在时，使溶液的 pH=10）为例，讨论滴定过程中 pCa 的变化情况。

查表 4-1，$\lg K_{CaY}=10.69$；查表 4-2，当 pH=10 时，$\lg \alpha_{Y(H)}=0.45$；NH_3 不与 Ca^{2+} 发生反应。故有：

$$\lg K'_{CaY}=10.69-0.45=10.24$$
$$K'_{CaY}=10^{10.24}=1.7\times10^{10}$$

（1）滴定前

$$[Ca^{2+}]=0.01000mol/L$$

所以
$$pCa=-\lg0.01000=2.0$$

（2）滴定开始至化学计量点前　设已加入 EDTA 溶液 19.98mL，此时剩余 0.02mL Ca^{2+} 溶液，故：

$$[Ca^{2+}]=\frac{0.01000\times0.02}{20.00+19.98}=5.0\times10^{-6}mol/L$$

$$pCa=5.3$$

（3）化学计量点时　由于 CaY 配合物比较稳定，可认为 Ca^{2+} 与 EDTA 几乎全部生成 CaY 配合物，所以：

$$[CaY]=\frac{0.01000\times20.00}{20.00+20.00}=5.0\times10^{-3}mol/L$$

同时，由于 CaY 配合物的离解平衡，此时溶液中 $[Ca^{2+}]=[Y^{4-}]$，并且 $[CaY]/[Ca^{2+}][Y^{4-}]=K'_{CaY}$，即：

$$\frac{5.0\times10^{-3}}{[Ca^{2+}]^2}=1.7\times10^{10}$$

$$[Ca^{2+}]=5.4\times10^{-7}mol/L \qquad pCa=6.3$$

（4）化学计量点后　设加入 20.02mL EDTA 溶液，此时 EDTA 溶液过量 0.02mL，其浓度为：

$$[Y]=\frac{0.01000\times0.02}{20.00+20.02}mol/L=5.0\times10^{-6}mol/L$$

所以
$$\frac{[CaY]}{[Ca^{2+}][Y^{4-}]}=\frac{5.0\times10^{-3}}{[Ca^{2+}]\times(5.0\times10^{-6})}=1.7\times10^{10}$$

$$[Ca^{2+}]=5.9\times10^{-8}mol/L \qquad pCa=7.2$$

按照相同的方法，可以计算在不同 pH 值时滴定过程中 pCa 值的变化情况。图 4-3 是不同 pH 值时，以 pCa 为纵坐标，以加入 EDTA 标准溶液的百分数为横坐标作图，得到的 0.01mol/L 的 EDTA 滴定 0.01mol/L 的 Ca^{2+} 的滴定曲线。

从图 4-3 可以看出，滴定曲线突跃部分的长短随溶液 pH 值的不同而变化，这是由于配合物的条件稳定常数随 pH 值的变化而改变。pH 值愈大，$K'_稳$ 愈大，滴定突跃愈大，其滴定曲线上的突跃部分也就愈长。因此，配合物的条件稳定常数是影响滴定突跃的主要因素，即 $K'_稳$ 愈大，滴定的准确度愈高。

金属离子起始浓度的大小对滴定曲线的突跃也有影响，图 4-4 是 $\lg K'_{MY}=10$ 时用 EDTA 滴定不同浓度的金属离子所得到的滴定曲线。可知，当 $\lg K'_{MY}$ 值一定时，金属离子的起始浓度愈小，滴定曲线的起点就愈高，其滴定突跃就愈短。因此，被滴定时金属离子浓度不宜

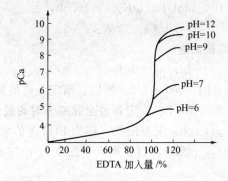

图 4-3　0.01mol/L EDTA 滴定 0.01mol/L Ca^{2+} 溶液滴定曲线

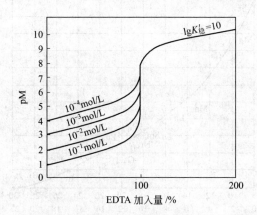

图 4-4　用 EDTA 滴定不同浓度的金属离子的滴定曲线

过小，一般选用 10^{-2} mol/L 左右。

4.5.2　酸度对配位滴定的影响

在配位滴定中，如果所形成的配合物越稳定，即 $K'_{稳}$ 越大，则配合反应越完全，滴定突跃也越明显。因此，在配位滴定时，对配合物 $K'_{稳}$ 值有一定的要求。

根据滴定分析的一般要求，滴定的允许误差不大于 0.1%。假如金属离子的初始浓度为 10^{-2} mol/L，当滴定到达化学计量点时，可以认为 EDTA 和金属离子基本都形成了配合物 MY，其浓度约为 10^{-2} mol/L。若允许误差小于或等于 0.1%，则在化学计量点时，未形成配合物 MY 的金属离子浓度和 EDTA 浓度都应小于或等于 $10^{-2} \times 0.1\%$。所以有：

$$K'_{稳} = \frac{[MY]}{[M'][Y']} \geqslant \frac{10^{-2}}{10^{-2} \times 0.1\% \times 10^{-2} \times 0.1\%} = 10^8$$

$$\lg K'_{稳} \geqslant 8$$

当金属离子的浓度为 10^{-2} mol/L，要求允许误差不大于 0.1% 时，若 $\lg K'_{稳} \geqslant 8$，则金属离子能准确被滴定。若要求允许误差稍大一些，则 $\lg K'_{稳}$ 值略小于 8 时，也可以被滴定。

同样可以推导，如果金属离子的浓度为 c_M，当 $\lg c_M K'_{稳} \geqslant 6$ 时，金属离子才能准确被滴定。

在配位滴定中，如果不考虑由其他配合剂所引起的副反应，则 $\lg K'_{稳}$ 值主要取决于酸度的高低。当 pH 值低于某一值时，金属离子就不能准确进行滴定，这一限度就是配位滴定的最高允许酸度，简称最高酸度。

【例 4-2】　求用 EDTA 滴定 1.0×10^{-3} mol/L Zn^{2+} 的最高允许酸度。

解：已知 $C_{Zn^{2+}} = 1.0 \times 10^{-3}$ mol/L，$\lg K_{ZnY} = 16.50$，由

$$\lg C_{Zn^{2+}} \times K'_{ZnY} \geqslant 6$$

得 $K'_{ZnY} \geqslant 9$ 时 Zn^{2+} 才能准确被滴定。

而

$$\lg \alpha_{Y(H)} = \lg K_{ZnY} - 9 = 7.5$$

查表知，当 $\lg \alpha_{Y(H)} = 7.5$ 时，pH = 4.5。所以，滴定允许最低 pH 值为 4.5。

用同样的方法，可以计算出 EDTA 滴定各种金属离子时的最低 pH 值。以 $\lg K'_稳$ 与对应的最低 pH 值作图，得到的 pH-$\lg K'_稳$ 关系曲线，称为 EDTA 的酸效应曲线，如图 4-5 所示。图中横坐标中的第二行是 $\lg \alpha_{Y(H)}$ 数轴，当金属离子浓度为 10^{-2} mol/L 时，$\lg K'_稳$ 与 $\lg \alpha_{Y(H)}$ 在数值上相差 8。

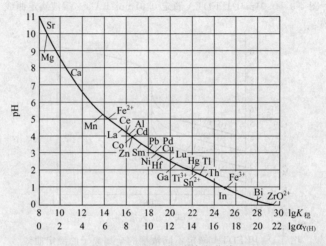

图 4-5　EDTA 的酸效应曲线

曲线上的各金属离子位置所对应的 pH 值，就是滴定这种金属离子所允许的最低 pH 值。如果小于该 pH 值，就不能配合或配合不完全，滴定就不可能定量进行。如滴定 Fe^{3+}，pH 值必须大于 1.2；而滴定 Mg^{2+} 时 pH 值必须大于 9.7。

在配位滴定中，实际上所采用的 pH 值要比允许的最低 pH 值稍高一些，这样可以使被滴定的金属离子配合得更完全。但是，过高的 pH 值会引起金属离子的水解，从而影响金属离子与 EDTA 的配合反应，故不利于滴定。例如，Mg^{2+} 在强碱性溶液中会形成 $Mg(OH)_2$ 沉淀，而不能与 EDTA 进行配位反应，因此，通常在弱碱性（pH = 10 左右）溶液中滴定 Mg^{2+}。在没有其他配位剂存在时，一般以金属离子的水解酸度作为滴定这种金属离子所允许的最低酸度，即所允许的最高 pH 值。

显然，不同的金属离子用 EDTA 滴定时，pH 值都有一定的限制范围，超过这个范围，不论是高还是低，都不适于进行滴定。

4.6　提高配位滴定选择性的方法

提高配位滴定的选择性，可以消除或减少共存离子的干扰，因为溶液中往往存在着几种离子，用 EDTA 滴定其中一种离子时，其他离子也可以和 EDTA 生成配合物而发生干扰。所以，如何在混合离子中进行选择滴定，是配合滴定中一个十分重要的问题。

如用 EDTA 滴定水中单独一种金属离子 M 时，只要满足式 $\lg c K'_稳 \geqslant 6$ 的条件，就可以

直接准确进行滴定。但是当溶液中有两种以上的金属离子共存时，情况就比较复杂。此时发生干扰的情况与两者相应的 $K_{稳}$ 值和浓度有关。如果被测离子的浓度 c_M 愈大，干扰离子的浓度 c_N 愈小，或被测离子配合物的 K'_{MY} 愈大，干扰离子配合物的 K'_{NY} 愈小，则滴定 M 离子时，N 离子的干扰也就愈小。一般情况下，如果：

$$\lg c_M K'_{MY} \times \lg c_N K'_{NY} \geqslant 5 \tag{4-13}$$

则滴定 M 离子时，共存的 N 离子不发生干扰。

由上式知，在混合离子的滴定中，要准确滴定 M 离子而使 N 离子不发生干扰，必须同时满足：

$$\lg c_M K'_{MY} \geqslant 6$$
$$\lg c_M K'_{MY} - \lg c_N K'_{NY} \geqslant 5$$

显然，通过降低干扰离子与 EDTA 所形成的配合物的稳定性和降低干扰离子的浓度可以提高配合滴定的选择性，主要方法有以下两种。

4.6.1 控制溶液 pH 值消除干扰

溶液 pH 值对配合物的形成影响很大，各种金属离子与 EDTA 形成稳定配合物所允许的 pH 值也各不相同。因此，控制溶液的 pH 值就是要使被测金属离子形成稳定的配合物，而其他金属离子不被配合或形成的配合物不稳定，这样就可避免干扰。

例如，当 Bi^{3+} 和 Pb^{2+} 共存时，可先调节溶液的 $pH \approx 1$，用 EDTA 滴定 Bi^{3+}，此时 Pb^{2+} 不被滴定；当 Bi^{3+} 定量滴定后，再调节溶液的 $pH = 5 \sim 6$，继续用 EDTA 滴定 Pb^{2+}。从而可以分别测定 Bi^{3+} 和 Pb^{2+} 的含量。

但是，如果两种金属离子与 EDTA 所形成配合物的稳定性相近时，就不能用控制溶液 pH 值的办法来进行分别滴定，而只能采用其他办法。

4.6.2 利用掩蔽剂消除干扰

利用掩蔽剂可降低干扰离子的浓度，使之不与 EDTA 或指示剂反应，从而消除干扰，提高配合滴定的选择性。常用的掩蔽方法有配合掩蔽法、沉淀掩蔽法和氧化还原掩蔽法。

（1）配合掩蔽法　利用掩蔽剂与干扰离子形成稳定的配合物，使干扰离子的浓度降低，这种消除干扰的方法称为配合掩蔽法。例如，Zn^{2+}、Al^{3+} 共存时，当用 EDTA 滴定 Zn^{2+} 时，Al^{3+} 有干扰，这时可调节溶液的 pH 值为 $5 \sim 6$，加掩蔽剂 NH_4F，则 Al^{3+} 与 F^- 形成稳定的 AlF_6^{3-} 配合物，从而排除了 Al^{3+} 的干扰。

在用 EDTA 滴定水中的 Ca^{2+}、Mg^{2+} 以测定硬度时，Fe^{3+}、Al^{3+} 有干扰。掩蔽剂不能用氟化物，因为 F^- 与 Ca^{2+} 能生成 CaF_2 沉淀，影响 Ca^{2+} 的测定。此时，可在酸性条件下加入三乙醇胺作掩蔽剂，则 Fe^{3+}、Al^{3+} 与三乙醇胺形成稳定配合物而不发生干扰。然后再调节 $pH = 10$ 以测定 Ca^{2+}。

通常作为配合掩蔽剂的物质必须具备下列条件。

① 干扰离子与掩蔽剂形成的配合物远比与 EDTA 形成的配合物稳定，而且这些配合物应为无色或浅色，不影响终点的判断。

② 待测离子不与掩蔽剂配合，即使形成配合物，其稳定性也应远小于待测离子与 EDTA 配合物的稳定性，这样在滴定时，才能被 EDTA 置换。

③ 掩蔽剂的 pH 值范围要符合测定所要求的 pH 值范围。

（2）沉淀掩蔽法　沉淀掩蔽法是指利用干扰离子与掩蔽剂形成沉淀，使干扰离子的浓度降低，在不分离沉淀的条件下直接进行滴定的方法。例如，Ca^{2+}、Mg^{2+}共存时，用 EDTA 滴定 Ca^{2+}，可用 NaOH 溶液作掩蔽剂，使 Mg^{2+} 生成 $Mg(OH)_2$ 沉淀而排除 Mg^{2+} 的干扰。通常作为沉淀掩蔽剂的物质必须具备下列条件。

① 沉淀的溶解度要小，否则干扰离子沉淀不完全，掩蔽效果不好。

② 生成的沉淀应是无色或浅色，否则由于沉淀的颜色深，影响对终点的判断。

③ 生成的沉淀应是致密的，体积要小，最好是晶形沉淀。否则沉淀易吸附被测离子和指示剂，影响滴定的准确度和对终点的判断。

由于发生沉淀反应时通常伴随有共沉淀现象，故沉淀掩蔽法不是一种理想的掩蔽方法，在实际应用中有一定的局限性。表 4-3 是采用沉淀掩蔽法的实例。

表 4-3　沉淀掩蔽法示例

掩蔽剂	被掩蔽离子	被测定离子	pH 值	指示剂
NH_4F	Ba^{2+}、Ca^{2+}、Sr^{2+}、Mg^{2+}、稀土、Ti^{4+}、Al^{3+}	Zn^{2+}、Cd^{2+}、Mn^{2+}	10	铬黑 T
NH_4F	Ba^{2+}、Ca^{2+}、Sr^{2+}、Mg^{2+}、稀土、Ti^{4+}、Al^{3+}	Cu^{2+}、Ni^{2+}、Co^{2+}	10	紫脲酸铵
K_2CrO_4	Ba^{2+}	Sr^{2+}	10	Mg-EDTA＋铬黑 T
Na_2S 或铜试剂	微量重金属	Ca^{2+}、Mg^{2+}	10	铬黑 T
H_2SO_4	Pb^{2+}	Bi^{3+}	1	二甲酚橙

（3）氧化还原掩蔽法　氧化还原掩蔽法是指当某种价态的共存离子对滴定有干扰时，利用氧化还原反应改变干扰离子的价态以消除干扰的方法。例如，用 EDTA 滴定 Bi^{3+}，溶液中如果有 Fe^{3+} 存在，由于 $\lg K_{BiY^-}=27.94$，$\lg K_{FeY^-}=25.1$，所以 Fe^{3+} 对滴定有干扰。此时可加入抗坏血酸或盐酸羟胺将 Fe^{3+} 还原为 Fe^{2+}。由于 Fe^{2+} 与 EDTA 形成的配合物（FeY^{2-}）的稳定性比 Bi^{3+} 与 EDTA 形成的配合物（BiY^-）的稳定性小得多，$\lg K_{FeY^{2-}}=14.33$，因此 Fe^{2+} 不干扰 Bi^{3+} 的滴定，从而达到了消除干扰的目的。

氧化还原掩蔽法只适用于那些易发生氧化还原反应的金属离子，还要注意氧化还原反应后的产物不干扰测定。

4.6.3　利用解蔽消除干扰

利用解蔽消除干扰是将一些离子掩蔽，对某种离子进行滴定后，加入一种试剂（解蔽剂）将已被滴定剂或掩蔽剂配位的金属离子释放出来，再进行滴定的方法。

例如：配位滴定法测定混合液中 Zn^{2+} 和 Pb^{2+}，试液用 $NH_3 \cdot H_2O$ 中和，加 KCN 掩蔽 Cu^{2+}、Zn^{2+}，此时 Pb^{2+} 不能被 KCN 掩蔽，故可在 pH＝10 时以铬黑 T 为指示剂，用 EDTA 标准溶液滴定 Pb^{2+}。在滴定 Pb^{2+} 后，溶液中加入甲醛或三氯乙醛破坏 $[Zn(CN)_4^{2-}]$，释放出来的 Zn^{2+} 可用 EDTA 继续滴定，$Cu(CN)_4^{2-}$ 比较稳定，用甲醛或三氯乙醛难以解蔽。

4.7　配位滴定方式及其应用

在配位滴定中，采用不同的滴定方式，不仅可以扩大配位滴定的应用范围，而且可以提高配位滴定的选择性。

4.7.1　配位滴定方式

（1）**直接滴定法**　直接滴定法是配位滴定中最基本的方法。它是将水样调节到所需要的酸度，加入必要的其他试剂（如掩蔽剂）和指示剂，直接用 EDTA 标准溶液滴定待测离子至终点。

采用直接滴定法必须满足下列条件。

① 被测离子浓度 c_M 及其与 EDTA 形成的配合物的条件稳定常数 K'_{MY} 的乘积应满足准确滴定的要求，即 $\lg cK'_{MY} \geqslant 6$。

② 被测离子与 EDTA 的配位反应速率快。

③ 应有变色敏锐的指示剂，且不发生封闭现象。

④ 被测离子在滴定条件下，不会发生水解和沉淀反应。

直接滴定法操作简单，一般情况下引入的误差较少，因此只要条件允许，应尽可能采用直接滴定法。表 4-4 列出了 EDTA 直接滴定一些金属离子的条件。

表 4-4　EDTA 直接滴定的一些金属离子

金属离子	pH 值	指示剂	其他条件
Bi^{3+}	1	XO	HNO_3
Fe^{3+}	2	磺基水杨酸	$50 \sim 60℃$
Cu^{2+}	$2.5 \sim 10$	PAN	加乙醇或加热
	8	紫脲酸铵	
Zn^{2+}、Cd^{2+}、Pb^{2+} 和稀土元素	5.5	XO	
	$9 \sim 10$	EBT	Pb^{2+} 以酒石酸为辅助配位剂
Ni^{2+}	$9 \sim 10$	紫脲酸铵	氨性缓冲溶液，$50 \sim 60℃$
Mg^{2+}	10	EBT	
Ca^{2+}	$12 \sim 13$	钙指示剂	

例如水硬度的测定就是直接滴定法的应用。水的总硬度是指水中钙、镁离子的含量，由镁离子形成的硬度称为镁硬度，由钙离子形成的硬度称为钙硬度。测定方法如下：现在 $pH \approx 10$ 的氨缓冲溶液中以 EBT 为指示剂，用 EDTA 测定，测得的是 Ca^{2+}、Mg^{2+} 的总量，另取同样的试液加入 NaOH 调节至 $pH > 12$，此时 Mg^{2+} 以 $Mg(OH)_2$ 的沉淀形式被掩蔽，用 EDTA 滴定 Ca^{2+}，终点由红色变为蓝色，测得的是的 Ca^{2+} 含量。前后两次测定之差即可得到 Mg^{2+} 的含量。

（2）**返滴定法**　返滴定法是在试液中先加入已知过量的 EDTA 标准溶液，然后用其他金属离子标准溶液滴定过量的 EDTA，根据两种溶液的浓度和所消耗的体积即可求得被测物质的含量。

例如用 EDTA 滴定 Al^{3+} 时，因为 Al^{3+} 与 EDTA 的反应速率慢；酸度不高时，Al^{3+} 水解生成多核羟基配合物；Al^{3+} 对二甲酚橙等指示剂有封闭作用，因此不能直接滴定 Al^{3+}。采用返滴定法即可解决这些问题，方法是先加入已知过量的 EDTA 标准溶液，在 $pH \approx 3.5$（防止 Al^{3+} 水解）时煮沸溶液来加速 Al^{3+} 与 EDTA 的配位反应。然后冷却，并调节 pH 值至 $5 \sim 6$，以保证 Al^{3+} 与 EDTA 配位反应定量进行。以 XO 为指示剂，此时 Al^{3+} 已形成

AlY 配合物，不再封闭指示剂。过量的 EDTA 可用 Zn^{2+} 或 Pb^{2+} 标准溶液返滴定，即可测得 Al^{3+} 的含量。

特别注意的是，作为返滴定的金属离子，与 EDTA 配合物的稳定性要适当。即要有足够的稳定性以保证滴定的准确度，但不宜超过被测离子与 EDTA 配合物的稳定性，否则在滴定过程中返滴定剂会将被测离子置换出来，造成滴定误差，而且终点也不敏锐。

返滴定法主要用于以下情况：①被测离子与 EDTA 反应速率慢；②被测离子对指示剂有封闭作用，或者缺乏合适的指示剂；③被测离子发生水解等副反应。

表 4-5 列出了一些常用作返指示剂的金属离子。

表 4-5　常用作返指示剂的金属离子

pH 值	返滴定剂	指示剂	滴定的金属离子
1～2	Bi^{3+}	XO	Sn^{2+}、ZrO^{2+}
5～6	Zn^{2+}、Pb^{2+}	XO	Al^{3+}、Cu^{2+}、Co^{2+}、Ni^{2+}
5～6	Cu^{2+}	PAN	Al^{3+}
10	Mg^{2+}、Zn^{2+}	EBT	Ni^{2+}、稀土元素
12～13	Ca^{2+}	钙指示剂	Co^{2+}、Ni^{2+}

（3）置换滴定法　利用置换反应，置换出相应数量的金属离子或 EDTA，然后用 EDTA 或金属离子标准溶液滴定被置换出来的金属离子或 EDTA，这种方法称为置换滴定法。

① 置换出金属离子。当被测离子 M 与 EDTA 反应不完全或形成的配合物不稳定时，可用 M 置换出另一配合物（NL）中的 N，然后用 EDTA 滴定 N，即可求 M 的含量。

$$M + NL \Longrightarrow ML + N$$

例如，Ag^+ 与 EDTA 的配合物不稳定，不能用直接法滴定，但是将 Ag^+ 加入到 $Ni(CN)_4^{2-}$ 溶液中，则 Ni^{2+} 被置换出来：

$$2Ag^+ + Ni(CN)_4^{2-} \Longrightarrow 2Ag(CN)_2^- + Ni^{2+}$$

在 pH＝10 的氨性缓冲溶液中，以紫脲酸铵作指示剂，用 EDTA 滴定置换出来的 Ni^{2+}，即可求得 Ag^+ 的含量。

② 置换出 EDTA。先将被测离子 M 与干扰离子全部用 EDTA 配位，加入选择性高的配位剂 L，生成 ML，从而将释放出与 M 等物质的量的 EDTA：

$$MY + L \Longrightarrow ML + Y$$

反应完全后，再用另一种离子标准溶液滴定释放出来的 EDTA，即可测得 M 的含量。

例如，测定锡合金中 Sn 的含量，在试液中加入过量的 EDTA，使 Sn(Ⅳ) 和可能存在的干扰离子如 Zn^{2+}、Cd^{2+}、Pd^{2+} 等同时发生反应，用 Zn^{2+} 标准溶液回滴过量的 EDTA。再加入 NH_4F，使 SnY 转变为更稳定的 SnF_6^{2-}，再用 Zn^{2+} 标准溶液滴定释放出来的 EDTA，即可求得 Sn(Ⅳ) 的含量。

利用置换滴定法还可以改善指示剂滴定终点的敏锐性。例如，EBT 与 Ca^{2+} 时，加入少量 MgY，则会发生如下置换反应：

$$MgY + Ca^{2+} \Longrightarrow CaY + Mg^{2+}$$

置换出来的 Mg^{2+} 与 EBT 呈深红色。滴定时，EDTA 先滴定溶液中的 Ca^{2+}，当到达滴定终点后，EDTA 再夺取 Mg-EBT 配合物中的 Mg^{2+}，生成 MgY 配合物，指示剂游离出来，溶液变蓝即为终点。在此，加入的 MgY 与生成的 MgY 的量相等，因此加入的 MgY 不会影响滴定结果。

（4）间接滴定法　对于不与 EDTA 反应或生成的配合物不稳定的非金属离子，可采用间接滴定法。该方法是加入过量的、能与 EDTA 形成稳定配合物的金属离子作为沉淀剂，以沉淀待测离子，过量沉淀剂再用 EDTA 滴定。或者将沉淀分离、溶解后，再用 EDTA 滴定其中的金属离子。

例如，测定血清、红细胞和尿中的 K^+，将 K^+ 沉淀为 $KNaCo(NO_2)_6 \cdot 6H_2O$，分离沉淀，溶解后，用 EDTA 滴定其中的 Co^{2+}，间接求得 K^+ 的含量。又如测定 PO_4^{3-} 含量时，可加入过量的 $Bi(NO_3)_3$ 使之生成 $BiPO_4$ 沉淀，再用 EDTA 滴定，并调节至 $pH \approx 10$，用 Mg^{2+} 反滴过量的 EDTA，从而间接求得 PO_4^{3-} 的含量。对于 SO_4^{2-}、CO_3^{2-}、S^{2-}、CrO_4^{2-} 等也可以采用类似方法测定。诸如葡萄糖酸钙、胃舒平（主要成分为氧化铝）、乳酸锌等药物以及咖啡因等能与金属离子反应的药物，都可以用间接滴定法测定其含量。

但间接滴定法操作较烦琐，引入的误差自然也就大，通常尽可能使用其他分析测定方法。

4.7.2　EDTA 标准溶液的配制

EDTA 在水中的溶解度为 $120g/L$，可以配成浓度为 $0.3mol/L$ 以下的溶液。EDTA 标准溶液一般不用直接法配制，而是先配制成大致浓度的溶液，然后标定。用于标定 EDTA 标准溶液的基准试剂较多，例如 Zn、ZnO、$CaCO_3$、Bi、Cu、$MgSO_4 \cdot 7H_2O$、Ni、Pb 等。

用氧化锌作基准物质标定 EDTA 溶液浓度时，以铬黑 T 作指示剂，用 $pH=10$ 的氨缓冲溶液控制滴定时的酸度，滴定到溶液由紫色转变为纯蓝色即为终点。

例如，准确吸取 $25.0mL$ $10.0mmol/L$ 的 Zn^{2+} 标准溶液，用蒸馏水稀释至 $50mL$，加入几滴氨水使溶液 $pH=10.0$，再加入 $5mL$ 氨水-氯化铵缓冲溶液，以 EBT 为指示剂，用近似浓度的 EDTA 标准溶液滴定至终点，可准确标定出 EDTA 的浓度。

4.7.3　水中的硬度

水的硬度指水中 Ca^{2+}、Mg^{2+} 浓度的总量，是水质的重要指标之一。如果水中 Fe^{2+}、Fe^{3+}、Sr^{2+}、Mn^{2+}、Al^{3+} 等离子含量较高时，也应算作硬度含量中。有时把含有硬度的水称为硬水（硬度 $>144mg CaCO_3/L$），含少量或完全不含硬度的水称为软水（硬度 $<144mg CaCO_3/L$）。

（1）水中硬度的分类

① 碳酸盐硬度。又称暂时硬度，主要是由钙、镁的重碳酸盐所形成。这种水煮沸时，钙、镁的重碳酸盐将分解生成沉淀。如：

$$Ca(HCO_3)_2 \Longrightarrow CaCO_3 \downarrow + CO_2 \uparrow + H_2O$$

这时，水中的碳酸盐硬度大部分可被除去。由于分解产生的沉淀物（碳酸钙）在水中有一定的溶解度，因此该硬度并不能由煮沸全部除去。

② 非碳酸盐硬度，又称永久硬度，主要是由钙、镁的硫酸盐、氯化物等形成。

此外，硬度还可以按照水中所含有的金属离子的不同来分类。即水中 Ca^{2+} 的含量称为钙硬度，Mg^{2+} 的含量称为镁硬度。

硬度的单位是用 $mmol/L$（$1/2Ca^{2+}$、$1/2Mg^{2+}$ 的浓度）和 mg/L（CaO 或者 $CaCO_3$ 的浓度）来表示的。在实际应用中，硬度的单位又常用"度"来表示，以水中含有 $10mg/L$ 的 CaO 称为 1 德国度；以水中含有 $10mg/L$ 的 $CaCO_3$ 称为 1 法国度。故硬度单位之间的换算可用下列各式表示：

$$1mmol/L = 28mg/L 的 CaO = 2.8 度 （德国度）$$
$$1mmol/L = 50mg/L 的 CaCO_3 = 5 度 （法国度）$$

1 德国度 = 1.79 法国度

一般不另加说明时，硬度常指的是德国度。

根据硬度大小可对各种用水进行分类。硬度在 4 度以下为最软水，4～8 度为软水，8～16 度为稍硬水，16～30 度为硬水，超过 30 度的为最硬水。废水和污水一般不考虑硬度。我国饮用水水质标准中规定硬度不超过 250mg/L（以 CaO 计）。

（2）水中硬度的测定　测定水的硬度常采用配位滴定法，用乙二胺四乙酸二钠盐（EDTA）溶液滴定水中 Ca、Mg 总量，然后换算为相应的硬度单位。在要求不严格的分析中，EDTA 溶液可用直接法配制，但通常采用间接法配制。用 EDTA 溶液滴定至溶液由紫红色变为蓝绿色即为终点。

按国际标准方法测定水的总硬度：在 pH = 10 的 NH_3-NH_4Cl 缓冲溶液中，以铬黑 T（EBT）为指示剂，用 EDTA 标准溶液滴定至溶液由酒红色变为纯蓝色即为终点。滴定过程反应如下。

滴定前：　　　　　　　　$EBT + Mg^{2+} = Mg\text{-}EBY$
　　　　　　　　　（蓝色）　　　　　（紫红色）

滴定时：$EDTA + Ca^{2+} = Ca\text{-}EDTA$　　　$EDTA + Mg^{2+} = Mg\text{-}EDTA$
　　　　　　　　　　（无色）　　　　　　　　　　　　　　　（无色）

终点时：　　　　　$EDTA + Mg\text{-}EBT = Mg\text{-}EDTA + EBT$
　　　　　　　　（紫红色）　　　　　　　　　　　　（蓝色）

到达计量点时，呈现指示剂的纯蓝色。若水样中存在 Fe^{3+}、Al^{3+} 等微量杂质时，可用三乙醇胺进行掩蔽，Cu^{2+}、Pb^{2+}、Zn^{2+} 等重金属离子可用 Na_2S 或 KCN 掩蔽。

若要测定钙硬度，可控制 pH 值介于 12～13 之间，选用钙指示剂进行测定。镁硬度可由总硬度减去钙硬度求出。

（3）天然水中硬度和碱度的关系　在天然水和一般清水中，共有七种主要离子：阳离子 Ca^{2+}、Mg^{2+}、Na^+、K^+ 和阴离子 HCO_3^-、SO_4^{2-}、Cl^-。在一定条件下，经过蒸发或浓缩，水中的阳离子和阴离子将按一定的次序互相结合，生成盐而析出。

为此，Ca^{2+} 首先与 HCO_3^- 按化学计量数化合析出，若 Ca^{2+} 的含量比 HCO_3^- 大，则当 HCO_3^- 全部被化合完后，剩余的 Ca^{2+} 再依次与 SO_4^{2-}、Cl^- 化合。反之，若 HCO_3^- 的含量比 Ca^{2+} 大，则当 Ca^{2+} 全部被化合完后，剩余的 HCO_3^- 再依次与 Mg^{2+}、Na^+、K^+ 化合。其余依此类推。

天然水总碱度主要是重碳酸盐碱度，碳酸盐碱度含量极小，故可认为 $[HCO_3^-]$ 等于总碱度。根据化合物组成的不同，可以将水中碱度和硬度的关系分为以下三种情况。

① 总硬度＜总碱度。当（$Ca^{2+} + Mg^{2+}$）＜HCO_3^- 时，除结合生成 $Ca(HCO_3)_2$ 和 $Mg(HCO_3)_2$ 外，还结合生成 Na^+、K^+ 的碳酸氢盐，无非碳酸盐存在，这种水称为碱性水。

此时，碳酸盐硬度＝总硬度，负硬度＝总碱度－总硬度。

② 总硬度＝总碱度。当（$Ca^{2+} + Mg^{2+}$）＝HCO_3^- 时，结合生成 $Ca(HCO_3)_2$ 和 $Mg(HCO_3)_2$，无 Na^+、K^+ 的碳酸氢盐，无非碳酸盐存在。

③ 总硬度＞总碱度。天然水中碱度的主要成分是 HCO_3^-，而 CO_3^{2-} 含量极小，故可认为总碱度等于 HCO_3^-。当（$Ca^{2+} + Mg^{2+}$）＞HCO_3^- 时，水中有碳酸盐硬度和非碳酸盐硬

度，无 Na^+、K^+ 的碳酸氢盐碱度，即剩余碱度亦称负硬度。此水也称非碱性水。

此时，碳酸盐硬度＝总碱度，非碳酸盐硬度＝总硬度－总碱度。

【例 4-3】 某天然水中含有 65mg/L 的 Ca^{2+}、10mg/L 的 Mg^{2+}、190mg/L 的 HCO_3^-，试求出水中存在何种硬度？其值各为多少？

解：已知 $M_{Ca}=40.08g/mol$，$M_{Mg}=24.305g/mol$，$M_{HCO_3^-}=61.02g/mol$。

水中的钙硬度＝65/(40.08/2)＝3.24mmol/L

水中的镁硬度＝10/(24.305/2)＝0.82mmol/L

总硬度＝3.24＋0.82＝4.06mmol/L

总碱度(HCO_3^-)＝190/61.02＝3.1mmol/L

因为总硬度＞总碱度，所以水中有碳酸盐硬度和非碳酸盐硬度：

碳酸盐硬度＝总碱度＝3.1mmol/L

非碳酸盐硬度＝4.06－3.1＝0.96mmol/L

若以"度"表示：

总硬度＝4.06×2.8＝11.37度

碳酸盐硬度＝3.1×2.8＝8.68度

非碳酸盐硬度＝0.96×2.8＝2.69度

思考题

1. EDTA 与金属离子形成的配合物有哪些特点？

2. 简述配合物的稳定常数与条件稳定常数的区别和联系。

3. 金属指示剂的作用原理是什么？应具备怎样的条件？

4. 什么叫酸效应曲线图？有什么应用？

5. 简述用 EDTA 配位滴定法测定硬度的原理及条件。

6. 提高配位滴定选择性的方法主要有哪些？根据什么情况来确定该用哪种方法？

7. 天然水中硬度存在的主要类型有几种？根据硬度与碱度的关系，如何判别水中硬度的类型？

习题

1. 求用 EDTA 滴定 $10^{-2}mol/L$ Pb^{2+} 时的最高酸度。

2. 计算 pH＝10 时，以 10.0mmol/L EDTA 溶液滴定 20.00mL 10.0mmol/L Mg^{2+} 溶液，在计量点时 Mg^{2+} 的浓度和 pMg 值。

3. 试剂厂生产的无水 $ZnCl_2$，采用 EDTA 配位滴定法测定产品中的纯度，现准确称取样品 0.2500g，溶于水后，控制酸度在 pH＝6 的情况下，以二甲酚橙为指示剂，用 0.1024mol/LEDTA 标准溶液滴定 Zn^{2+}，用去 17.90mL EDTA，求样品中 $ZnCl_2$ 纯度？[M($ZnCl_2$)＝136.3g/mol]。

4. 今有一水样，取一份 100mL，调节 pH＝10，以铬黑 T 为指示剂，用 10mmol/L 的 EDTA 滴定到终点，用去 25.40mL；另取一份 100mL 水样，调节 pH＝12，用钙作指示剂，至终点时用去 10mmol/L 的 EDTA 14.25mL。求水样中的总硬度（以 mmol/L 表示）和 Ca^{2+}、Mg^{2+} 的含量（以 mg/L 表示）。

5. 称取 0.200g 铝盐混凝剂试样，用酸溶解后，移入 100mL 容量瓶中，稀释至刻度。吸取 10.0mL，加入 10.00mL 含有 Al_2O_3 1.012×10^{-3} g/mL 的 EDTA 溶液，以 XO 为指示剂，用 $Zn(Ac)_2$ 标准溶液进行返滴定至红紫色为终点，消耗 $Zn(Ac)_2$ 标准溶液 11.80mL，已知 1mL $Zn(Ac)_2$ 溶液相当于 0.5925mL EDTA 溶液，求该试样中 Al_2O_3 的质量分数。

6. 测得某水样的碳酸盐碱度为 3.20mmol/L，重碳酸盐碱度为 4.80mmol/L，碳酸钙的含量为 320.3mg/L，问水样中有哪几种硬度？其值各为多少度？

7. 滴定浩英石中 ZrO_2 和 Fe_2O_3 的含量时，称取 1.000g 试样，以适当的溶样方法制成 200mL 样品溶液，移取 50.00mL 样品溶液，调节 pH=0.8，加入盐酸羟胺还原 Fe^{3+}，以二甲酚橙为指示剂，用 1.000×10^{-3} mol/L EDTA 滴至亮黄色，耗去 10.00mL，然后加入浓 HNO_3 加热，使 Fe^{2+} 氧化为 Fe^{3+}，并用 EDTA 将溶液滴至 pH=1.5，再以磺基水杨酸作指示剂，用 EDTA 滴至出现黄色，耗去 20.00mL，计算 ZrO_2 和 Fe_2O_3 的质量分数。

8. 欲用 EDTA 配位滴定法测定水样中 Fe^{3+}、Al^{3+}、Ca^{2+}、Mg^{2+} 的含量。试根据滴定条件设计简单的测定方案。

第 5 章

氧化还原反应

氧化还原反应又称为电子传递反应，无机化合物和有机化合物都可能发生此类反应。在氧化还原反应中，还原剂失去电子化合价升高，氧化剂得到电子化合价降低。以氧化还原反应为基础的滴定分析方法称为氧化还原滴定法，该方法广泛用于水质分析中，如溶解氧（DO）、化学需氧量（COD）、高锰酸钾指数、生化需氧量（BOD_5）以及其他无机物的分析。氧化还原反应机理较复杂，常伴有副反应，且有些反应速度较慢。因此在用该方法分析水质时，必须创造适宜的条件使之符合滴定分析的基本要求。根据在反应中所用氧化剂和还原剂的不同，可分为重铬酸钾法、高锰酸钾法、碘量法和溴酸钾法等。本章主要学习氧化还原滴定法的基本原理及其在水质分析中的应用。

5.1 氧化还原反应

5.1.1 氧化还原反应的基本原理

在氧化还原反应中氧化剂得到电子转化为还原态，还原剂失去电子转化为氧化态。此反应可用下列平衡式表示：

$$Ox_1 + Red_2 \rightleftharpoons Red_1 + Ox_2$$

式中，Ox 为某一氧化还原电对的氧化态；Red 为其还原态。

一对氧化态和还原态构成的共轭体系称为氧化还原电对，用"氧化态/还原态"表示，比如：Cu^{2+}/Cu 电对，Ag^+/Ag 电对。氧化还原电对的反应称为氧化还原半反应，可用下式表示：

$$Ox + ne^- \rightleftharpoons Red$$

式中，n 为电子转移数。

根据惯例，在半反应中总是把电对的氧化型物种（氧化剂）写在左边，还原型物种（还原剂）写在右边。

氧化还原电对可分为可逆和不可逆两大类。可逆电对（如 Fe^{3+}/Fe^{2+}）在氧化还原反应的任意时刻都能迅速地建立起氧化还原平衡，而不可逆电对（如 SO_4^{2-}/SO_3^{2-}）不能在氧化还原反应的任意时刻建立起真正的氧化还原平衡。氧化还原电对有对称和不对称的区别。对称的电对，在半反应式中氧化态和还原态的系数相同，如 $Fe^{3+} + e^- \rightleftharpoons Fe^{2+}$；不对称的电对，在半反应式中氧化态和还原态的系数不相同，如 $I_2 + 2e^- \rightleftharpoons 2I^-$。

5.1.2 电极电位和条件电极电位

5.1.2.1 电极电位

在氧化还原反应中，氧化剂的氧化能力和还原剂的还原能力大小可以用有关电对的电极电位来衡量。某一氧化还原电对的电极电位可用能斯特方程来计算，即：

$$\varphi_{Ox/Red} = \varphi_{Ox/Red}^{\ominus} + \frac{RT}{nF}\ln\frac{\alpha_{Ox}}{\alpha_{Red}} \tag{5-1}$$

式中，$\varphi_{Ox/Red}$ 为 Ox/Red 电对的电极电位；$\varphi_{Ox/Red}^{\ominus}$ 为 Ox/Red 电对的标准电极电位；α_{Ox}，α_{Red} 分别为氧化态和还原态的活度；n 为半反应中电子的转移数；R 为气体常数，8.314J/(K·mol)；T 为绝对温度，K；F 为法拉第常数，96487C/mol。

在 25℃时，能斯特方程可写成：

$$\varphi_{Ox/Red} = \varphi_{Ox/Red}^{\ominus} + \frac{0.059}{n}\lg\frac{\alpha_{Ox}}{\alpha_{Red}} \tag{5-2}$$

当氧化还原半反应中各组分都处于标准状态下，即分子或离子的活度等于 1mol/L 或 $\alpha_{Ox}/\alpha_{Red}=1$，如有气体参加反应，其分压为 101.325kPa 时，由式(5-2) 计算所得即为该电对的标准电极电位 $\varphi_{Ox/Red}^{\ominus}$。

$$\varphi_{Ox/Red} = \varphi_{Ox/Red}^{\ominus}$$

$\varphi_{Ox/Red}^{\ominus}$ 的大小只与电对的本性及温度有关，在温度一定时为常数。

应该指出，能斯特方程只适用于可逆氧化还原电对。对于不可逆电对，用能斯特方程计算出来的电极电位与实测值有较大差别，但现在还没有合适的理论公式来计算不可逆电对的电极电位，故仍沿用能斯特方程计算其电极电位，这在实际工作中有相当的参考价值。

在实际分析中，如果忽略离子强度的影响，以溶液中氧化态和还原态的实际浓度代替活度进行计算，则能斯特方程变为：

$$\varphi_{Ox/Red} = \varphi_{Ox/Red}^{\ominus} + \frac{0.059}{n}\lg\frac{[Ox]}{[Red]} \tag{5-3}$$

根据电对电极电位的大小，可以判断各物质氧化还原能力的强弱。电对的电极电位越大，其氧化态的氧化能力越强；电对的电极电位越小，其还原态的还原能力越强。因此，根据有关电对的电极电位大小，可以判断氧化还原反应进行的方向，凡是电对的电极电位大的氧化态物质都可以将电极电位小的还原态物质氧化。例如已知 $\varphi_{ClO_2/Cl^-}^{\ominus} = 1.95V$，$\varphi_{MnO_2/Mn^{2+}}^{\ominus} = 1.23V$，故在地下水除锰工艺中，常利用二氧化氯的强氧化性将 Mn^{2+} 氧化成 MnO_2 沉淀并通过过滤除去：

$$2ClO_2 + 5Mn^{2+} + 6H_2O \Longrightarrow 5MnO_2 \downarrow + 12H^+ + 2Cl^-$$

当溶液中存在几种氧化剂时，加入还原剂，其首先与最强的氧化剂作用。同样当溶液中存在几种还原剂时，加入氧化剂，则首先与最强的还原剂作用。在合适的条件下，电极电位相差最大的电对间首先发生氧化还原反应。

5.1.2.2 条件电极电位

条件电极电位是考虑了外界因素影响时的电极电位。在实际工作中，如果电解质溶液浓度较高则不能忽略离子强度的影响，另外当溶液组成改变时，电对的氧化态和还原态的存在形体往往会随之改变，从而引起电对的电极电位改变。此时如还采用该电对的标准电极电位来计算，则结果会与实际情况有较大偏差。所以在用能斯特方程计算有关电对的电极电位时，必须考虑离子强度和氧化态还原态的存在型体这两个因素。下面通过 25℃时 1mol/L 盐酸溶液中 Fe^{3+}/Fe^{2+} 体系电极电位的计算来说明离子强度和氧化态还原态存在形式对计算结果的影响。

在溶液中，离子的活度等于离子活度系数与平衡浓度的乘积，即：

$$\alpha_{Fe^{3+}} = \gamma_{Fe^{3+}} [Fe^{3+}] \qquad \alpha_{Fe^{2+}} = \gamma_{Fe^{2+}} [Fe^{2+}]$$

将其代入式(5-2)，则：

$$\varphi_{Fe^{3+}/Fe^{2+}} = \varphi^{\ominus}_{Fe^{3+}/Fe^{2+}} + \frac{0.059}{n} \lg \frac{\gamma_{Fe^{3+}} [Fe^{3+}]}{\gamma_{Fe^{2+}} [Fe^{2+}]} \tag{5-4}$$

铁离子在此溶液中除了 Fe^{3+} 和 Fe^{2+} 型体外还存在许多其他型体，如 $FeOH^{2+}$、$FeCl^{2+}$、$FeCl_2^+$、$FeOH^+$、$FeCl^+$、$FeCl_2$ 等。若用 $c_{Fe^{3+}}$ 和 $c_{Fe^{2+}}$ 分别表示溶液中 Fe^{3+} 和 Fe^{2+} 的分析浓度即总浓度，$\alpha_{Fe^{3+}}$ 和 $\alpha_{Fe^{2+}}$ 分别表示溶液中 Fe^{3+} 和 Fe^{2+} 的副反应系数，则：

$$[Fe^{3+}] = c_{Fe^{3+}} / \alpha_{Fe^{3+}} \qquad [Fe^{2+}] = c_{Fe^{2+}} / \alpha_{Fe^{2+}} \tag{5-5}$$

将式(5-5) 代入式(5-4) 得：

$$\varphi_{Fe^{3+}/Fe^{2+}} = \varphi^{\ominus}_{Fe^{3+}/Fe^{2+}} + 0.059 \lg \frac{\gamma_{Fe^{3+}} \alpha_{Fe^{2+}} c_{Fe^{3+}}}{\gamma_{Fe^{2+}} \alpha_{Fe^{3+}} c_{Fe^{2+}}} \tag{5-6}$$

式(5-6) 即为考虑了离子强度和氧化态、还原态的副反应影响后的能斯特方程。

溶液中的 γ 值和 α 值不易求得，而 Fe^{3+} 和 Fe^{2+} 的总浓度 $c_{Fe^{3+}}$ 和 $c_{Fe^{2+}}$ 容易得到，为简化计算，将式(5-6) 变为：

$$\varphi_{Fe^{3+}/Fe^{2+}} = \varphi^{\ominus}_{Fe^{3+}/Fe^{2+}} + 0.059 \lg \frac{\gamma_{Fe^{3+}} \alpha_{Fe^{2+}}}{\gamma_{Fe^{2+}} \alpha_{Fe^{3+}}} + 0.059 \lg \frac{c_{Fe^{3+}}}{c_{Fe^{2+}}}$$

$$= \varphi^{\ominus'}_{Fe^{3+}/Fe^{2+}} + 0.059 \lg \frac{c_{Fe^{3+}}}{c_{Fe^{2+}}} \tag{5-7}$$

式中

$$\varphi^{\ominus'}_{Fe^{3+}/Fe^{2+}} = \varphi^{\ominus}_{Fe^{3+}/Fe^{2+}} + 0.059 \lg \frac{\gamma_{Fe^{3+}} \alpha_{Fe^{2+}}}{\gamma_{Fe^{2+}} \alpha_{Fe^{3+}}} \tag{5-8}$$

在一定条件下 γ 和 α 为定值，所以式(5-8) 为一常数，用 $\varphi^{\ominus'}$ 表示，称为电对的条件电极电位。将条件电极电位代入能斯特方程可得出计算电极电位的一般通式：

$$\varphi_{Ox/Red} = \varphi^{\ominus'}_{Ox/Red} + \frac{0.059}{n} \lg \frac{c_{Ox}}{c_{Red}} \tag{5-9}$$

条件电极电位是在氧化剂和还原剂总浓度都为 1mol/L 或浓度比为 1：1 时的实际电极电位，在条件不变时，为一常数，可直接通过实验测得。$\varphi^{\ominus'}$ 和 $\varphi^{\ominus}$ 的关系如同条件稳定常数 K' 和稳定常数 K 之间的关系一样。条件电极电位反映了离子强度和各种副反应影响的总结果，其大小反映了在外界因素影响下氧化还原电对的实际氧化还原能力。应用条件电极电位更能准确地判断氧化还原反应的方向、次序和反应完成的程度。当外界条件改变时，条件电极电位会随之变化。本书附录中列举了一部分氧化还原半反应的条件电极电位 $\varphi^{\ominus'}$ 和标准电极电位 $\varphi^{\ominus}$。如果附录中缺少相同条件下的 $\varphi^{\ominus'}$ 时，可采用条件相近的 $\varphi^{\ominus'}$ 值。如果连条件相近的 $\varphi^{\ominus'}$ 都查不到，那就用 $\varphi^{\ominus}$ 来代替 $\varphi^{\ominus'}$ 作近似计算。

【例 5-1】 计算 2.5mol/L HCl 溶液中用固体亚铁盐将 0.1000mol/L $K_2Cr_2O_7$ 溶液还原至一半时溶液的电极电位。

解： $$Cr_2O_7^{2-} + 14H^+ + 6e^- \rightleftharpoons 2Cr^{3+} + 7H_2O$$

溶液的电极电位就是 $Cr_2O_7^{2-}/Cr^{3+}$ 电对的电极电位。因附录中无 2.5mol/L HCl 溶液中该电对的 $\varphi^{\ominus'}$，可采用条件相近的 3mol/L HCl 溶液中的 $\varphi^{\ominus'} = 1.08V$。根据题意，0.1000mol/L $K_2Cr_2O_7$ 还原到一半时：

$$c_{Cr_2O_7^{2-}} = 0.0500 mol/L$$

根据物料平衡，$c_{Cr^{3+}} = 2 \times (0.1000 - c_{Cr_2O_7^{2-}}) = 0.1000 mol/L$

所以

$$\varphi_{Cr_2O_7^{2-}/Cr^{3+}} = \varphi_{Cr_2O_7^{2-}/Cr^{3+}}^{\ominus\prime} + \frac{0.059}{6}\lg\frac{c_{Cr_2O_7^{2-}}}{(c_{Cr^{3+}})^2}$$

$$= 1.08 + \frac{0.059}{6}\lg\frac{0.0500}{(0.1000)^2}$$

$$= 1.09V$$

5.1.3 影响条件电极电位的因素

了解影响条件电极电位的因素对于条件电极电位在水质分析和水处理实践中的应用有重要意义。由式(5-8)可知条件电极电位 $\varphi^{\ominus\prime}$ 的大小与电对的标准电极电位 $\varphi^{\ominus}$、活度系数 γ、副反应系数 α 有关，因此影响 $\varphi^{\ominus\prime}$ 的因素有温度、离子强度、溶液 pH 值、络合剂浓度以及各种副反应。

（1）离子强度的影响　由条件电极电位定义式可知活度系数 γ 是影响 $\varphi^{\ominus\prime}$ 值的因素之一，而 γ 值取决于溶液中的离子强度。当溶液中离子强度很小时，γ 近似于 1，活度与浓度差别不大，这时可用浓度代替活度进行条件电极电位的计算。但当溶液中离子强度较大时，γ 远小于 1，活度和浓度相差较大，如用浓度代替活度，则根据能斯特方程计算的结果就与实际情况有较大差别。但由于离子强度的影响难以修正，且各种副反应对电位的影响远比离子强度的影响大，因此，一般都忽略离子强度的影响。

（2）溶液酸度的影响　不少氧化还原反应有 H^+ 和 OH^- 参与，因此溶液的酸度自然对氧化还原电位有影响。如分析中常用的强氧化剂 $K_2Cr_2O_7$，其条件电极电位随着溶液中 H^+ 浓度的上升而上升，在 0.1mol/L HCl 溶液中为 0.93V，而在 4mol/L HCl 溶液中为 1.15V。可见通过改变溶液的酸度可控制氧化还原反应进行的方向。

（3）副反应的影响　在氧化还原反应中，一些副反应能使电对的氧化态或还原态的浓度发生改变，从而改变电对的电极电位，通常这些副反应包括络合反应和沉淀反应。

① 生成络合物的影响。在氧化还原反应中，当加入一种能与氧化态或还原态形成稳定络合物的络合剂时，就可能改变电对的电极电位。例如用碘量法测水中的 Cu^{2+} 含量时，如果水中含有 Fe^{3+}，则可能发生如下反应：

$$2Cu^{2+} + 2I^- \Longrightarrow 2Cu^+ + I_2\downarrow$$
$$2Fe^{3+} + 2I^- \Longrightarrow 2Fe^{2+} + I_2\downarrow$$

由于 $\varphi_{Fe^{3+}/Fe^{2+}}^{\ominus}$ (0.77V)$>\varphi_{I_2/I^-}^{\ominus}$ (0.536V)，所以 Fe^{3+} 也能氧化 I^-，从而干扰 Cu^{2+} 的测定。若调节溶液 pH=3，向溶液中加入 F^-，则 Fe^{3+} 与 F^- 发生络合反应生成 FeF_6^{3-}，而 $\varphi_{Fe(F_6)^{3-}/Fe^{2+}}^{\ominus\prime} = 0.25V$，小于 $\varphi_{I_2/I^-}^{\ominus}$，显然此时 Fe^{3+} 不再氧化 I^-，表明由于加入了 F^- 使 Fe^{3+} 生成稳定络合物后，不再干扰 I^- 滴定 Cu^{2+}，这就说明应用条件电极电位更符合实际。

② 生成沉淀的影响。在氧化还原反应中，当溶液中某种氧化态或还原态物质水解生成沉淀，或者向溶液中加入能使氧化态或还原态物质生成沉淀的沉淀剂时，就会使氧化态或还原态的浓度发生改变，从而引起氧化还原电对的电极电位发生改变。氧化态生成沉淀时使电对的电极电位降低，氧化能力减小；而还原态生成沉淀时使电对的电极电位升高，还原能力降低，这时候的电极电位实质上是沉淀剂存在下的条件电极电位。

例如在给地下水除铁时，往往采用曝气的方法，水中的溶解氧将 Fe^{2+} 氧化成 Fe^{3+}，并生成 $Fe(OH)_3$ 沉淀。通过查标准电极电位表可知，$\varphi_{Fe^{3+}/Fe^{2+}}^{\ominus} = 0.77V$，$\varphi_{O_2/OH^-}^{\ominus} = 0.40V$，$\varphi_{Fe^{3+}/Fe^{2+}}^{\ominus} > \varphi_{O_2/OH^-}^{\ominus}$，表观上 O_2 不能将 Fe^{2+} 氧化成 Fe^{3+}。但实际上由于 Fe^{3+} 生成了沉淀，

则 Fe^{3+} 的浓度是微溶化合物 $Fe(OH)_3$ 溶解平衡时的浓度。

$$Fe(OH)_3 \rightleftharpoons Fe^{3+} + 3OH^-$$

$$K_{sp,Fe(OH)_3} = 3 \times 10^{-39}$$

$$[Fe^{3+}] = \frac{K_{sp,Fe(OH)_3}}{[OH^-]^3}$$

则

$$\varphi_{Fe^{3+}/Fe^{2+}} = \varphi_{Fe^{3+}/Fe^{2+}}^{\ominus} + 0.059 \lg \frac{[Fe^{3+}]}{[Fe^{2+}]}$$

$$= \varphi_{Fe^{3+}/Fe^{2+}}^{\ominus} + 0.059 \lg \frac{\dfrac{K_{sp,Fe(OH)_3}}{[OH^-]^3}}{[Fe^{2+}]}$$

$$= \varphi_{Fe^{3+}/Fe^{2+}}^{\ominus} + 0.059 \lg K_{sp,Fe(OH)_3} + 0.059 \lg \frac{1}{[OH^-]^3 [Fe^{2+}]}$$

当 $c_{OH^-} = c_{Fe^{2+}} = 1 mol/L$ 时，体系的实际电极电位就是 $Fe(OH)_3/Fe^{2+}$ 电对的条件电极电位。

$$\varphi_{Fe(OH)_3/Fe^{2+}}^{\ominus\prime} = \varphi_{Fe^{3+}/Fe^{2+}}^{\ominus} + 0.059 \lg K_{sp,Fe(OH)_3}$$

$$= 0.77 + 0.059 \lg(3 \times 10^{-39}) = -1.5V$$

可见由于 Fe^{3+} 生成沉淀，使电极电位由原来的 0.77V 下降至 $-1.5V$，此时 $\varphi_{Fe(OH)_3/Fe^{2+}}^{\ominus\prime}$ 小于 $\varphi_{O_2/OH^-}^{\ominus}$，故 O_2 可将 Fe^{2+} 氧化成 Fe^{3+} 并最终以 $Fe(OH)_3$ 沉淀的形式除去，这表明地下水除铁采用曝气法是可行的，由此也进一步说明用条件电极电位处理问题更符合实际。

5.1.4　氧化还原反应进行的完全程度

在滴定分析中，要求化学反应进行得越彻底越好，而反应的完全程度由氧化还原反应的平衡常数的大小来判断。根据能斯特方程，可以用有关电对的电极电位或条件电极电位来求平衡常数。

例如，氧化还原反应的通式为：

$$n_2 Ox_1 + n_1 Red_2 \rightleftharpoons n_2 Red_1 + n_1 Ox_2$$

式中，Ox 为氧化态物质；Red 为还原态物质。

平衡常数：

$$K = \frac{\alpha_{Red_1}^{n_2} \alpha_{Ox_2}^{n_1}}{\alpha_{Ox_1}^{n_2} \alpha_{Red_2}^{n_1}} \tag{5-10}$$

氧化剂和还原剂的电极电位分别为：

$$\varphi_{Ox_1/Red_1} = \varphi_{Ox_1/Red_1}^{\ominus} + \frac{0.059}{n_1} \lg \frac{\alpha_{Ox_1}}{\alpha_{Red_1}} \tag{5-11}$$

$$\varphi_{Ox_2/Red_2} = \varphi_{Ox_2/Red_2}^{\ominus} + \frac{0.059}{n_2} \lg \frac{\alpha_{Ox_2}}{\alpha_{Red_2}} \tag{5-12}$$

反应达到平衡时，两电对的电极电位相等，$\varphi_{Ox_1/Red_1} = \varphi_{Ox_2/Red_2}$

则

$$\varphi_{Ox_1/Red_1}^{\ominus} + \frac{0.059}{n_1} \lg \frac{\alpha_{Ox_1}}{\alpha_{Red_1}} = \varphi_{Ox_2/Red_2}^{\ominus} + \frac{0.059}{n_2} \lg \frac{\alpha_{Ox_2}}{\alpha_{Red_2}}$$

两边乘以 n_1 和 n_2 的最小公倍数 n，整理后得：

$$\lg K = \frac{(\varphi_{Ox_1/Red_1}^{\ominus} - \varphi_{Ox_2/Red_2}^{\ominus}) n}{0.059} \tag{5-13}$$

式中，K 为氧化还原反应平衡常数；$\varphi_{Ox_1/Red_1}^{\ominus}$ 和 $\varphi_{Ox_2/Red_2}^{\ominus}$ 为两电对的标准电极电位；n_1 和 n_2 为氧化剂和还原剂半反应中的电子转移数；n 为 n_1 和 n_2 的最小公倍数。

由式(5-13) 可知，氧化还原反应的平衡常数与两电对的标准电极电位及电子转移数有关。如果考虑溶液中各种副反应的影响，以相应的条件电极电位代替电极电位，则可以得到条件稳定常数的计算公式，即：

$$\lg K' = \frac{(\varphi_{Ox_1/Red_1}^{\ominus} - \varphi_{Ox_2/Red_2}^{\ominus})n}{0.059} \tag{5-14}$$

由式(5-13) 和式(5-14) 可知，两电对的标准电极电位或条件电极电位的差值 $\Delta\varphi^{\ominus}$ 或 $\Delta\varphi^{\ominus'}$ 的大小直接影响 K 或 K' 的大小。$\Delta\varphi^{\ominus}$ 或 $\Delta\varphi^{\ominus'}$ 越大，K 或 K' 越大，反应进行得越完全。氧化还原反应通常是在一定条件下进行的，且滴定剂和被滴定水样中物质的浓度均是以总浓度表示，用通过条件电极电位之差计算出来的条件稳定常数 $\lg K'$ 来判断氧化还原反应进行的完全程度更符合实际。

在水处理中，一般要求氧化还原反应进行得越完全越好。一般滴定分析要求反应完全程度达到 99.9% 以上，这就要求在化学计量点时需满足：

$$\frac{c_{Red_1}}{c_{Ox_1}} \geqslant 10^3 , \quad \frac{c_{Red_2}}{c_{Ox_2}} \leqslant 10^{-3}$$

对于 $n_1 = n_2$ 的反应有：

$$\lg K' = \lg\left(\frac{c_{Red_1}}{c_{Ox_1}}\right)\left(\frac{c_{Ox_2}}{c_{Red_2}}\right) \geqslant \lg(10^3 \times 10^3) = \lg 10^6 = 6 \tag{5-15}$$

即 $\lg K' \geqslant 6$

此时

$$\varphi_{Ox_1/Red_1}^{\ominus'} - \varphi_{Ox_2/Red_2}^{\ominus'} = \frac{0.059}{n} \times \lg K' \geqslant \frac{0.059}{n} \times 6 = \frac{0.35}{n} \tag{5-16}$$

当 $n_1 = n_2 = 1$ 时，由式(5-16) 可知 $\varphi_{Ox_1/Red_1}^{\ominus'} - \varphi_{Ox_2/Red_2}^{\ominus'} \geqslant 0.35V$。所以在实际应用中，对于电子转移数为 1 的氧化还原反应，只有当条件稳定常数 $\lg K' \geqslant 6$ 或条件电极电位之差 $\Delta\varphi^{\ominus'} \geqslant 0.35V$ 时才能用于氧化还原滴定分析。

对于 $n_1 \neq n_2$ 的反应，则有：

$$\lg K' \geqslant 3(n_1 + n_2) \tag{5-17}$$

或

$$\varphi_{Ox_1/Red_1}^{\ominus'} - \varphi_{Ox_2/Red_2}^{\ominus'} \geqslant 3(n_1 + n_2) \times \frac{0.059}{n_1 \times n_2} \tag{5-18}$$

【例 5-2】 计算在 1mol/L HCl 介质中，Fe^{3+} 与 Sn^{2+} 反应的平衡常数。

解：反应为：
$$2Fe^{3+} + Sn^{2+} \Longleftrightarrow 2Fe^{2+} + Sn^{4+}$$

已知 $\varphi_{Fe^{3+}/Fe^{2+}}^{\ominus'} = 0.70V$，$\varphi_{Sn^{4+}/Sn^{2+}}^{\ominus'} = 0.14V$。两电对电子转移数 $n_1 = 1$，$n_2 = 2$，故 $n = 2$，由式(5-14)

$$\lg K' = \frac{(\varphi_{Fe^{3+}/Fe^{2+}}^{\ominus'} - \varphi_{Sn^{4+}/Sn^{2+}}^{\ominus'})n}{0.059}$$

$$= \frac{(0.70 - 0.14) \times 2}{0.059}$$

$$= 18.98$$

$$K' = 9.55 \times 10^{18}$$

5.1.5 氧化还原反应速度及影响反应速度的因素

在氧化还原反应中，根据氧化还原电对的标准电极电位或条件电极电位可以判断反应进行的方向和程度，但这只能表明反应进行的可能性，并不能指出反应进行的速度。实际上不同的氧化还原反应其反应速度差别很大，有的反应很快，但有的则较慢，有的反应在理论上可行，但实际上由于反应速度太慢而没有实际意义。因此速度是氧化还原反应能否实际应用的关键问题。

例如水溶液中的溶解氧：

$$O_2 + 4H^+ + 4e^- \rightleftharpoons 2H_2O \qquad \varphi_{O_2/H_2O}^{\ominus} = 1.23V$$

其标准电极电位很高，应该能够氧化水中的一些较强的还原态物质，如：

$$Sn^{4+} + 2e^- \rightleftharpoons Sn^{2+} \qquad \varphi_{Sn^{4+}/Sn^{2+}}^{\ominus} = 0.15V$$

从两者的电极电位看，Sn^{2+} 应该能够被溶解氧氧化成 Sn^{4+} 的，但实际上 Sn^{2+} 可以稳定存在于水中，这主要是因为溶解氧与 Sn^{2+} 之间的反应速度太慢所致。反应速度缓慢的原因是由于电子在氧化剂和还原剂之间转移时，受到了来自溶剂分子、各种配位体及静电排斥等各方面的阻力。此外，由于价态改变而引起的电子层结构、化学键及组成的变化也会阻碍电子的转移。

影响氧化还原反应速度的因素，除了参加反应的氧化还原电对本身的性质外，还有反应时外界的条件如反应物浓度、温度、催化剂等。这就要求我们必须创造适宜条件，尽可能增加反应速度，以使一个氧化还原反应能用于滴定分析和水处理实践。

(1) 反应物浓度　在氧化还原反应中，由于反应机理较复杂，所以不能从总的氧化还原反应方程式来判断反应物浓度对反应速度的影响程度。但一般来说，反应物浓度越大，反应速度越快。例如，在酸性溶液中，一定量的 $K_2Cr_2O_7$ 和 KI 反应：

$$Cr_2O_7^{2-} + 6I^- + 14H^+ \rightleftharpoons 2Cr^{3+} + 3I_2 + 7H_2O$$

增大 I^- 的浓度或提高溶度的酸度，都可以加快反应速度。

(2) 温度　对大多数反应来说，升高溶液的温度，可提高反应速度。这是由于溶液的温度升高时，不仅增加了反应物之间的碰撞概率，更重要的是增加了活化分子或活化离子的数目。根据阿伦尼乌斯公式，可求得溶液的温度每升高 $10℃$，反应速度增大 2～3 倍。例如在酸性溶液中，MnO_4^- 和 $C_2O_4^{2-}$ 的反应：

$$2MnO_4^- + 5C_2O_4^{2-} + 16H^+ \rightleftharpoons 2Mn^{2+} + 10CO_2 + 8H_2O$$

该反应在室温下反应速度缓慢，如果将溶液加热到 $80℃$，反应便能加快到可进行滴定的速度。因此，用 $KMnO_4$ 滴定 $H_2C_2O_4$ 时，温度控制在 $75～85℃$ 之间。但是该反应的温度不能太高，如高于 $90℃$ 则 $H_2C_2O_4$ 易分解。

应该指出的是，不是所有的氧化还原反应都允许通过升高溶液温度的方式来加快反应速度。有些物质（如 I_2）挥发性较高，如将溶液加热，则会引起挥发性损失；有些物质（如 Fe^{2+}）很容易被空气中的氧所氧化，如将溶液加热，就会促进它们的氧化，从而引起误差。在这些情况下，只能通过其他方式来增加反应速度。

(3) 催化剂　在化学反应中，经常通过添加催化剂的方式改变化学反应速度。加入催化剂使化学反应速度加快的反应为正催化反应，该催化剂称为正催化剂。例如 $KMnO_4$ 与 $C_2O_4^{2-}$ 的反应，即使加热，反应速度仍较小，但若加入 Mn^{2+}，则该反应的速度将大大提高。这里的 Mn^{2+} 就是正催化剂。加入催化剂后使化学反应速度减慢的反应为负催化反应，该催化剂称为负催化剂。例如，为防止 Fe^{2+} 被空气中的 O_2 氧化，可向溶液中加入盐酸。

催化反应的历程非常复杂。在催化反应中，由于催化剂的存在，产生了一些不稳定的中间价态的离子、游离基或中间配位化合物，从而改变了原来氧化还原反应的历程，或者降低了反应的活化能，使得反应速度发生改变。催化剂以循环方式参加反应，但最终并不改变自身的状态和数量。

有一类氧化还原反应，在一般情况下本身不发生或者即使能发生速度也极慢，但是当另外一种反应发生时会促进这个反应的发生。例如在酸性介质中 $KMnO_4$ 氧化 Cl^- 的反应速度非常慢，如果向溶液中加入 Fe^{2+}，可以发现反应的速度明显加快，这是由于 $KMnO_4$ 与 Fe^{2+} 的反应加速了 $KMnO_4$ 与 Cl^- 的反应。这种由一个反应的发生促进另一个反应进行的现象称为诱导作用。上述过程中 $KMnO_4$ 与 Fe^{2+} 的反应称为诱导反应，$KMnO_4$ 与 Cl^- 的反应称为受诱反应。

$$MnO_4^- + 5Fe^{2+} + 8H^+ \Longleftrightarrow Mn^{2+} + 5Fe^{3+} + 4H_2O \quad （诱导反应）$$

$$2MnO_4^- + 10Cl^- + 16H^+ \Longleftrightarrow 2Mn^{2+} + 5Cl_2 + 8H_2O \quad （受诱反应）$$

式中，MnO_4^- 称为作用体，Fe^{2+} 称为诱导体，Cl^- 称为受诱体。

诱导反应与催化反应都能提高主体反应的反应速度，但两者的不同之处在于：在催化反应中，催化剂参加反应后又回到原来的状态；而在诱导反应中，诱导体参加反应后，变为其他的物质。

通过有关影响氧化还原反应速度因素的讨论可知，只有适当选择和控制反应条件，才能使氧化还原反应按所需方向迅速地定量进行，这在水质分析和水处理工程实践中有重要意义。

5.2　氧化还原滴定终点的确定

5.2.1　氧化还原滴定曲线

在氧化还原滴定中，随着滴定剂的滴入，被滴定物质的氧化态或还原态的浓度逐渐改变，电对的电极电位也随之发生改变，在化学计量点附近电对的电极电位发生突越。如果以滴定剂的体积（或滴定百分数）为横坐标，以电对的电极电位为纵坐标，就可以绘制一条类似于酸碱滴定曲线的图形，这个滴定图就是氧化还原滴定曲线。氧化还原滴定曲线可通过实验的方法用测得的数据进行绘制，也可由能斯特方程从理论上加以计算，由计算所得绘制。需要说明的是，对于可逆对称型氧化还原体系，理论计算与实测的滴定曲线相符，但对有不可逆氧化还原电对参加的反应，理论计算与实测的滴定曲线常有差别。

现以在 $1mol/L\ H_2SO_4$ 溶液中用 $0.1000mol/L\ Ce(SO_4)_2$ 标准溶液滴定 $20.00mL$ $0.1000mol/L\ Fe^{2+}$ 溶液为例，讨论可逆氧化还原滴定曲线的基本原理。

两个可逆电对 Ce^{4+}/Ce^{3+} 和 Fe^{3+}/Fe^{2+} 的半反应分别为：

$$Ce^{4+} + e^- \Longleftrightarrow Ce^{3+} \qquad \varphi_{Ce^{4+}/Ce^{3+}}^{\ominus} = 1.44V$$

$$Fe^{3+} + e^- \Longleftrightarrow Fe^{2+} \qquad \varphi_{Fe^{3+}/Fe^{2+}}^{\ominus} = 0.68V$$

滴定反应式为：

$$Ce^{4+} + Fe^{2+} \Longleftrightarrow Ce^{3+} + Fe^{3+}$$

滴定前溶液中的 Fe^{2+} 与空气中的 O_2 作用，会生成少量的 Fe^{3+}，具体浓度无法得知，

此时 Fe^{3+}/Fe^{2+} 的电极电位无法计算。但是滴定一旦开始，体系中就会同时有两个电对 Ce^{4+}/Ce^{3+} 和 Fe^{3+}/Fe^{2+} 存在，在反应达到平衡时两电对的电极电位相等。因此可以选择其中比较便于计算的电对或同时利用两个电对来计算滴定过程中溶液各平衡点的电极电位。

（1）滴定开始至计量点前电极电位的计算　滴定开始至化学计量点前，体系中同时存在 Ce^{4+}/Ce^{3+} 和 Fe^{3+}/Fe^{2+} 两个电对。两个电对的电极电位分别为：

$$\varphi_{Fe^{3+}/Fe^{2+}} = \varphi_{Fe^{3+}/Fe^{2+}}^{\ominus \prime} + 0.059\lg\frac{c_{Fe^{3+}}}{c_{Fe^{2+}}} \tag{5-19}$$

$$\varphi_{Ce^{4+}/Ce^{3+}} = \varphi_{Ce^{4+}/Ce^{3+}}^{\ominus \prime} + 0.059\lg\frac{c_{Ce^{4+}}}{c_{Ce^{3+}}} \tag{5-20}$$

此时滴入的 Ce^{4+} 几乎全部转化为 Ce^{3+}，溶液中 $c_{Ce^{3+}}$ 极小，不易求得，所以可采用 Fe^{3+}/Fe^{2+} 电对的式(5-19)来计算溶液的电极电位。

例如滴入 $1.00mL\ Ce(SO_4)_2$ 时，形成 Fe^{3+} 的物质的量 $=1.00 \times 0.1000 = 0.100mmol$

剩余 Fe^{2+} 的物质的量 $=(20.00 - 1.00) \times 0.1000 = 1.900mmol$

此时 $\varphi_{Fe^{3+}/Fe^{2+}} = 0.68 + 0.059\lg\dfrac{0.100}{1.900} = 0.61V$

同样可计算加入 Ce^{4+} 溶液体积为 $2.00mL$、$10.00mL$、$18.00mL$、$19.80mL$、$19.98mL$ 时的电极电位，分别为 $0.62V$、$0.68V$、$0.74V$、$0.80V$、$0.86V$。

（2）化学计量点时溶液的电极电位的计算　化学计量点时，溶液中的 Ce^{4+} 和 Fe^{2+} 全部反应完毕，Ce^{4+} 和 Fe^{2+} 的浓度都非常小，且不能直接求得，因此单独用 Fe^{3+}/Fe^{2+} 电对或 Ce^{4+}/Ce^{3+} 电对的能斯特方程都无法求得 φ 值，但两电对的电极电位相等且都等于化学计量点的电位，即：

$$\varphi_{Fe^{3+}/Fe^{2+}} = \varphi_{Ce^{4+}/Ce^{3+}} = \varphi_{sp}$$

考虑将两电对的方程式(5-19) 和式(5-20) 相加求溶液的电极电位，即：

$$2\varphi_{sp} = \varphi_{Fe^{3+}/Fe^{2+}}^{\ominus \prime} + \varphi_{Ce^{4+}/Ce^{3+}}^{\ominus \prime} + 0.059\lg\frac{c_{Fe^{3+},sp}\,c_{Ce^{4+},sp}}{c_{Fe^{2+},sp}\,c_{Ce^{3+},sp}} \tag{5-21}$$

计量点时滴入的 Ce^{4+} 的物质的量等于被氧化的 Fe^{2+} 的物质的量，生成的 Ce^{3+} 与生成的 Fe^{3+} 的物质的量相等，于是：

$$\frac{c_{Fe^{3+},sp}\,c_{Ce^{4+},sp}}{c_{Fe^{2+},sp}\,c_{Ce^{3+},sp}} = 1$$

所以

$$\varphi_{sp} = (\varphi_{Fe^{3+}/Fe^{2+}}^{\ominus \prime} + \varphi_{Ce^{4+}/Ce^{3+}}^{\ominus \prime})/2 = (0.68 + 1.44)/2 = 1.06V$$

（3）化学计量点后溶液电极电位的计算　溶液中的 Fe^{2+} 在计量点时几乎全部被氧化成 Fe^{3+}，其浓度极小不易直接求得，但计量点后 Ce^{4+}、Ce^{3+} 的浓度比较容易求得，所以采用 Ce^{4+}/Ce^{3+} 电对的式(5-20)来计算溶液的 φ 值。

如滴入 $20.02ml\ Ce(SO_4)_2$ 时：

过量 Ce^{4+} 的物质的量 $=(20.02 - 20.00) \times 0.1000 = 0.002mmol$

生成的 Ce^{3+} 物质的量 $=20.00 \times 0.1000 = 2.00mmol$

则　　　　　　 $\varphi_{Ce^{4+}/Ce^{3+}} = 1.44 + 0.059\lg\dfrac{0.002}{2.00} = 1.263V$

同样方法，当滴入 $Ce(SO_4)_2$ 溶液体积为 $20.20mL$、$22.00mL$、$40.00mL$，分别求得对

应的 $\varphi_{Ce^{4+}/Ce^{3+}}$ 值为 1.32V、1.38V、1.44V。

　　总之随着滴定剂 $Ce(SO_4)_2$ 的不断加入，氧化态或还原态的浓度逐渐变化，其电对的电极电位也随之不断改变。以电对的电极电位为纵坐标，以滴定剂 Ce^{4+} 标准溶液的加入量（体积或滴定百分数）为横坐标，绘制曲线即为氧化还原滴定曲线（图 5-1）。

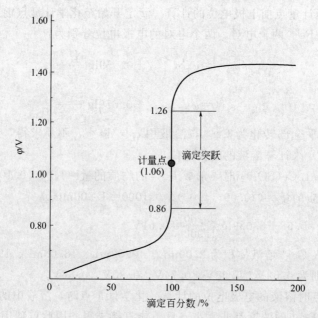

图 5-1　0.1000mol/L Ce^{4+} 滴定 0.1000mol/L Fe^{2+} 的滴定曲线

　　从图 5-1 可见，在化学计量点附近前后只加入 1 滴 $Ce(SO_4)_2$，电对的电极电位即从 0.86V 突然变化到 1.26V，通常称 0.86~1.26V 为该氧化还原滴定曲线的突跃范围。突跃范围的大小与参与反应的两电对的电极电位（或条件电极电位）差有关，差值越大，突越范围越大。根据氧化还原滴定曲线的突越范围，很容易选择到合适的氧化还原指示剂。

　　当氧化还原反应体系中涉及有不可逆氧化还原电对（即氧化态和还原态的系数不相等）参加反应时，实测的滴定曲线与理论计算所得的滴定曲线常有差别。例如，在不同介质中用 $KMnO_4$ 滴定 Fe^{2+}，MnO_4^-/Mn^{2+} 为不可逆氧化还原电对，Fe^{3+}/Fe^{2+} 为可逆氧化还原电对。在化学计量点前，曲线的位置取决于 Fe^{3+}/Fe^{2+} 电对，故实测滴定曲线与理论滴定曲线并没有明显的差别。但是在计量点后，电位主要由 MnO_4^-/Mn^{2+} 电对控制，两者无论在形状及数值上均有较明显的差别，这种情况可由图 5-2 清楚地看出。值得注意的是，氧化还原滴定曲线常因介质不同而改变曲线的位置和滴定突跃的长短。如此例中，在三种不同的介质中得到的滴定曲线就有明显不同。

5.2.2　计量点时的电极电位 φ_{sp}

　　计量点时电极电位的计算对绘制氧化还原曲线非常重要，同时也关系到氧化还原指示剂的选择。为了便于应用，这里对计算 φ_{sp} 的通式做简单推导。

　　氧化还原通式：

$$n_2\,Ox_1 + n_1\,Red_2 \Longrightarrow n_2\,Red_1 + n_1\,Ox_2$$

设两电对均为可逆电对，计量点时

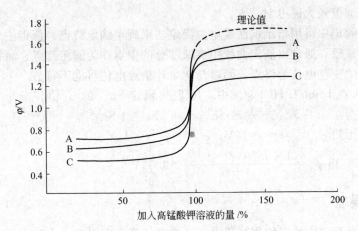

图 5-2　不同介质中 0.1000mol/L KMnO₄ 滴定 0.1000mol/L Fe²⁺ 时理论与实测曲线的比较

注：A—在 1mol/LHClO₄ 介质中；B—在 0.5mol/L H₂SO₄ 介质中；C—在 1mol/L HCl+0.25mol/L H₃PO₄ 介质中

$$\varphi_{sp} = \varphi_1^{\ominus\prime} + \frac{0.059}{n_1} \lg \frac{c_{Ox_1,sp}}{c_{Red_1,sp}} \tag{5-22}$$

$$\varphi_{sp} = \varphi_2^{\ominus\prime} + \frac{0.059}{n_2} \lg \frac{c_{Ox_2,sp}}{c_{Red_2,sp}} \tag{5-23}$$

式(5-22)×n_1+式(5-23)×n_2 整理得：

$$(n_1 + n_2)\varphi_{sp} = (n_1 \varphi_1^{\ominus\prime} + n_2 \varphi_2^{\ominus\prime}) + 0.059 \lg \frac{c_{Ox_1,sp} c_{Ox_2,sp}}{c_{Red_1,sp} c_{Red_2,sp}} \tag{5-24}$$

对于可逆、对称的反应，在计量点时必有：

$$\frac{c_{Ox_1,sp}}{c_{Red_2,sp}} = \frac{n_2}{n_1} \qquad \frac{c_{Red_1,sp}}{c_{Ox_2,sp}} = \frac{n_2}{n_1}$$

于是

$$\lg \frac{c_{Ox_1,sp} c_{Ox_2,sp}}{c_{Red_1,sp} c_{Red_2,sp}} = \lg \frac{n_1 n_2}{n_2 n_1} = 0$$

所以

$$\varphi_{sp} = \frac{n_1 \varphi_1^{\ominus\prime} + n_2 \varphi_2^{\ominus\prime}}{n_1 + n_2} \tag{5-25}$$

式(5-25) 就是计算计量点电极电位的通式。

当 $n_1 = n_2$ 时，式(5-25) 就会变为：

$$\varphi_{sp} = \frac{\varphi_1^{\ominus\prime} + \varphi_2^{\ominus\prime}}{2} \tag{5-26}$$

此时化学计量点刚好处于滴定突跃的中央，例如 Ce(SO₄)₂ 滴定 Fe²⁺ 溶液中，由于 $n_1 = n_2 = 1$，故 $\varphi_{sp} = 1.06V$ 恰好在 0.86～1.26V 的正中间，此时滴定终点与计量点一致。

计量点电极电位的计算公式只适用于可逆氧化还原体系且参加滴定反应的两个电对都是对称电对的情况。可以看出只有当 $n_1 = n_2$ 时，滴定终点才与计量点一致，且计量点位于突跃范围的正中。

对于有不对称电对参与的氧化还原滴定，其 φ_{sp} 不仅与条件电极电位、电子转移数有关，还与反应前后有不对称系数的电对的物质浓度有关。此时计量点电极电位另有计算公式，其推导方法类似于可逆氧化还原体系，这里不再推导，具体计算公式和推导过程可参阅有关书籍。在这种情况下，有关电对的半反应式中氧化态和还原态的系数不等，且 $n_1 \neq n_2$，计量

点电极电位偏向 n 值较大的电对一方。

在氧化还原滴定中可用指示剂法或电位滴定法来确定滴定终点。值得注意的是，在用电位法测定滴定曲线后，通常以滴定曲线中突跃部分的中点作为滴定终点，而指示剂确定终点时，是以指示剂的变色电位为终点，两者与化学计量点电位可能不符。

【例 5-3】 求在 1mol/L HCl 介质中，用 Fe^{3+} 滴定 Sn^{2+} 的 φ_{sp} 值。

解： 反应式为：
$$2Fe^{3+} + Sn^{2+} \Longleftrightarrow 2Fe^{2+} + Sn^{4+}$$

通过查附录可知 $\varphi^{\ominus\,'}_{Fe^{3+}/Fe^{2+}} = 0.70V$，$\varphi^{\ominus\,'}_{Sn^{4+}/Sn^{2+}} = 0.14V$。

根据式(5-25) 得 $\varphi_{sp} = \dfrac{1 \times 0.70 + 2 \times 0.14}{1 + 2} = 0.33V$。

5.2.3 终点误差

在酸碱及络合滴定中普遍使用林邦误差公式来计算滴定误差，十分方便。由于大多数氧化还原反应进行得较为完全，而且有不少灵敏的指示剂，更重要的是不少氧化还原电对为不可逆的，用能斯特方程计算与实测值不完全吻合，因此可用林邦误差公式来处理氧化还原滴定的终点误差，这样就可使各种滴定的终点误差计算统一起来。氧化还原滴定误差是由指示剂的变色电极电位和计量点电极电位不一致引起的，这里仅给出林邦误差处理公式及在氧化还原滴定中的应用。

氧化还原反应通式为：
$$n_2 Ox_1 + n_1 Red_2 \Longleftrightarrow n_2 Red_1 + n_1 Ox_2$$

当 $n_1 = n_2$ 时，氧化还原滴定误差 TE(%) 为：
$$TE(\%) = \frac{10^{\Delta\varphi/0.059} - 10^{-\Delta\varphi/0.059}}{10^{\Delta\varphi^{\ominus\,'}/(2 \times 0.059)}} \times 100\% \tag{5-27}$$

$n_1 \neq n_2$ 时，氧化还原滴定误差 TE(%) 为：
$$TE(\%) = \frac{10^{n_1 \Delta\varphi/0.059} - 10^{-n_2 \Delta\varphi/0.059}}{10^{n_1 n_2 \Delta\varphi^{\ominus\,'}/[(n_1 + n_2) \times 0.059]}} \times 100\% \tag{5-28}$$

式中，$\Delta\varphi = \varphi_{ep} - \varphi_{sp}$；$\Delta\varphi^{\ominus\,'} = \varphi_1^{\ominus\,'} - \varphi_2^{\ominus\,'}$；$\varphi_{ep}$ 为滴定终点时指示剂的变色电极电位；φ_{sp} 为计量点时电极电位。

若 TE(%) > 0，表示终点在计量点之后到达；TE(%) < 0，表示终点在计量点之前到达。

【例 5-4】 在 1.0mol/L H_2SO_4 介质中，以 0.1000mol/L Ce^{4+} 溶液滴定同浓度的 Fe^{2+}，以二苯胺磺酸钠为指示剂，计算终点误差。

解： 由附录查得 $\varphi^{\ominus\,'}_{Ce^{4+}/Ce^{3+}} = 1.44V$，$\varphi^{\ominus\,'}_{Fe^{3+}/Fe^{2+}} = 0.68V$，$n_1 = n_2 = 1$，二苯胺磺酸钠的 $\varphi^{\ominus\,'}_{In} = 0.84V$，则：

$$\Delta\varphi^{\ominus\,'} = 1.44 - 0.68 = 0.76V, \quad \varphi_{ep} = 0.84V, \quad \varphi_{sp} = \frac{1.44 + 0.68}{2} = 1.06V。$$

所以
$$\Delta\varphi = \varphi_{ep} - \varphi_{sp} = -0.22V$$

则
$$TE = \frac{10^{\Delta\varphi/0.059} - 10^{-\Delta\varphi/0.059}}{10^{\Delta\varphi/(2 \times 0.059)}} \times 100\%$$

$$= \frac{10^{-0.22/0.059} - 10^{0.22/0.059}}{10^{0.76/(2 \times 0.059)}} \times 100\%$$

$$= \frac{10^{-3.78} - 10^{3.78}}{10^{6.44}} \times 100\% = -0.19\%$$

终点误差为负值，说明终点在计量点之前。

【例5-5】 在3mol/L HCl介质中，用0.1000mol/L $K_2Cr_2O_7$ 滴定同浓度的 $(NH_4)_2Fe(SO_4)_2$，用邻二氮菲-亚铁作指示剂，计算滴定误差。

解： 由附录查得 $\varphi^{\ominus\prime}_{Cr_2O_7^{2-}/Cr^{3+}}=1.08V$，$\varphi^{\ominus\prime}_{Fe^{3+}/Fe^{2+}}=0.68V$，$n_1=6$，$n_2=1$，邻二氮菲-亚铁的 $\varphi^{\ominus\prime}_{In}=1.06V$，则

$$\Delta\varphi^{\ominus\prime}=1.08-0.68=0.40V$$

$$\varphi_{ep}=\varphi^{\ominus\prime}_{In}=1.06V$$

$$\varphi_{sp}=\frac{6\times1.08+1\times0.68}{6+1}=1.02V$$

$$\Delta\varphi=\varphi_{ep}-\varphi_{sp}=1.06-1.02=0.04V$$

$$TE(\%)=\frac{10^{6\times0.04/0.059}-10^{-1\times0.04/0.059}}{10^{6\times1\times0.40/[(6+1)\times0.059]}}\times100\%$$

$$=\frac{10^{4.07}-10^{-0.68}}{10^{5.81}}\times100\%=1.82\%$$

终点误差为正值，表明终点在计量点之后。

5.2.4 氧化还原指示剂

在氧化还原滴定中可通过氧化还原指示剂来判断滴定终点。氧化还原指示剂是指能够在化学计量点附近通过颜色的变化指示滴定终点的物质，在这里主要介绍在水质分析中经常采用的指示剂。根据指示剂的性质，氧化还原滴定中常用的指示剂可以分为自身指示剂、专属指示剂和氧化还原指示剂（本身发生氧化还原反应的指示剂）。

（1）自身指示剂 有些滴定剂或被滴定物质在反应前后颜色会发生明显变化，利用这种变化可以起到指示剂的作用，这种滴定剂或被滴定物质被称为自身指示剂。例如在酸性溶液中用 $KMnO_4$ 标准溶液滴定无色或浅色的还原性物质时，由于 MnO_4^- 本身显紫红色，在化学计量点之前，本身全部被还原成无色的 Mn^{2+}，整个溶液的颜色仍保持无色或浅色。到达计量点时，稍过量的 MnO_4^-（颜色可被察觉的 MnO_4^- 最低浓度约为 $2\times10^{-6}mol/L$）就可使溶液呈粉红色，指示到达终点。这里的 $KMnO_4$ 就是自身指示剂。

（2）专属指示剂 专属指示剂又称显色指示剂，本身并没有氧化还原性质，但它能与滴定体系中的氧化剂或还原剂结合而生成特殊的颜色，从而指示终点。

例如，可溶性淀粉本身无色，在氧化还原体系中也不参与氧化还原反应，但它有一个特性就是遇碘能生成深蓝色的化合物，因此在碘量法中常用它做指示剂。像用硫代硫酸钠滴定 I_2 时，在计量点前，可溶性淀粉和 I_2 结合使溶液呈现深蓝色，到达计量点时，溶液中的 I_2 全部被还原成 I^-，溶液的深蓝色立即消失，指示滴定终点。值得注意的是在刚开始滴定时不要加入淀粉，因为如果溶液中 I_2 的浓度高，则与淀粉结合成大量络合物，当到达计量点时，滴入的硫代硫酸钠不能将大量络合物中的 I_2 还原，将导致溶液颜色不变，无法指示终点。溶液中的 I_2 的浓度为 $5\times10^{-6}mol/L$ 时即能看到蓝色，反应极为灵敏，所以在进行滴定过程中，快到达滴定终点时再加入可溶性淀粉。

又如在酸性溶液中用 Fe^{3+} 滴定 Sn^{2+} 时可用 KSCN 作专属指示剂。计量点前滴入的 Fe^{3+} 被 Sn^{2+} 还原成 Fe^{2+}，溶液无色；计量点时稍过量的 Fe^{3+} 便与 SCN^- 反应生成 $Fe(SCN)^{2+}$ 红色络合物，指示已达滴定终点。

（3）氧化还原指示剂 这类指示剂是一些结构复杂的有机物，本身具有氧化还原性质，

在氧化还原滴定中也发生氧化还原反应。它们的氧化态和还原态颜色不同，可根据由氧化态变为还原态或由还原态变为氧化态的颜色变化来指示终点。

这类指示剂有一定的变色范围。现以 In(Ox) 表示其氧化态，In(Red) 表示其还原态，根据氧化还原半反应式来推导它的变色范围。

令氧化还原指示剂的半反应式为：

$$\text{In(Ox)} + ne^- \rightleftharpoons \text{In(Red)}$$

在滴定过程中，指示剂的氧化态和还原态浓度随着溶液中氧化还原电对的电极电位的变化而变化，因而溶液的颜色也变化。根据能斯特方程，该电对的电极电位与浓度的关系为：

$$\varphi = \varphi_{\text{In(Ox)/In(Red)}}^{\ominus\prime} + 0.059 \lg \frac{c_{\text{In(Ox)}}}{c_{\text{In(Red)}}}$$

当 $c_{\text{In(Ox)}}/c_{\text{In(Red)}} \geqslant 10$ 时，溶液呈现氧化态的颜色，此时 $\varphi \geqslant \varphi_{\text{In(Ox)/In(Red)}}^{\ominus\prime} + 0.059/n$；

当 $c_{\text{In(Ox)}}/c_{\text{In(Red)}} \leqslant \frac{1}{10}$ 时，溶液呈现还原态的颜色，此时 $\varphi \leqslant \varphi_{\text{In(Ox)/In(Red)}}^{\ominus\prime} - 0.059/n$；

当 $10 \geqslant c_{\text{In(Ox)}}/c_{\text{In(Red)}} \geqslant \frac{1}{10}$ 时，能观察到明显的颜色变化。因此，氧化还原指示剂的变色范围为：

$$\varphi_{\text{In(Ox)/In(Red)}}^{\ominus\prime} \pm 0.059/n \tag{5-29}$$

指示剂的理论变色电极电位是 $\varphi_{\text{In(Ox)/In(Red)}}^{\ominus\prime}$。

常用氧化还原指示剂的条件电极电位及颜色变化列于表 5-1。

表 5-1　几种常用氧化还原指示剂

指示剂	φ_{sp}/V ([H$^+$]=1mol/L)	颜　色		指示剂溶液
		氧化态	还原态	
亚甲基蓝	0.53	蓝绿	无色	0.05%水溶液
二苯胺	0.76	紫	无色	0.1%浓硫酸溶液
二苯胺磺酸钠	0.84	紫红	无色	0.05%水溶液
羊毛罂红 A	1.00	橙红	黄绿	0.1%水溶液
邻二氮菲亚铁	1.06	浅蓝	红	0.025mol/L 水溶液
邻苯氨基苯甲酸	1.08	紫红	无色	0.1%碳酸钠溶液
硝基邻二氮菲亚铁	1.25	浅蓝	紫红	0.025mol/L 水溶液

在选择氧化还原指示剂时，应该使指示剂的变色电位位于滴定的电位突跃范围内，且应尽量使指示剂的变色电位（$\varphi_{\text{In}}^{\ominus\prime}$）与计量点电位（$\varphi_{sp}$）一致或接近。例如，在酸性溶液中用 Ce(SO$_4$)$_2$ 滴定 Fe^{2+} 时，滴定曲线的突跃范围为 0.86～1.26V，计量点电位 $\varphi_{sp} = 1.06$V。通过表 5-1 可知，邻二氮菲亚铁、邻苯氨基苯甲酸或二苯胺磺酸钠都可作此反应的指示剂，在滴定至终点时，三者都有明显的颜色变化。但邻二氮菲亚铁的变色电位（$\varphi_{\text{In}}^{\ominus\prime} = 1.06$V）与 φ_{sp} 一致，邻苯氨基苯甲酸的变色电位（$\varphi_{\text{In}}^{\ominus\prime} = 1.08$V）与 φ_{sp} 接近，用这两个指示剂指示终点时，滴定误差小于 0.1%，而二苯胺磺酸钠的变色电位（$\varphi_{\text{In}}^{\ominus} = 0.84$V）与 φ_{sp} 相差较远，如选用它为指示剂，则滴定误差大于 0.1%，故应选邻二氮菲亚铁或邻苯氨基苯甲酸为指示剂。

在表 5-1 中列举的几种指示剂中，邻二氮菲亚铁和二苯胺磺酸钠是较为常用的指示剂。

邻二氮菲亚铁又叫试亚铁灵或邻菲啰啉亚铁离子。其分子式为 $Fe(C_{12}H_8N_2)_3^{2+}$，可用 $Fe(phen)_3^{2+}$ 表示（phen 代表邻二氮菲），是由邻二氮菲与 Fe^{2+} 生成的红色络合离子，其氧化态为浅蓝色，还原态为红色。反应式如下：

$$Fe(phen)_3^{2+} - e^- \underset{\text{还原剂}}{\overset{\text{氧化剂}}{\rightleftharpoons}} Fe(phen)_3^{3+}$$

$$\text{（红色）} \qquad\qquad \text{（浅蓝色）}$$

由于这种指示剂的条件电极电位较高（$\varphi_{In}^{\ominus\prime} = 1.06V$），特别适用于滴定剂为强氧化剂时的滴定。此外邻二氮菲亚铁离子还常被用作显色剂，测定水中的 Fe^{2+} 含量以及铜合金、纯锌和锌合金中的铁。邻二氮菲亚铁一般配成 0.025mol/L 水溶液，按化学计量称取邻二氮菲溶于 0.025mol/L $FeSO_4$ 溶液中即可，可稳定一年以上。

二苯胺磺酸钠是一种白色片状晶体，易溶于水，分子式为 $C_{12}H_{10}O_3NSNa$，常用于滴定 Fe^{2+} 的氧化还原反应。在酸性溶液中（$[H^+] = 1mol/L$），条件电极电位为 $\varphi_{In}^{\ominus\prime} = 0.84V$，其氧化态为紫红色，还原态为无色。二苯胺磺酸钠在酸性溶液中主要以二苯胺磺酸的形式存在，当遇到强氧化剂时将首先被氧化成无色的二苯联苯胺磺酸（此过程不可逆），再进一步氧化成紫红色的二苯联苯胺磺酸紫，显示出颜色的变化。需要注意的是，二苯胺磺酸钠本身会消耗一定量的标准溶液，对滴定结果产生一定的影响。如果标准溶液浓度较大（如 0.1mol/L），可忽略对结果的影响。如标准溶液浓度较小（如 0.01mol/L），则需要做空白实验对结果加以校正。

5.2.5 氧化还原滴定的预处理

在氧化还原滴定中，待测组分存在的价态通常不符合氧化还原滴定的要求，这就需要在滴定前将待测组分转化为统一的价态。这种将待测组分氧化成高价态或还原成低价态后再用还原剂或氧化剂进行滴定的处理方法叫做氧化还原滴定的预处理。用于预处理的氧化剂或还原剂应符合下列要求：

① 反应应能定量完成，且反应速度要快；

② 反应应具有一定的选择性，以防止试样中其他组分的干扰；

③ 过量的氧化剂或还原剂应易于除去，以防止干扰滴定分析。

下面介绍几种常用于预处理的氧化剂还原剂。

5.2.5.1 氧化剂

(1) $(NH_4)_2S_2O_8$ 在酸性溶液中，有催化剂 Ag^+ 存在下，$S_2O_8^{2-}$ 是一种强氧化剂，可将 Ce^{3+} 氧化成 Ce^{4+}、VO^{2+} 氧化成 VO_3^-、Cr^{3+} 氧化成 $Cr_2O_7^{2-}$。在 H_2SO_4（或 H_3PO_4）介质中，可将 Mn^{2+} 氧化为 MnO_4^-。过量的 $S_2O_8^{2-}$ 可加热煮沸后去除，反应式为：

$$2S_2O_8^{2-} + 2H_2O \xrightarrow{\text{煮沸}} 4HSO_4^- + O_2 \uparrow$$

(2) $KMnO_4$ 在冷的酸性溶液中和 Cr^{3+} 存在下，MnO_4^- 可将 VO^{2+} 氧化成 VO_3^-；在碱性溶液中可将 Cr^{3+} 氧化为 CrO_4^{2-}；在 F^- 或 H_3PO_4 存在下，MnO_4^- 也可将 Ce^{3+} 有选择地氧化为 Ce^{4+}。过量的 MnO_4^- 可用 NO_2^- 除去，其反应式为：

$$2MnO_4^- + 5NO_2^- + 6H^+ \longrightarrow 2Mn^{2+} + 5NO_3^- + 3H_2O$$

多余的 NO_2^- 可以加尿素使之分解，其反应式为：

$$2NO_2^- + CO(NH_2)_2 + 2H^+ \longrightarrow 2N_2 \uparrow + CO_2 \uparrow + 3H_2O$$

(3) H_2O_2 H_2O_2 是一种很有效的氧化剂，特别是在碱性介质中，它通常用于在

NaOH 溶液中将 Cr^{3+} 氧化为 CrO_4^{2-}，在 HCO_3^- 溶液中将 Co^{2+} 氧化成 Co^{3+} 等，过量的 H_2O_2 可用煮沸的方法加以分解。

（4）$HClO_4$ 浓热的 $HClO_4$ 具有强氧化性，可将 Cr^{3+} 氧化为 $Cr_2O_7^{2-}$、VO^{2+} 氧化成 VO_3^-。在 H_3PO_4 存在时，可将 Mn^{2+} 定量地氧化为 $Mn(Ⅲ)$，生成稳定的 $Mn(H_2P_2O_7)_3^{3-}$ 络合离子，过量的 $HClO_4$ 经冷却稀释后即失去其氧化性。

5.2.5.2 还原剂

（1）$SnCl_2$ 在 HCl 溶液中，$SnCl_2$ 可以将 Fe^{3+} 还原为 Fe^{2+}，可将 $Mo(Ⅵ)$ 还原为 $Mo(Ⅴ)$，将 $As(Ⅴ)$ 还原为 $As(Ⅲ)$。当以 Fe^{3+} 作催化剂时，可将 $U(Ⅵ)$ 还原为 $U(Ⅳ)$。过量的 $SnCl_2$ 可加入 $HgCl_2$ 溶液使之生成 Hg_2Cl_2 沉淀而除去。在还原时，应避免加入过多的 Sn^{2+}，否则它将进一步使 Hg_2Cl_2 还原成 Hg，而 Hg 能与氧化剂起反应。

（2）SO_2 SO_2 是弱还原剂。在 H_2SO_4 溶液中，可将 Fe^{3+} 还原成 Fe^{2+}，也可将 $As(Ⅴ)$ 还原为 $As(Ⅲ)$，$Sb(Ⅴ)$ 还原为 $Sb(Ⅲ)$，$V(Ⅴ)$ 还原为 $V(Ⅳ)$。在有 SCN^- 存在条件下，可将 $Cu(Ⅱ)$ 还原为 $Cu(Ⅰ)$。过量的 SO_2 可通过煮沸或通入 CO_2 去除。

（3）金属还原剂 常用的金属有铝、锌、铁等。金属还原剂多制备成汞齐使用：用乙酸溶液（1+1）洗涤粒径为 $2\sim3mm$ 的锌粒，使其表面呈金属光泽，然后浸入饱和的 $Hg(NO_3)_2$ 溶液中，使锌粒表面覆盖一层均匀的汞齐后，装入 50mL 酸式滴定管中，使用时将准备还原的金属离子溶液流过汞齐柱即可。例如锌汞齐可将 Fe^{3+} 还原成 Fe^{2+}、$Ti(Ⅳ)$ 还原成 $Ti(Ⅲ)$、$V(Ⅴ)$ 还原成 $V(Ⅱ)$。

（4）$TiCl_3$ 在无汞定铁中，通常用 $TiCl_3$ 或 $SnCl_2$-$TiCl_3$ 联合还原 Fe^{3+}。$TiCl_3$ 溶液很不稳定，易被空气氧化，用水稀释试液后，少量过量的 $TiCl_3$ 即被水中溶解的 O_2 氧化。若在溶液中加入少量的 Cu^{2+} 作催化剂，可加速 Ti^{3+} 的氧化。

5.3 氧化还原滴定法的应用

氧化还原滴定法是应用最广泛的滴定分析方法之一，它可用于水样中无机物和有机物含量的直接或间接测定。

可作为氧化还原滴定剂的物质种类较多，其氧化还原能力各不相同，因此可根据待测物质的性质来选择合适的滴定剂。由于滴定剂要求有相对的稳定性，而很多还原性物质在空气中易被氧气氧化，所以能作为滴定剂的还原性物质不多，常用的仅有 $Na_2S_2O_3$ 和 $FeSO_4$ 等。氧化剂作为滴定剂的氧化还原滴定应用十分广泛，常用的有 $K_2Cr_2O_7$、$KMnO_4$、I_2、$KBrO_3$、$Ce(SO_4)_2$ 等。在水质分析中，经常用到的有重铬酸钾法、高锰酸钾法、碘量法、溴酸钾法等。

5.3.1 重铬酸钾法

重铬酸钾法是指用重铬酸钾为滴定剂来测定水中还原性物质的方法，是氧化还原滴定法中的重要方法之一，在水质分析中常用于测定水中的化学需氧量（COD）。化学需氧量是水体中有机物污染综合指标之一，代表在一定条件下水中能够被重铬酸钾所氧化的有机物的量，结果以 O_2 的 mg/L 来表示。

5.3.1.1 重铬酸钾的性质

重铬酸钾 $K_2Cr_2O_7$ 是一种橙红色晶体，易溶于水，是一种强的氧化剂。在酸性溶液中，$K_2Cr_2O_7$ 与还原性物质发生反应，本身被还原为 Cr^{3+}，它的氧化还原半反应式为：

$$Cr_2O_7^{2-} + 14H^+ + 6e^- \Longleftrightarrow 2Cr^{3+} + 7H_2O \qquad \varphi_{Cr_2O_7^{2-}/Cr^{3+}}^{\ominus} = 1.33V$$

实际上 $Cr_2O_7^{2-}/Cr^{3+}$ 电对在酸性介质中的条件电极电位往往小于标准电极电位。如在 1mol/L HCl 溶液中 $\varphi^{\ominus\prime} = 1.00V$，在 0.5mol/L H_2SO_4 溶液中 $\varphi^{\ominus\prime} = 1.08V$，在 1mol/L $HClO_4$ 溶液中 $\varphi^{\ominus\prime} = 1.025V$。

$K_2Cr_2O_7$ 的主要特点如下。

① $K_2Cr_2O_7$ 固体试剂易纯制并且很稳定。在 120℃ 干燥 2～4h，可直接配制标准溶液，不需要标定。

② $K_2Cr_2O_7$ 溶液非常稳定，只要在密闭容器中保存，浓度可长期保持不变。

③ 滴定反应速度较快，可在常温下滴定，一般不需要加催化剂。

④ 在滴定过程中，$K_2Cr_2O_7$ 的还原产物 Cr^{3+} 呈绿色，终点时无法判断出过量的 $K_2Cr_2O_7$ 的黄色，因而需加入指示剂。如用 $K_2Cr_2O_7$ 法测定水中的化学需氧量时，用试亚铁灵作指示剂；在测定水中 Fe^{2+} 时，加二苯胺磺酸钠或试亚铁灵作指示剂。

重铬酸钾法是测定铁的最经典的方法。如 Fe^{2+} 可直接测定；Fe^{3+} 可先用还原剂还原成 Fe^{2+} 后再用 $K_2Cr_2O_7$ 标准溶液滴定。重铬酸钾法还用于测定铀酰离子 UO_2^{2+} 以及电镀液中的有机物，当然在水质分析中化学需氧量的测定是它最重要的应用。

5.3.1.2 重铬酸钾法测水中的化学需氧量（COD）

(1) 测定原理　在强酸性条件下，向水样中加入一定体积的过量的 $K_2Cr_2O_7$ 标准溶液，使之与水中还原性物质发生反应，待反应完全后，加入试亚铁灵指示剂，用硫酸亚铁铵 $(NH_4)_2Fe(SO_4)_2$ 标准溶液返滴定剩余的 $K_2Cr_2O_7$，计量点时，溶液由浅蓝色变为红色指示滴定终点，根据 $(NH_4)_2Fe(SO_4)_2$ 标准溶液的用量求出化学需氧量。反应式如下（用 C 表示水中有机物等还原性物质）：

$$2Cr_2O_7^{2-} + 3C + 16H^+ \longrightarrow 4Cr^{3+} + 3CO_2 \uparrow + 8H_2O \qquad (5-30)$$
$$\text{（过量）} \quad \text{（有机物）}$$

$$6Fe^{2+} + Cr_2O_7^{2-} + 14H^+ \longrightarrow 6Fe^{3+} + 2Cr^{3+} + 7H_2O \qquad (5-31)$$
$$\text{（剩余）}$$

计量点时　$$Fe(C_{12}H_8N_2)_3^{3+} + e^- \longrightarrow Fe(C_{12}H_8N_2)_3^{2+}$$
$$\qquad\quad \text{蓝色} \qquad\qquad\qquad\qquad\quad \text{红色}$$

在用 $(NH_4)_2Fe(SO_4)_2$ 标准溶液返滴定过程中，溶液的颜色变化是逐渐由橙黄-蓝绿-蓝，最后到达滴定终点时立即由蓝色变为红色。在测定水样的同时，用不含有机物的蒸馏水以相同步骤做空白实验。

计算公式为：

$$COD(O_2, mg/L) = \frac{(V_0 - V_1) \times c \times 8 \times 1000}{V_水} \qquad (5-32)$$

式中，V_0 为空白实验消耗 $(NH_4)_2Fe(SO_4)_2$ 标准溶液的量，mL；V_1 为滴定水样时消耗 $(NH_4)_2Fe(SO_4)_2$ 标准溶液的量，mL；c 为 $(NH_4)_2Fe(SO_4)_2$ 标准溶液的浓度（mol/L）；8 为氧的摩尔质量（1/2 O，g/mol）；$V_水$ 为水样的量，mL。

(2) 回流法测 COD　利用回流法测水样中的 COD 是国内外常用的方法。

取 20mL 混合均匀的水样（或适量水样稀释至 20mL）置于 250mL 磨口的回流锥形瓶中，准确加入 10.00mL $K_2Cr_2O_7$ 标准溶液（$1/6K_2Cr_2O_7$，0.2500mol/L）及数粒洗净的玻璃珠或沸石，连接磨口回流冷凝管，从冷凝管上口慢慢地加入 30mL 硫酸-硫酸银溶液，轻轻摇动锥形瓶使溶液混匀，加热回流 2h（自开始沸腾时计时）。冷却后，用 90mL 蒸馏水从上部慢慢冲洗冷凝管壁，取下锥形瓶并再度冷却，之后加 3 滴试亚铁灵指示剂，用 $(NH_4)_2Fe(SO_4)_2$ 标准溶液（0.1000mol/L）滴定至溶液由橙黄色经蓝绿色渐变为蓝色后立即转为棕红色，即为终点，由 $(NH_4)_2Fe(SO_4)_2$ 标准溶液的用量求出 COD 值。

使用回流法测定化学需氧量时，需注意以下几点。

① 水样中的 Cl^- 能被 $K_2Cr_2O_7$ 氧化，并与硫酸银作用产生沉淀，影响测定结果。所以在回流前可加入硫酸汞，使 Hg^{2+} 与 Cl^- 生成可溶性配位化合物，以消除干扰。

② $K_2Cr_2O_7$ 氧化性很强，可将大部分有机物氧化，但吡啶不能被氧化，芳香族有机化合物不易被氧化，挥发性直链脂肪族化合物、苯等氧化不明显。

③ 对于化学需氧量小于 50mg/L 的水样，应改用 0.02500mo/L $K_2Cr_2O_7$ 标准溶液，回滴时用 0.01mol/L $(NH_4)_2Fe(SO_4)_2$ 标准溶液。

④ 每次实验时，应对 $(NH_4)_2Fe(SO_4)_2$ 标准溶液进行标定，室温较高时尤其应注意其浓度的变化。

回流法的缺点是需药品量大、不经济、氧化率低、占空间大、不能进行批量分析、易对环境产生污染，且每次测都需要很长时间，因此又开发了快速密闭催化消解法测 COD。此方法的测定原理与回流法相同，但因为密封消解过程是在加压下进行的，因此大大缩短了消解时间。除此之外，快速密闭催化消解法可批量分析 40 个样品，且省水、省电、省药品，对环境的污染较小。

除以上两种测 COD 的方法外，现已有借助于流动注射分析技术（FIA）实现了对环境水样 COD 的测定，满足了环境样品在线分析的要求。

其他测 COD 的方法可参见《水和废水检测分析方法》（第四版增补版）。

5.3.2 高锰酸钾法

高锰酸钾法是以高锰酸钾（$KMnO_4$）为滴定剂的氧化还原滴定分析方法，是反应水中有机物污染的综合指标之一。

5.3.2.1 高锰酸钾的性质

高锰酸钾（$KMnO_4$）是一种强氧化剂，易溶于水，纯高锰酸钾是暗紫色棱柱状晶体，它的氧化性能随溶液的酸碱度的改变而发生变化。

例如在强酸性溶液中，MnO_4^- 与还原剂作用时，本身被还原为 Mn^{2+}，表现为强氧化剂性质，半反应式为：

$$MnO_4^- + 8H^+ + 5e^- \longrightarrow Mn^{2+} + 4H_2O \qquad \varphi^{\ominus}_{MnO_4^-/Mn^{2+}} = 1.51V$$

在弱酸性、中性和弱碱性溶液中，MnO_4^- 可被还原为 MnO_2，半反应式为：

$$MnO_4^- + 2H_2O + 3e^- \longrightarrow MnO_2 \downarrow + 4OH^- \qquad \varphi^{\ominus}_{MnO_4^-/MnO_2} = 0.588V$$

在大于 2mol/L 的碱性溶液中，MnO_4^- 可与多种有机物（如甲酸、甲醇、甲醛、苯酚、甘油、酒石酸、柠檬酸和葡萄糖等）发生反应，本身被还原成绿色的锰酸盐 MnO_4^{2-}，半反应式为：

$$MnO_4^- + e^- \longrightarrow MnO_4^{2-} \qquad \varphi^{\ominus}_{MnO_4^-/MnO_4^{2-}} = 0.564V$$

由此可以看出，随着溶液酸度的减弱，$KMnO_4$ 溶液的氧化能力逐渐减弱。因此在应用高锰酸钾法时，就可以根据被测物质的性质采用不同的酸度。一般在测水中高锰酸钾指数时，都利用其在强酸性溶液中的强氧化性把溶液的 pH 值控制在强酸范围内。

$KMnO_4$ 溶液本身是一种紫红色溶液，在滴定浅色或无色溶液时，稍过量的 $KMnO_4$ 就会使溶液显粉红色，所以一般不需要另外加指示剂。在强酸性溶液中，它的氧化能力比重铬酸钾还要强，可将水中大多数还原性物质氧化。但 $KMnO_4$ 法的选择性较差，干扰较多，且其标准溶液不稳定，$KMnO_4$ 容易与水中有机物或空气中尘埃、氨等还原性物质作用，还能自行分解，见光时分解更快。

$$4KMnO_4 + 2H_2O \longrightarrow 4MnO_2 \downarrow + 3O_2 \uparrow + 4KOH \tag{5-33}$$

因此 $KMnO_4$ 标准溶液应在暗处保存，使用之前一定要标定。又由于 $KMnO_4$ 在分解时生成 MnO_2 沉淀，所以 $KMnO_4$ 标准溶液不能在滴定管中保存，以免 $KMnO_4$ 分解生成 MnO_2 沉淀在滴定管壁上，使滴定管体积发生改变。此外，用 $KMnO_4$ 标准溶液滴定时，所用酸、碱或蒸馏水中不得含有还原性物质。

5.3.2.2 高锰酸钾法的滴定方式

（1）直接滴定 当滴定还原性物质（如 Fe^{2+}、H_2O_2、$C_2O_4^{2-}$、Sb^{3+}、NO_2^-）时，可用 $KMnO_4$ 标准溶液直接滴定。计量点时，MnO_4^- 本身红色在 30s 内不消失，利用 MnO_4^- 本身的颜色指示终点。

（2）返滴定 有些氧化性物质不能直接用 $KMnO_4$ 溶液滴定，可采用返滴定的方式。滴定时，可先向溶液中加入过量的还原性物质标准溶液与待测物质反应，过量的还原性标准溶液再用 $KMnO_4$ 标准溶液返滴定，溶液出现粉红色且在 30s 内不消失即为滴定终点。例如在测定锰砂中的 MnO_2 含量时，可在 H_2SO_4 溶液中加入一定量过量的 $Na_2C_2O_4$ 标准溶液，加热，待 MnO_2 与 $C_2O_4^{2-}$ 反应完全后，用 $KMnO_4$ 标准溶液返滴定剩余的 $C_2O_4^{2-}$。计量点时，稍过量的 MnO_4^- 使溶液显微红色，指示滴定终点到达。根据 $KMnO_4$ 和 $Na_2C_2O_4$ 标准溶液的浓度和用量，求出锰砂中 MnO_2 的含量。滴定中主要的反应式如下：

$$MnO_2 + C_2O_4^{2-} + 4H^+ \longrightarrow Mn^{2+} + 2CO_2 \uparrow + 2H_2O \tag{5-34}$$
（过量）

$$2MnO_4^- + 5C_2O_4^{2-} + 16H^+ \longrightarrow 2Mn^{2+} + 10CO_2 \uparrow + 8H_2O \tag{5-35}$$
（剩余）

（3）间接滴定法 对于一些非氧化还原性物质，不能用 $KMnO_4$ 标准溶液直接滴定或返滴定，但可用间接滴定测定。这种方法是先将待滴定物质转化成可以用 $KMnO_4$ 标准溶液直接滴定的另一种物质后，用直接滴定法滴定。例如在测水中的 Ca^{2+} 时，首先加入过量的 $Na_2C_2O_4$ 使之生成 CaC_2O_4 沉淀，过滤后用稀酸将沉淀溶解，最后用 $KMnO_4$ 标准溶液滴定溶出的 $C_2O_4^{2-}$，根据 $KMnO_4$ 标准溶液的浓度和消耗量，间接求出水中 Ca^{2+} 的含量。主要反应式为：

$$Ca^{2+} + C_2O_4^{2-} \longrightarrow CaC_2O_4 \downarrow \tag{5-36}$$

$$CaC_2O_4 + 2H^+ \longrightarrow Ca^{2+} + H_2C_2O_4 \tag{5-37}$$

MnO_4^- 与 $C_2O_4^{2-}$ 的反应如前。可见，凡是能与 $C_2O_4^{2-}$ 定量生成沉淀的金属离子，如 Ba^{2+}、Zn^{2+}、Hg^{2+}、Ag^+、Cd^{2+} 等，都能用同样的方法测定。

5.3.2.3 $KMnO_4$ 标准溶液的配制和标定

$KMnO_4$ 试剂中常含有少量的 MnO_2 和其他杂质，用于配置溶液的蒸馏水中也可能会含有微量的还原性物质，另外一些外界条件的改变也会促进 $KMnO_4$ 的分解。所以不能用 $KMnO_4$ 试剂直接配制标准溶液。通常的做法是先配制一近似浓度溶液，然后再进行标定。

（1）$KMnO_4$ 标准溶液的配制

① 称取稍多于理论计算量的 MnO_4 固体，溶解在一定体积的无有机物蒸馏水（在蒸馏水中加入少量的 $KMnO_4$ 碱性溶液，然后重新蒸馏，取蒸馏液。在整个蒸馏过程中，水始终保持红色，否则应补加 $KMnO_4$）中，转移到容量瓶后用无有机物蒸馏水稀释至刻度。

② 将配制好的 $KMnO_4$ 溶液加热至沸，保持微沸约 1h，然后放置 2～3 天，使溶液中可能存在的还原性物质完全氧化。

③ 用玻璃砂芯漏斗过滤除去析出的沉淀，将过滤后的 $KMnO_4$ 溶液储存在棕色试剂瓶中，并存放于暗处以待标定。

（2）$KMnO_4$ 标准溶液的标定　　能够标定 $KMnO_4$ 的基准物质主要有 $Na_2C_2O_4$、$H_2C_2O_4 \cdot H_2O$、纯铁丝等。其中 $Na_2C_2O_4$ 很稳定、不含结晶水、易提纯，所以常被用作标定 $KMnO_4$ 的基准物质。首先将 $Na_2C_2O_4$ 在 105～110℃烘干约 2h，冷却后称重使用。在 H_2SO_4 溶液中 $C_2O_4^{2-}$ 与 MnO_4^- 的反应如式(5-35)。

在进行标定时，为使反应能快速定量的完成，需要严格控制反应进行的条件。

① 温度控制在 70～85℃。温度在 70℃以下时，式(5-35)的反应速度较慢，但温度如高于 90℃，则会使部分 $H_2C_2O_4$ 分解，导致结果偏高。所以在实际操作中通常利用水浴加热的方式将温度控制在 70～85℃。

② ［H^+］控制在 0.5～1.0mol/L。［H^+］过高，会促进 $H_2C_2O_4$ 分解；［H^+］过低，会使部分 MnO_4^- 还原为 MnO_2。所以 ［H^+］应控制在 0.5～1.0mol/L。值得注意的是，控制 ［H^+］宜采用 H_2SO_4，不能用 HCl 或 HNO_3 来控制，因为 Cl^- 具有一定的还原性，可能被 MnO_4^- 氧化，而 NO_3^- 具有一定的氧化性，两者均会干扰测定。

③ 滴定速度先慢后快。上述反应即使在加热的情况下初始反应速度也是很慢的，所以开始滴定时速度一定要慢，否则加入的 $KMnO_4$ 溶液来不及与 $C_2O_4^{2-}$ 反应，而在热的酸性溶液中分解，从而影响标定的准确度。随着滴定的进行，Mn^{2+} 越来越多并起催化作用，反应速度也会随之加快，故滴定速度可加快。

④ 加入 Mn^{2+} 催化剂。因为 Mn^{2+} 可起到催化剂的作用，所以在滴定前，可先向溶液中加入几滴 $MnSO_4$ 溶液，加快滴定开始的反应速度。

⑤ 滴定终点 0.5～1.0min 内粉红色不退。由于 $KMnO_4$ 极易与空气中的还原性物质发生反应，所以在到达滴定终点时，显现的粉红色会逐渐消失。因此只要溶液的粉红色在 0.5～1.0min 内不褪，即可认为已到达滴定终点。

5.3.2.4　$KMnO_4$ 指数的测定

$KMnO_4$ 法的应用范围较广，可采用直接滴定法测定水中的还原性物质（如 Fe^{2+}、$C_2O_4^{2-}$ 等）的含量，也可以用返滴定法测定锰矿砂中的 MnO_2，还可以采用间接滴定法测定水中能与 $C_2O_4^{2-}$ 定量生成沉淀的金属离子。但 $KMnO_4$ 法在水质分析中主要用于水中高锰酸钾指数的测定。

高锰酸钾指数是指在一定条件下，以高锰酸钾为氧化剂，处理水样时所消耗的量，结果以 O_2 的 mg/L 表示。水中的亚硝酸盐、亚铁盐、硫化物等无机物和在此条件下可被氧化的有机物均可消耗高锰酸钾。因此，高锰酸钾指数常被作为水体受有机物和还原性无机物质污染程度的综合指标。实际上，高锰酸钾只能氧化水中的一部分有机物，并不能作为反应水体中总有机物含量的尺度。高锰酸钾指数的测定只适用于较清洁的水样，我国规定环境水质的高锰酸钾指数的标准为 $2\sim10$mg/L。

高锰酸钾指数的测定必须严格遵守一定的操作程序，因为反应溶液中试剂的用量、加入试剂的次序、加热时间和温度对高锰酸钾氧化有机物的程度均有影响。

不同条件下测得的高锰酸钾指数的结果也不同。根据测定时溶液酸碱度的不同，高锰酸钾指数的测定可分为酸性高锰酸钾法和碱性高锰酸钾法。

(1) 酸性高锰酸钾法　水样在酸性条件下，加入过量的 $KMnO_4$ 标准溶液，在沸水浴中加热反应一段时间，待水中有机物与 $KMnO_4$ 反应完全后，加入过量的 $Na_2C_2O_4$ 标准溶液以还原剩余的 $KMnO_4$，然后用 $KMnO_4$ 标准溶液返滴定剩余的 $Na_2C_2O_4$，滴定至溶液出现粉红色且在 $0.5\sim1.0$min 内不消失，即为滴定终点。根据加入过量的 $KMnO_4$ 标准溶液的量 (V_1) 和 $Na_2C_2O_4$ 标准溶液的量 (V_2) 以及最后滴入 $KMnO_4$ 标准溶液的量 (V_1')，求出高锰酸钾指数，主要反应式如下：

$$4MnO_4^- + 5C + 12H^+ \longrightarrow 4Mn^{2+} + 5CO_2\uparrow + 6H_2O \qquad (5\text{-}38)$$
（过量）　（有机物）

$$5C_2O_4^{2-} + 2MnO_4^- + 16H^+ \longrightarrow 2Mn^{2+} + 10CO_2\uparrow + 8H_2O \qquad (5\text{-}39)$$
（过量）　（剩余）

$$2MnO_4^- + 5C_2O_4^{2-} + 16H^+ \longrightarrow 2Mn^{2+} + 10CO_2\uparrow + 8H_2O \qquad (5\text{-}40)$$
（剩余）

计算公式为：

$$
\begin{aligned}
\text{高锰酸钾指数}(mgO_2/L) &= \frac{[V_1c_1 - (V_2c_2 - V_1'c_1)] \times 8 \times 1000}{V_水} \\
&= \frac{[(V_1 + V_1')c_1 - V_2c_2] \times 8 \times 1000}{V_水}
\end{aligned}
\qquad (5\text{-}41)
$$

式中，V_1 为开始加入 $KMnO_4$ 标准溶液的量，mL；V_1' 为最后滴定消耗的 $KMnO_4$ 标准溶液的量，mL；V_2 为加入 $Na_2C_2O_4$ 标准溶液的量，mL；c_1 为 $KMnO_4$ 标准溶液的浓度 $(1/5KMnO_4)$，mol/L；c_2 为 $Na_2C_2O_4$ 标准溶液的浓度 $(1/2Na_2C_2O_4)$，mol/L；8 为氧的摩尔质量 $(1/2O)$，g/mol；$V_水$ 为水样的量，mL。

在高锰酸钾指数的实际测定中，往往引入 $KMnO_4$ 标准溶液的校正系数。它的测定方法是：将上述用 $KMnO_4$ 标准溶液滴定至粉红色不消失的水样，加热约 70℃ 后，加入 10mL $Na_2C_2O_4$ 标准溶液，再用 $KMnO_4$ 标准溶液滴定至粉红色，记录消耗 $KMnO_4$ 标准溶液的量 $(V_3，mL)$，则 $KMnO_4$ 标准溶液的校正系数是：

$$K = \frac{10}{V_3}$$

引入 $KMnO_4$ 标准溶液校正系数 K 后的计算公式为：

$$\text{高锰酸钾指数}(mg\ O_2/L) = \frac{[(10 + V_1)K - 10] \times c \times 8 \times 1000}{V_水} \qquad (5\text{-}42)$$

式中，V_1 为滴定水样时，消耗的 $KMnO_4$ 标准溶液的量，mL；K 为 $KMnO_4$ 标准溶液校正系数；c 为 $KMnO_4$ 标准溶液的浓度 $(1/5KMnO_4)$，mol/L。

在测定酸性高锰酸钾指数时应注意以下事项。

① 应严格控制反应的条件。

② 水样中 Cl^- 的浓度不应大于 300mg/L。当 Cl^- 的浓度大于 300mg/L 时，会发生诱导反应，使测定结果偏高。此时可通过稀释水样或加入 Ag_2SO_4 生成 AgCl 沉淀的方式消除

干扰。

③ 水样中如含有无机还原性物质，则会使测定结果偏高，应注意校正。

（2）碱性高锰酸钾法　水样在碱性条件下，加入过量的 $KMnO_4$ 标准溶液，在沸水浴中加热反应一段时间，待水中有机物与 $KMnO_4$ 反应完全后加酸酸化，然后加入过量的 $Na_2C_2O_4$ 标准溶液以还原剩余的 $KMnO_4$，最后用 $KMnO_4$ 标准溶液返滴定剩余的 $Na_2C_2O_4$，滴定至溶液出现粉红色且在 $0.5\sim1.0min$ 内不消失，即为滴定终点。碱性高锰酸钾指数的计算方法同酸性高锰酸钾法。

在碱性条件下，$KMnO_4$ 与有机物的反应速度较快，且 $KMnO_4$ 的条件电极电位 $\varphi_{MnO_4^-/MnO_2}^{\ominus\prime}$（0.588V）$<\varphi_{Cl_2/Cl^-}^{\ominus\prime}$（1.395V），所以即使水样中 Cl^- 含量较高也不会对测定结果造成干扰。

5.3.3　碘量法

碘量法是氧化还原反应中应用较广的一种滴定方法，主要利用 I_2 的氧化性和 I^- 的还原性进行滴定。碘量法可用于水中的余氯、二氧化氯、溶解氧、生物化学需氧量以及水中有机物和无机还原性物质（如 S^{2-}、SO_3^{2-}、$S_2O_3^{2-}$、Sn^{2+} 等）的测定。根据反应原理，可将碘量法分为直接碘量法和间接碘量法。

5.3.3.1　直接碘量法

又称碘滴定法，是利用 I_2 的氧化性直接滴定水中的还原性物质的方法。由于 $\varphi_{I_2/I^-}^{\ominus}$（0.536V）较小，所以它只能氧化电极电位比 $\varphi_{I_2/I^-}^{\ominus}$ 小的还原性物质（如 S^{2-}）。该方法的测定原理是：在酸性条件下，以淀粉为指示剂，用 I_2 标准溶液做滴定剂直接滴定待测物质，I_2 被还原为 I^-，当蓝色溶液转变为无色时即为滴定终点。基本反应式为：

$$I_2+2e^-\longrightarrow 2I^- \tag{5-43}$$

值得注意的是直接碘量法只能在中性或酸性溶液中进行，因为在碱性条件下，I_2 会发生歧化反应，这也限制了它的应用。

$$3I_2+6OH^-\longrightarrow IO_3^-+5I^-+3H_2O \tag{5-44}$$

5.3.3.2　间接碘量法

是利用 I^- 的还原性测定电极电位比 $\varphi_{I_2/I^-}^{\ominus}$ 大的氧化性物质（如氯、次氯酸盐、二氧化氯、亚氯酸盐、臭氧、过氧化氢等）的方法。该方法的测定原理是：在酸性条件下，向溶液中加入过量 KI，使其与水中氧化性物质发生反应，析出 I_2，然后以淀粉为指示剂，用硫代硫酸钠（$Na_2S_2O_3$）标准溶液滴定析出的 I_2，至溶液蓝色消失即为滴定终点，最后根据 $Na_2S_2O_3$ 标准溶液的浓度和用量间接求出水中氧化性物质的含量。滴定过程的反应式为：

$$2I^--2e^-\longrightarrow I_2 \tag{5-45}$$

$$2S_2O_3^{2-}+I_2\longrightarrow 2I^-+S_4O_6^{2-} \qquad \varphi_{S_4O_6^{2-}/S_2O_3^{2-}}^{\ominus}=0.08V \tag{5-46}$$

在用间接碘量法进行水质分析时，需注意以下三个问题。

① 控制溶液的酸度。如果滴定是在碱性溶液中进行，则有副反应发生：

$$S_2O_3^{2-}+4I_2+10OH^-\longrightarrow 2SO_4^{2-}+8I^-+5H_2O \tag{5-47}$$

且 I_2 在碱性溶液中会发生如式(5-44)的歧化反应，所以不能在碱性溶液中进行。如果溶液为强酸性溶液，则 $Na_2S_2O_3$ 会发生歧化反应析出单质 S，而 I^- 也易被空气中的氧氧化。

$$S_2O_3^{2-}+2H^+\Longrightarrow S\downarrow+SO_2\uparrow+H_2O \tag{5-48}$$

$$4I^- + 4H^+ + O_2 \Longrightarrow 2I_2 + 2H_2O \qquad (5\text{-}49)$$

在中性溶液中，$Na_2S_2O_3$ 不会发生分解，同时 I^- 被空气中的氧氧化的速度也极慢，所以碘量法必须在中性或弱酸性溶液中进行，这样才能保证 $S_2O_3^{2-}$ 与 I^- 的反应定量、迅速地反应完全。

② 防止 I_2 的挥发和 I^- 的氧化。I_2 是一种易挥发的固体，且在水中的溶解度很小，但 I_2 在 KI 溶液中能与 I^- 形成 I_3^-，可增大 I_2 在水中的溶解度，降低 I_2 的挥发性。室温下，溶液中含有 4%KI，就可忽略 I_2 的挥发。I^- 易被空气中的氧氧化，且日光照射、微量的 Cu^{2+}、NO_2^- 等都能加快 I^- 被氧化的速度。因此，析出 I_2 的溶液应立即滴定，且滴定速度也应适当加快，切勿放置过久。如不能立即滴定，则应保存在棕色密封的容器中。

③ 淀粉指示剂的选择。在碘量法滴定中应选择长链无分支的淀粉指示剂。在少量 I^- 存在下，I_2 与淀粉反应生成蓝色络合物，没有 I_2 时，溶液为无色，根据溶液中蓝色的出现或消失来指示滴定终点。淀粉指示剂一般用新鲜配制的 1% 的淀粉水溶液。如果配好的淀粉指示剂放置时间过久，则会产生有分枝的淀粉，这种淀粉与 I_2 结合形成紫色或紫红色络合物，用这种指示剂指示终点时，会出现终点不敏锐的现象。另外，指示剂不能过早加入，应先用 $Na_2S_2O_3$ 标准溶液滴定至溶液呈浅黄色，此时大部分 I_2 已被还原为 I^-，然后再滴入淀粉指示剂，用 $Na_2S_2O_3$ 继续滴定至蓝色恰好消失，即为滴定终点。

5.3.3.3 标准溶液的配制与标定

（1）$Na_2S_2O_3$ 标准溶液　硫代硫酸钠（$Na_2S_2O_3 \cdot 5H_2O$）试剂中一般都含有少量 S、Na_2SO_3、Na_2SO_4、Na_2CO_3、NaCl 等杂质，且易风化、潮解。因此，不能直接配制标准溶液，应先配制成近似浓度的溶液，然后再标定。先根据预配标准溶液的浓度和体积，称取所需的 $Na_2S_2O_3 \cdot 5H_2O$（所称质量比计算值稍多一些），然后用新煮沸并冷却的蒸馏水溶解，并稀释至标准体积，最后加入少量 Na_2CO_3 和碘化汞，储存在棕色试剂瓶中，暗处放置 1～2 周后标定其准确浓度。在配制过程中，需要注意以下三点。

① 要用新鲜煮沸的蒸馏水配制溶液，这是为了杀死水中的微生物、去除 CO_2 以及部分溶解氧，因为 $Na_2S_2O_3$ 易受水中细菌、CO_2、O_2 的作用而分解：

$$S_2O_3^{2-} \xrightarrow{\text{微生物}} SO_3^{2-} + S\downarrow$$

$$S_2O_3^{2-} + CO_2 + H_2O \longrightarrow HSO_3^- + HCO_3^- + S\downarrow$$

$$2S_2O_3^{2-} + O_2 \longrightarrow 2SO_4^{2-} + 2S\downarrow$$

② 加入少量 Na_2CO_3 和碘化汞，使溶液呈弱碱性，抑制细菌的生长和繁殖。

③ 放置 1～2 周，使水中的其他氧化性物质如 Fe^{3+}、Cu^{2+} 等与 $Na_2S_2O_3$ 充分作用完全，使 $Na_2S_2O_3$ 标准溶液的浓度趋于稳定。

采用间接碘量法对 $Na_2S_2O_3$ 标准溶液进行标定。可标定 $Na_2S_2O_3$ 标准溶液的基准物质有 $K_2Cr_2O_7$、KIO_3、$KBrO_3$、纯铜、铁氰化钾等，其中常用的是 $K_2Cr_2O_7$，在弱酸性溶液中 $K_2Cr_2O_7$ 与过量的 KI 反应析出等化学计量的 I_2：

$$Cr_2O_7^{2-} + 6I^- + 14H^+ \longrightarrow 3I_2 + 2Cr^{3+} + 7H_2O \qquad (5\text{-}50)$$

以淀粉为指示剂，用 $Na_2S_2O_3$ 标准溶液滴定至蓝色消失，根据 $K_2Cr_2O_7$ 标准溶液的体积和浓度以及消耗的 $Na_2S_2O_3$ 标准溶液的体积计算 $Na_2S_2O_3$ 标准溶液的准确浓度，计算公式为：

$$c_{Na_2S_2O_3}(\text{mol/L}) = \frac{c_{K_2Cr_2O_7} \times V_1}{V_2} \qquad (5\text{-}51)$$

式中，$c_{Na_2S_2O_3}$ 为 $Na_2S_2O_3$ 标准溶液的浓度（$Na_2S_2O_3$），mol/L；$c_{K_2Cr_2O_7}$ 为 $K_2Cr_2O_7$ 标准溶液的浓度（$1/6K_2Cr_2O_7$），mol/L；V_1 为 $K_2Cr_2O_7$ 标准溶液的量，mL；V_2 为消耗 $Na_2S_2O_3$ 标准溶液的量，mL。

标定时应注意以下几点。

① 溶液中 $[H^+]$ 在 $0.2\sim0.4$ mol/L 为宜。$[H^+]$ 太小，反应速度减慢；$[H^+]$ 太大，I^- 易被空气中的氧所氧化。

② $K_2Cr_2O_7$ 与 KI 反应速度较慢，应将溶液在暗处放置 5min，再用 $Na_2S_2O_3$ 溶液滴定。

③ KI 试剂中不应含有 KIO_3（或 I_2）。一般 KI 溶液无色，如显黄色，则应事先将 KI 溶液酸化后，加入淀粉指示剂显蓝色，用 $Na_2S_2O_3$ 溶液滴定至刚好为无色后再使用。

（2）I_2 标准溶液的配制和标定　用升华法制得的纯碘可以直接配制成标准溶液。但通常在实际工作中采用间接配置法。首先用纯碘试剂配制成近似浓度的溶液，再进行标定。

在配制 I_2 标准溶液时，先用天平称取一定量的碘，然后加入过量的 KI，置于研钵中，加少量水研磨成糊状后用水稀释至一定体积，放入棕色瓶中于暗处保存。碘溶液应避免与橡皮等有机物接触，也要防止见光、遇热，否则浓度会发生变化。

I_2 标准溶液的浓度可用 $Na_2S_2O_3$ 标准溶液来标定，反应式见式(5-46)，也可用 As_2O_3（俗名砒霜，剧毒物质）做基准物质标定。

5.3.3.4　碘量法的应用

（1）水中溶解氧（DO）的测定　溶解在水中的氧称为溶解氧，用 DO 表示，单位为 mg/L。溶解氧以分子形态存在于水中。天然水中溶解氧的含量与大气中氧的分压、大气压力、水温、水中的含盐量有一定关系，其中温度的影响尤为明显。一般说来，温度越高，溶解的盐分越大，水中的溶解氧含量越低；大气中氧分压越高，水中的溶解氧含量越高。当水体与大气中氧交换处于平衡时，水中溶解氧含量达到饱和。

清洁地面水中的溶解氧一般接近饱和状态。如果水中含有藻类植物，由于它们的光合作用放出氧气，使水中溶解氧含量可达到过饱和。相反，如果水体受到污染，则溶解氧含量不断减少，当水中的氧得不到补充时，溶解氧含量将逐渐降低，甚至趋近于零，此时厌氧菌大量繁殖，有机物腐败，水质恶化。因此，溶解氧可作为水源自净规律研究、废水生化处理过程中的一项重要控制指标。

DO 的测定原理为：在水样中加入硫酸锰和碱性碘化钾，水中的溶解氧将 Mn^{2+} 氧化成高价态的水和氧化锰 $[MnO(OH)_2]$ 棕色沉淀，将水中溶解氧固定起来；加酸后，$MnO(OH)_2$ 与 KI 作用，释放出等化学计量的 I_2；然后以淀粉为指示剂，用 $Na_2S_2O_3$ 标准溶液滴定至蓝色消失，指示终点达到。根据 $Na_2S_2O_3$ 标准溶液的消耗量计算水中的 DO 的含量，其主要反应如下：

$$Mn^{2+}+2OH^- \longrightarrow Mn(OH)_2\downarrow \tag{5-52}$$
$$（白色）$$

$$Mn(OH)_2+\frac{1}{2}O_2 \longrightarrow MnO(OH)_2\downarrow \tag{5-53}$$
$$（棕色）$$

$$MnO(OH)_2+2I^-+4H^+ \longrightarrow Mn^{2+}+I_2\downarrow+3H_2O \tag{5-54}$$

$$2S_2O_3^{2-}+I_2 \longrightarrow 2I^-+S_4O_6^{2-}$$

计算公式 $$DO(O_2,mg/L) = \frac{cV \times 8 \times 1000}{V_{水}}$$ (5-55)

式中，DO 为水中溶解氧（O_2）浓度，mg/L；c 为 $Na_2S_2O_3$ 标准溶液的浓度，mol/L；V 为 $Na_2S_2O_3$ 标准溶液的消耗量，mL；8 为氧的摩尔质量（1/2O），g/moL；$V_{水}$ 为水样的体积，mL。

DO 测定过程中需注意以下问题。

① 碘量法测定 DO，适用于清洁的地面水和地下水。

② 水样中如含有 Fe^{2+}、Fe^{3+}、S^{2-}、NO_2^-、Cl_2、SO_3^{2-} 及各种有机物等氧化还原性物质时会影响测定结果，此时需采用修正的碘量法或膜电极法测定。如水中含有氧化性物质时，可使碘化物游离出 I_2，产生正干扰，可采用迭氮化钠修正法修正；如水中含有还原性物质时，可将 I_2 还原成 I^-，产生负干扰，可采用高锰酸钾修正法；如水中含有藻类、悬浮物、活性污泥等悬浊物时，可采用明矾絮凝修正法等。如果水样中干扰物质较多、色度又高、采用碘量法及其修正法有困难时，可采用膜电极法测定。该方法所需要的电极为氧敏感薄膜电极，将电极放入水中时，其他杂质不能通过薄膜，只有 O_2 和其他气体能够透过薄膜与电极发生反应产生电流，电流大小与水中 DO 成正比，即可求出 DO 的含量。这种方法操作简单快速，可以进行连续检测，适合于现场测定。

（2）生物化学需氧量（BOD）的测定　生物化学需氧量（BOD）简称生化需氧量，是指在一定条件下，微生物分解水中一定体积某些可被氧化的物质特别是有机物所消耗的溶解氧的数量，单位以 O_2 mg/L 表示。如果进行生物氧化的时间为 5 天，就称为五日生化需氧量（BOD_5）。BOD 是表示水中有机物等需氧污染物质含量的综合指标之一，其值越高，说明水中有机污染物质越多，污染也就越严重。

根据呼吸过程中是否需要氧气，可将水中的微生物分为好氧微生物、兼性厌氧微生物以及厌氧微生物三种。而生物化学需氧量所表示的有机物含量是指能够被好氧微生物分解的有机物，称为可生化降解有机物，不包括不可分解的有机物（如维生素等）。

有机物生物化学氧化一般分为两个阶段：在第一阶段中，有机物被分解为二氧化碳和水，称为含碳物质的氧化阶段；第二阶段中，含氮有机物在硝化菌的作用下被氧化为亚硝酸盐和硝酸盐，称为硝化阶段。这两个阶段并非全然分开，而是各分主次。

微生物的活动和温度有关，目前国内外一般以 20℃ 作为生化需氧量的标准测定温度。在此温度下，一般的有机物在前 5 天可分解 70%～80%，在 20 天内基本完成第一阶段的氧化分解过程；对于生活污水和性质与之接近的工业废水，硝化阶段在 5～7 天，甚至 10 天以后才开始进行，要完成第二阶段的硝化过程则需要 100 天左右，这个时间对测定来说无疑是太长了。因此，各国规定在 20℃ 下培养 5 天作为 BOD 测定的标准条件，在此条件下测出来的生化需氧量为五日生化需氧量，用 BOD_5 表示。

BOD_5 的测定原理如下：取原水样或经过稀释（稀释倍数要合理）后的水样两瓶，一瓶用于测定当天的溶解氧量，另一瓶放入 20℃ 生化培养箱，培养 5 天后再测定其溶解氧的含量，两者之差即为五日生化需氧量。

根据水中 DO 和有机物含量的多少，BOD_5 的测定可分为直接测定法和稀释测定法。

① 直接测定法。适用于水中溶解氧含量较高、有机物含量较少的清洁地面水。一般 $BOD_5 < 7mgO_2/L$ 时，可不经稀释直接测定。将水样首先调整至 20℃ 左右，用虹吸法将水样转移入数个溶解氧瓶中，转移过程中注意不产生气泡，水样充满后并溢出少许，加塞，瓶内不应留有气泡。其中至少有一瓶立即测定水中的溶解氧，其余的瓶口进行水封后，放入培

养箱中在（20±1）℃下培养5天。在培养期间注意添加封口水，5天后弃去封口水，测定剩余的溶解氧。培养前后溶解氧的减少量即为BOD_5。

$$BOD_5(mgO_2/L)=c_1-c_2 \tag{5-56}$$

式中，c_1为水样在培养前的溶解氧，mgO_2/L；c_2为水样经5天培养后的溶解氧，mgO_2/L。

② 稀释测定法。适用于有机物含量较高的生活污水和工业废水以及污染较严重的天然水，它们的BOD_5都大于$7mgO_2/L$，且往往生物化学需氧量超过水中所含的溶解氧的含量，则在培养前必须用含有溶解氧的水（稀释水）稀释，然后再培养。根据培养前后溶解氧的变化和稀释比，求出水样中的生化需氧量。

稀释水的选择和配制非常重要。人们经过长期的实践研究，认为稀释水应符合以下要求。

a. 选用蒸馏水做稀释水，而不能用天然地面水或自来水。地面水水质不稳定，自来水中含有剩余氯，因此均不宜做稀释水。

b. 稀释水中要含有足够的溶解氧。一般要求培养5天后溶解氧减少量为培养前溶解氧的40%～70%为宜。因此稀释水在使用之前通常要通入空气进行曝气或直接通入氧气，使稀释水中溶解氧接近饱和。

c. 稀释水中要加入无机营养物质，如$FeCl_3$、$MgSO_4$、$CaCl_2$等，以保证微生物正常生长。

d. 稀释水的pH值应保持在6.5～8.5范围内，以避免影响微生物的活动。常用磷酸盐缓冲溶液控制pH值，且要求稀释水$BOD_5<0.2mgO_2/L$。

e. 接种稀释水。对于不含或含有少量微生物的工业废水，在测定BOD_5时，必须加入可分解有机物的微生物。一般可加入生活污水的上清液、污水处理厂的出水（认为其中含有微生物）或土壤浸泡液等。当废水中存在难以被生活污水中的微生物以正常速度分解的有机物或含有剧毒物质时，则应将驯化后的微生物接种于水样中。

f. 稀释倍数要合理。在（20±1）℃下培养5天后，稀释水样中溶解氧至少还剩有0.5～$1.0mgO_2/L$，而在培养期间，稀释水样中的溶解氧的损失至少为$2.0mgO_2/L$，否则都不会得到满意的结果。因此，控制稀释倍数是十分重要的。根据经验，对地面水，由测得的高锰酸钾指数乘上一个系数求得稀释倍数（表5-2）。

表5-2 用高锰酸钾指数求取稀释倍数的系数

高锰酸钾指数/$(mg\ O_2/L)$	系数
<5	—
5～10	0.2, 0.3
10～20	0.4, 0.6
>20	0.5, 0.7, 1.0

对于工业废水，由COD值来确定，通常需做3个稀释比。使用稀释水时，稀释倍数由COD值分别乘以系数0.075、0.15和0.225求得。使用接种稀释水时，则分别乘以0.075、0.15和0.25三个系数。

在对水样的BOD_5进行计算时，需要对稀释水或接种稀释水可能含有的有机物引起的耗氧量进行校正。稀释水或接种稀释水的有效溶解氧，由培养5天前后的溶解氧之差值求得。计算公式为：

$$DO_{稀释水} = B_1 - B_2 \qquad (5-57)$$

式中，$DO_{稀释水}$为稀释水或接种稀释水的有效溶解氧浓度，$mg\ O_2/L$；B_1为稀释水或接种稀释水培养前的 DO，$mg\ O_2/L$；B_2为稀释水或接种稀释水培养后的 DO，$mg\ O_2/L$。

水样中的 BOD_5 值是：

$$BOD_5(mg\ O_2/L) = \frac{(c_1 - c_2) - (B_1 - B_2) \times f_1}{f_2} \qquad (5-58)$$

式中，c_1 为稀释后水样培养前的 DO 浓度，$mg\ O_2/L$；c_2 为稀释后水样经 5 天培养后的 DO 浓度，$mg\ O_2/L$；f_1 为稀释水或接种稀释水在培养液中所占的比例；f_2 为水样在培养液中所占的比例。

BOD_5 的测定方法适用于江河湖水、生活污水和一般工业废水。

多年来，稀释接种法一直被作为 BOD_5 测定的标准方法。但是，对生活污水来说测定结果在一定范围内波动，对工业废水来说这种波动范围更大，甚至相差几倍。往往同一水样采用不同的稀释倍数，所得结果不尽相同，甚至差异较大。于是人们又开发了其他的一些测定方法，比如微生物薄膜电极法、库仑法、测压法等。其中用气压计库仑式 BOD 测定仪测 BOD_5 应用较多，这种方法不仅可测定 BOD_5，也可测定任意培养天数的 BOD 值，绘出生化需氧量-培养天数的曲线。

（3）饮用水中余氯的测定　饮用水中的余氯是指消毒剂液氯与水中还原性物质或微生物作用后，剩余在水中的氯量，包括游离性余氯（或游离性有效氯）和化合性余氯（或化合性有效氯）。游离性有效氯包括次氯酸 HOCl 和次氯酸盐（OCl^-），一般在酸性溶液中以 HOCl 形式存在，在碱性溶液中以 OCl^- 形式存在。在通常水处理条件下（25℃，pH=7.0 左右），HOCl 与 OCl^- 两种型体同时存在。化合性有效氯是一种复杂的无机氯胺（NH_xCl_y）和有机氯胺（$RNCl_z$）的混合物（式中 x、y、z 为 0～3 的数值）。为了保证消毒效果，我国饮用水的出厂水要求游离性余氯大于 0.3mg/L，管网水中游离性余氯大于 0.05mg/L。

水中的余氯采用碘量法进行测定。测定原理为：在酸性溶液中，水中的余氯与 KI 作用，释放出等化学计量的 I_2，以淀粉为指示剂，用 $Na_2S_2O_3$ 标准溶液滴定至蓝色消失，由消耗的 $Na_2S_2O_3$ 标准溶液的量求出水中的余氯，结果以 Cl_2 的 mg/L 表示。计算公式：

$$余氯(Cl_2, mg/L) = \frac{c_{Na_2S_2O_3} \times V_1 \times 35.453 \times 1000}{V_水} \qquad (5-59)$$

式中，$c_{Na_2S_2O_3}$ 为 $Na_2S_2O_3$ 标准溶液的浓度（$Na_2S_2O_3$），mol/L；V_1 为 $Na_2S_2O_3$ 标准溶液的用量，mL；$V_水$ 为水样的体积，mL；35.453 为氯的摩尔质量（$1/2Cl_2$），g/mol。

水样中若含有 NO_2^-、Fe^{3+} 等物质时，会干扰测定。但用乙酸盐缓冲溶液缓冲 pH 值在 3.5～4.2 之间，可减少这些物质的干扰。

5.3.4　溴酸钾法

溴酸钾法利用溴酸钾（$KBrO_3$）做氧化剂的滴定方法。$KBrO_3$ 具有强氧化性，溶于水后，其水溶液为强氧化剂。$KBrO_3$ 易提纯，180℃烘干后，可直接配制标准溶液。在酸性溶液中，$KBrO_3$ 与还原性物质作用时的半反应为：

$$BrO_3^- + 6H^+ + 6e^- \longrightarrow Br^- + 3H_2O \qquad \varphi_{BrO_3^-/Br^-}^{\ominus} = 1.44V \qquad (5-60)$$

凡是能与 $KBrO_3$ 反应的物质都可用直接滴定法测定，但由于 $KBrO_3$ 与还原性物质反应的速度很慢，必须缓慢进行滴定，因此实际应用不多。

实际应用较多的是溴酸钾和碘量法联合使用，即所谓间接 $KBrO_3$ 滴定法。这种方法是在酸性条件下，过量的 $KBrO_3$ 与水中的还原性物质反应完全后，用过量的 KI 将剩余的 $KBrO_3$ 还原为 Br^-，并析出等化学计量的 I_2，最后以淀粉为指示剂，用 $Na_2S_2O_3$ 标准溶液滴定至终点。其反应式为：

$$BrO_3^- + 6I^- + 6H^+ \longrightarrow Br^- + 3I_2 + 3H_2O \qquad (5-61)$$

（剩余）（过量）

$$2S_2O_3^{2-} + I_2 \longrightarrow 2I^- + S_4O_6^{2-}$$

在实际测定中，通常向 $KBrO_3$ 标准溶液中加入过量的 KBr，以此作为标准溶液。$KBrO_3$-KBr 溶液非常稳定，只是在酸性溶液中反应生成与 $KBrO_3$ 化学计量相当的 Br_2，反应式为：

$$BrO_3^- + 5Br^- + 6H^+ \longrightarrow 3Br_2 \downarrow + 3H_2O \qquad (5-62)$$

此时，Br_2 与水中的还原性物质反应完全，剩余的 Br_2 与 KI 作用，析出等化学计量的 I_2，便可用 $Na_2S_2O_3$ 标准溶液滴定。

$$Br_2 + 2I^- \longrightarrow I_2 + 2Br^- \qquad (5-63)$$

水质分析中溴酸钾法主要用来测定水中的苯酚等有机物。

溴酸钾法测定苯酚的原理如下。将含苯酚的水样用 HCl 溶液酸化后，加入过量的 $KBrO_3$-KBr 标准溶液，使苯酚与 Br_2 发生取代反应。待水中的苯酚与过量的 Br_2 反应完全后，加入 KI 溶液，剩余的 Br_2 被 KI 还原成等化学计量的 I_2，析出的 I_2 用 $Na_2S_2O_3$ 标准溶液滴定，根据 $Na_2S_2O_3$ 标准溶液的消耗量求出水样中苯酚的含量。其苯酚与 Br_2 的反应方程式为：

计算公式为：

$$苯酚(mg/L) = \frac{(V_0 - V_1) \times c_{Na_2S_2O_3} \times 15.68 \times 1000}{V_水} \qquad (5-64)$$

式中，V_0 为空白试剂消耗 $Na_2S_2O_3$ 标准溶液的量，mL；V_1 为水样消耗 $Na_2S_2O_3$ 标准溶液的量，mL；$c_{Na_2S_2O_3}$ 为 $Na_2S_2O_3$ 标准溶液的浓度，mol/L；15.68 为苯酚的摩尔质量 $(1/6C_6H_5OH)$，g/mol；$V_水$ 为水样的体积，mL。

如果水样中含有其他酚类物质，则测定的是苯酚的相对含量。应用同样的方法还可测定甲酚、间苯二酚以及苯胺等。

5.4 水中有机物污染指标

随着人们生活水平的提高和工农业的发展，排放到水体中的有机物种类也越来越多，迄今为止已发现的有机物种类多达几百万种。这些有机物被水中的微生物分解，如果浓度过高，将引起水中溶解氧严重不足，使水生态环境恶化，进而危害人体健康。因此，控制有机废水的排放至关重要。预控制水质、评价水质好坏，必须了解有机物的测定方法。

随着检测技术的发展，依靠 GC/MS 等仪器及化学分析方法在水体中可检测出上百种有机污染物，但很难对其一一定量。因此，评价水质采用有机物污染综合指标很有意义。目前，水质评价中常采用的一些有机物污染综合指标有化学需氧量（COD）、高锰酸钾指数、生化需氧量（BOD）、总有机碳（TOC）、总需氧量（TOD）、活性炭氯仿萃取物（CCE）、紫外吸光值（UVA）和污水的相对稳定度等。

5.4.1　COD、高锰酸钾指数和 BOD_5

从前面的介绍可知，COD、高锰酸钾指数和 BOD_5 都是间接表示水中有机污染物的综合指标。前两者反应了水中可被重铬酸钾、高锰酸钾氧化的有机物的量，后者反应了在有溶解氧的条件下水中可被微生物氧化的有机物的量，三者都不能反映水中全部有机物的总量，因此这些有机物污染指标只能表示有机物的相对数量。但在无其他方法和适宜手段时，这三者仍然是水质分析和水污染控制的重要评价参数。

相对于同一种废水，COD、高锰酸钾指数和 BOD_5 的数值不同，一般情况下 COD＞ BOD_5＞高锰酸钾指数。实践中，常用 BOD_5 与 COD 的比值作为污水可生化性的参考。如果污水的 $BOD_5/COD＞0.3$，则认为该污水可以采用生化处理法；如果比值＜0.3 难生化处理；比值＜0.25 不宜采用生化处理。生活污水的 BOD_5/COD 比值约为 0.4～0.65，适宜生化处理；工业废水的 BOD_5/COD 比值变化较大，具体数值与工业废水的性质有关。

5.4.2　总有机碳（TOC）

总有机碳表示水体中溶解性和悬浮性有机物含碳的总量，用 TOC 表示，单位为 mgC/L。由于 TOC 的测定采用燃烧法，因此能将有机物全部氧化，它比 BOD_5 或 COD 更能直接表示有机物的总量，通常作为评价水体有机物污染程度的重要依据。

TOC 一般用总有机碳分析仪测定。总有机碳分析仪主要是通过两种反应系统将有机物分解氧化生成二氧化碳，这两种反应系统分别采用紫外-过硫酸盐法和高温燃烧催化氧化法。在废水中有机物浓度较低的情况下后者比前者效果好，所以高温燃烧法应用较为普遍。其测定原理为：将同一等量的水样分别注入高温炉（900～950℃）和低温炉（150℃）内的石英燃烧管（内填充经 85% 的磷酸浸泡的玻璃棉），在高温炉内，以铂和二氧化钴或三氧化二铬为催化剂，在流动的氧气流（或空气流）中水样中的有机碳和无机碳（主要为碳酸盐和重碳酸盐）均转化为 CO_2。而在低温炉内，只有碳酸盐和重碳酸盐等分解为 CO_2，有机物不能被氧化分解。将高温炉和低温炉内生成的 CO_2 依次导入非分散红外 CO_2 气体分析仪，分别测出水样中的总碳（TC）和无机碳（IC），两者的差值即为总有机碳（TOC）。

$$TOC＝TC－IC \tag{5-65}$$

TOC 的测定流程如图 5-3 所示。

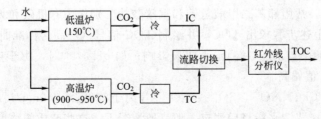

图 5-3　TOC 测定流程示意

除此之外，还可以先将水样酸化，使碳酸盐和重碳酸盐分解为 CO_2，用氮气将其吹脱除去，然后将水样直接注入高温燃烧管，求出 TOC 的含量。但是吹脱过程中会造成挥发性有机物的损失。

表 5-3 列举了一部分有机化合物的理论 TOC 值和实测值。表 5-4 对比了 TOC 和 COD 的氧化率。由两表可知，TOC 实测值和理论值非常接近，且 TOC 的氧化率＞COD 的氧化率。可见，TOC 能较好地反映水中有机物污染程度。因此，TOC 能较准确地反映水中需氧总量。

表 5-3 100mg/L 有机物溶液中 TOC 值　　　　　　　　　　　单位：mg/L

名称	理论值	测定值	氧化率/%
甲酸	26.1	26.0	99.6
乙酸	40.0	40.1	100.8
甲醇	37.5	39.0	107.0
乙醇	52.0	53.5	102.9
苯酚	76.5	69.8	91.2
苯胺	77.4	81.0	104.7
尿素	20.0	21.0	105.0
葡萄糖	40.0	40.0	100
淀粉	45.0	41.6	92.6

表 5-4 TOC 和 COD（回流法）的氧化率

有机物名称	TOC 氧化率/%	回流法 COD 氧化率/%
甲酸	99.4	99.4
乙酸	100.3	93.5
乙醇	102.9	94.3
丙酮	98.9	84.2
乙酸乙酯	100.2	77.5
葡萄糖	98.9	98.0
乙醚	36	32.8
丙烯腈	82	44.0

TOC 测定中需注意以下问题。

① 水样采集后，要保存在棕色试剂瓶中。常温下，水样可保存 24h，如不能及时分析，则需加酸调节 pH＝2，并于 4℃ 下冷藏，可保存 7 天。

② 实际测定中，常用邻苯二甲酸氢钾和重碳酸盐分别作为有机碳和无机碳的标准样品，配制标准溶液，按上述步骤求出 TOC，并绘制 TOC-信号（峰高）标准曲线。

③ 当水样的 pH＜11 时，对测定无明显影响；如 pH＞11 时，由于空气中的 CO_2 会被水样吸收，使 TOC 值偏高。

④ 当水样中的 Cl^-、NO_3^-、SO_4^{2-}、PO_4^{3-} 等离子浓度＞1000mg/L 时，会影响红外吸收，此时可用无 CO_2 蒸馏水稀释后测定。但一般情况下，这些杂质的浓度均不会太高。

⑤ 水样中的重金属离子一般不会影响测定结果，但当含量太高时，会堵塞石英管注入口等系统，而影响测定。

5.4.3　总需氧量（TOD）

总需氧量（TOD）是指水样中有机物和还原性无机物在高温下燃烧生成稳定的氧化物时的需氧量，单位为 mg O_2/L。TOD 是能完全体现水中总有机物污染程度的指标。

TOD 用总需氧量分析仪测定。测定原理如下。将一定量水样注入高温石英燃烧管（内填铂催化剂），向燃烧管中通入含有一定浓度氧气的氮气，在 900℃高温下，水样中的可氧化物质瞬间燃烧氧化转换成稳定的氧化物，脱水冷却后，由氧燃烧电池测定气体载体中 O_2 的减少量，即为水样的 TOD。可同样用邻苯二甲酸氢钾标准溶液测定总需氧量，并绘制标准曲线。

表 5-5 列举了一部分有机物采用不同分析方法时的实际氧化率。由表中可见，各种有机物的氧化率的大小顺序是 TOD＞COD＞BOD_5，表明对一些有机物用 TOD 分析仪测定的 TOD 氧化率都很高，因此 TOD 更能准确的反映水中需氧物质的总量。

表 5-5　部分有机物的 TOD、COD（回流法）和 BOD_5 的氧化率　　　　单位：％

有机物名称	ThOD/×10^{-6}	TOD	COD	BOD_5
甲醛	1.07	103.0	51～76	28～42
乙醇	2.09	98.0	94.3	60～80
乙醛	1.82	100.2	78	16～62
异丙醇	2.40	104.2	93.3	54～66
丙三醇	1.22	95.9	95.9	51～56
丙酮	2.21	98.9	85.1	63
乙酸乙酯	2.10	100.6	86.4	7～24
葡萄糖	1.07	98.9	98.0	49～72
丙烯腈	2.566	92.4	44	0

TOD 测定中应注意以下几点。

① 水中 Cl^-、HCO_3^-、SO_4^{2-}、HPO_4^{2-} 等常见的阴离子一般不干扰测定，但当 Cl^- 浓度＞1000mg/L 时，TOD 值偏高。可通过稀释的方式消除这种干扰。

② 水样中的硝酸盐在测定时分解产生 O_2，使 TOD 偏低。应事先测出它们的含量，对结果进行校正。水样中的溶解氧会使测定结果偏低，尤其是 TOD 值比较低时误差不可忽略，可通过测定水样中的溶解氧进行校正。

③ 水中如有粒径大于 1mm 的悬浮颗粒物时，会堵塞取样管。水中如重金属离子浓度较大，则会使催化剂中毒。

通过前面的介绍可知，COD、高锰酸钾指数、BOD_5、TOC、TOD 作为水中有机物污染综合指标来衡量水处理效果和评价水质时各有优缺点。由于 TOC、TOD 具有很高的氧化率，且操作简单、准确可靠、测量迅速、可实现自动连续测定，所以在水工业及水环境监测与评价中，越来越多的使用 TOC 和 TOD 来代替其他三项综合指标。

5.4.4　活性炭氯仿萃取物（CCE）

活性炭氯仿萃取物（CCE）也是表示水中有机物污染程度的一项综合指标。其测定原理为：在一定条件下，水样中的有机物吸附在活性炭上，然后用氯仿萃取，萃取液经蒸馏至小体积（约 20mL）后转移至已恒重的具塞称量瓶中，再在不含油的平稳空气流中蒸发至干，最后称重。其残渣重即为有机物的含量，用 CCE（mg/L）表示。取与水样相同量的蒸馏水，按同样的操作流程，求得空白值，按下列计算公式计算得出 CCE。

$$CCE(mg/L) = \frac{(W_1 - W_2) \times 1000 - W_0}{V_{水}}$$ (5-66)

式中，W_1 为小瓶加萃取残渣质量，g；W_2 为小瓶空重，g；W_0 为 CCE 的空白质量，mg；$V_{水}$ 为水样的量，L。

CCE 法主要适用于含溶解形态有机物水样的测定，由于有机碳吸附容量有限，不适于测定含高有机物浓度的废水。由于氯仿对人体有害，所以操作时一定要在通风橱内进行。

5.4.5 紫外吸光值（UVA）

紫外吸光值（UVA）是水中有机物污染的一项新的综合指标。由于生活污水、工业废水尤其是石油废水的排放，使天然水体中含有许多有机污染物，这些有机污染物，尤其是芳香烃和双键或羰基的共轭体系，在紫外光区都有强烈的吸收。对特定水系来说，其所含物质组成一般变化不大，所以，可用紫外吸光值作为评价水质有机污染的综合指标。测定方法为：水样未经过滤直接以不含有机物蒸馏水为空白对照，用 1cm 石英皿在两个波长处测定吸光度差值，$UVA = \Delta A = A_{254} - A_{365}$，以消除悬浮物的影响。

5.4.6 污水的相对稳定度

污水的相对稳定度是粗略地表示水中有机物含量的又一指标。污水中氧的储备量（包括 DO、NO_3^-、NO_2^-）与此污水某一时刻的 BOD 的百分比，即为污水的相对稳定度。污水的相对稳定度越低，表明水中有机物的数量越多。

思考题

1. 什么是标准电极电位和条件电极电位，两者关系如何？
2. 影响条件电极电位的因素有哪些？
3. 判断一个氧化还原反应能否进行完全的依据是什么？
4. 怎样提高氧化还原反应的反应速度？
5. 氧化还原滴定过程中如何估计电极电位的突跃范围？化学计量点的位置与氧化剂和还原剂的电子转移数有什么关系？
6. 碘量法的主要误差来源有哪些？为什么碘量法不适于在低 pH 值或高 pH 值条件下进行？
7. 高锰酸钾标准溶液为什么不能直接配制，而需标定？
8. 解释 COD、高锰酸钾指数、BOD_5、TOC、TOD 的物理意义，并比较它们之间的异同。

习题

1. 解释在 $[H^+] = 1mol/L$ 时，AsO_4^{3-} 能氧化 I^- 析出 I_2，而 pH=8 时，I_2 却能够滴定 AsO_3^{3-} 生成 AsO_4^{3-}，假定 $[AsO_4^{3-}] = [AsO_3^{3-}]$。

2. 从一含甲醇废水取出 50mL 水样，在 H_2SO_4 存在下，与 0.04000mol/L $K_2Cr_2O_7$ 溶液 25.00mL，作用完全后，以试亚铁灵为指示剂，用 0.2500mol/L $FeSO_4$ 滴定剩余 $K_2Cr_2O_7$ 用去 11.85mL，假设空白实验与理论值相当，求 COD 值（mg O_2/L）。

3. 测定水样的 $KMnO_4$ 指数，取 100mL 水样，酸化后加 10mL 0.0100mol/L $KMnO_4$ 溶液（1/5$KMnO_4$＝0.0100mol/L）煮沸 10min，再加入 0.0100mol/L 草酸（1/2$Na_2C_2O_4$＝0.0100mol/L）10mL，最后用 3.40mL $KMnO_4$ 恰滴至终点，求 $KMnO_4$ 指数（O_2mg/L）。

4. 用回流法测定某废水中的 COD。取水样 20.00mL（同时取无有机物蒸馏水 20.00mL 做空白实验）放入锥形瓶中，加入 10.00mL 0.2500mol/L $K_2Cr_2O_7$ 溶液（1/6$K_2Cr_2O_7$＝0.2500mol/L）和 30mL 硫酸-硫酸银溶液，加热回流 2h；冷却后加蒸馏水稀释至 140mL，加试亚铁灵指示剂，用 0.1000mol/L 硫酸亚铁铵溶液返滴定至红褐色，水样和空白分别消耗 11.20mL 和 21.20mL。求水样的 COD（mg O_2/L）。

5. 自溶解氧瓶中吸取已将溶解氧 DO 固定的某水样 100mL，用 0.0100mol/L $Na_2S_2O_3$ 溶液滴定至淡黄色，加淀粉指示剂，继续用同浓度 $Na_2S_2O_3$ 溶液滴定至蓝色刚好消失，共消耗 9.82mL。求水样中溶解氧 DO 的含量（mg O_2/L）。

6. 测定水样 BOD_5，测定数据如下：稀释水培养前后溶解氧 DO 分别为 8.90mg/L、8.78mg/L；另加水样 3 倍稀释后样品培养前后 DO 分别为 6.20mg/L、4.10mg/L，求水样 BOD_5 值。

7. 取氯消毒水样 100mL，放入 300mL 碘量瓶中，加入 0.5g 碘化钾和 5mL 乙酸盐缓冲溶液（pH＝4），自滴定管加入 0.0100mol/L$Na_2S_2O_3$ 溶液至淡黄色，加入 1mL 淀粉溶液，继续用同浓度 $Na_2S_2O_3$ 溶液滴定至蓝色消失，共用去 1.21mL。求水样中总余氯量是多少（Cl_2，mg/L）？

8. 取一含酚废水水样 100mL（同时另取 100mL 无有机物蒸馏水做空白实验），加入标准溴化液（$KBrO_3$-KBr）30.00mL 以及 HCl、KI，摇匀，用 0.1100mol/L$Na_2S_2O_3$ 溶液滴定，水样和空白分别消耗 15.78mL 和 31.20mL。该废水中苯酚含量是多少（mg/L）？

第6章

重量分析法和沉淀滴定法

6.1 重量分析法

6.1.1 重量分析法的分类和特点

重量分析法是用适当的方法先将试样中待测组分与其他组分分离，转化成一定的称量形式，然后用称量的方法测定该组分的含量。根据分离方法的不同，重量分析法常分为以下三类。

（1）沉淀法 利用沉淀反应使被测组分生成溶解度很小的沉淀，将沉淀过滤，洗涤后，烘干或灼烧成为组成一定的物质，然后称其质量，再计算被测组分的含量。这是重量分析的主要方法。例如，测定试样中 SO_4^{2-} 含量时，在试液中加入过量 $BaCl_2$ 溶液，使 SO_4^{2-} 完全生成难溶的 $BaSO_4$ 沉淀，经过滤、洗涤、烘干、灼烧后，称量 $BaSO_4$ 的质量，再计算试样中的 SO_4^{2-} 的含量。

（2）气化法（又称挥发法） 利用物质的挥发性质，用加热或其他方法使试样中被测组分气化逸出，然后根据气体逸出前后试样质量之差来计算被测组分的含量，例如，测定氯化钡晶体（$BaCl_2 \cdot 2H_2O$）中结晶水的含量，可将一定质量的氯化钡试样加热，使水分逸出，根据氯化钡质量的减轻计算试样中水分的含量。也可以用吸湿剂（高氯酸镁）吸收逸出的水分，根据吸湿剂质量的增加来计算水分的含量。

（3）电解法 利用电解的方法使待测金属离子在电极上还原析出，然后称量，根据电极增加的质量求得其含量。

重量分析法是经典的化学分析法，它通过直接称量得到分析结果，不需要从容量器皿中引入许多数据，也不需要标准试样或基准物质作比较。对高含量组分的测定，重量分析比较准确，一般测定的相对误差不大于 0.1%。对高含量的硅、磷、钨、镍、稀土元素等试样的精确分析，至今仍常使用重量分析方法。但重量分析法的不足之处是操作较烦琐、耗时，不适于生产中的控制分析，对低含量组分的测定误差较大。

6.1.2 沉淀重量法对沉淀形式和称量形式的要求

利用沉淀重量法进行分析时，首先将试样分解为试液，然后加入适当的沉淀剂使其与被测组分发生沉淀反应，并以"沉淀形"沉淀出来。沉淀经过过滤、洗涤，在适当的温度下烘干或灼烧，转化为"称量形"，再进行称量。根据称量形的化学式计算被测组分在试样中的含量。"沉淀形"和"称量形"可能相同，也可能不同，例如：

$$Ba^{2+} \xrightarrow{\text{沉淀}} BaSO_4 \xrightarrow{\text{灼烧}} BaSO_4$$

被测组分　　沉淀形　　　称量形

$$Fe^{3+} \xrightarrow{\text{沉淀}} Fe(OH)_3 \xrightarrow{\text{灼烧}} Fe_2O_3$$

被测组分　　沉淀形　　　称量形

在重量分析法中，为获得准确的分析结果，沉淀形和称量形必须满足以下要求。

（1）对沉淀形（precipitation form）的要求

① 沉淀要完全，沉淀的溶解度要小，要求测定过程中沉淀的溶解损失不应超过分析天平的称量误差。一般要求溶解损失应小于 0.1mg。

② 沉淀必须纯净，并易于过滤和洗涤。沉淀纯净是获得准确分析结果的重要因素之一。

③ 沉淀应易于过滤和洗涤。因此，在进行沉淀时，希望得到粗大的晶形沉淀，在进行沉淀反应时，必须控制适宜的沉淀条件，使得到的沉淀结晶颗粒较大。

（2）对称量形（weighing form）的要求

① 称量形的组成必须与化学式相符，这是定量计算的基本依据。例如，测定 PO_4^{3-}，可以形成磷钼酸铵沉淀，但组成不固定，无法利用它作为测定 PO_4^{3-} 的称量形。若采用磷钼酸喹啉法测定 PO_4^{3-}，则可得到组成与化学式相符的称量形。

② 称量形要有足够的稳定性，不易吸收空气中的 CO_2、H_2O。例如测定 Ca^{2+} 时，若将 Ca^{2+} 沉淀为 $CaC_2O_4 \cdot H_2O$，灼烧后得到 CaO，易吸收空气中 H_2O 和 CO_2，因此，CaO 不宜作为称量形式。

③ 称量形的摩尔质量尽可能大，这样可增大称量形的质量，以减小称量误差。例如在铝的测定中，分别用 Al_2O_3 和 8-羟基喹啉铝 $[Al(C_9H_6NO)_3]$ 两种称量形进行测定，若被测组分 Al 的质量为 0.1000g，则可分别得到 0.1888g Al_2O_3 和 1.7040g $Al(C_9H_6NO)_3$。两种称量形由称量误差所引起的相对误差分别为 $\pm 1\%$ 和 $\pm 0.1\%$。显然，称量形式的摩尔质量越大，被测组分在沉淀中所占的比例越小，则沉淀的损失对被测组分影响越小，分析结果的准确度越高。

6.1.3　沉淀重量法对沉淀剂的要求

根据上述对沉淀形和称量形的要求，选择沉淀剂时应考虑如下几点。

① 选用具有较好选择性的沉淀剂。所选的沉淀剂只能和待测组分生成沉淀，而与试液中的其他组分不起作用。例如：丁二酮肟和 H_2S 都可以沉淀 Ni^{2+}，但在测定 Ni^{2+} 时常选用前者。又如沉淀锆离子时，选用在盐酸溶液中与锆有特效反应的苦杏仁酸作沉淀剂，这时即使有钛、铁、钡、铝、铬等十几种离子存在，也不发生干扰。

② 选用能与待测离子生成溶解度最小的沉淀的沉淀剂。所选的沉淀剂应能使待测组分沉淀完全。例如：生成难溶的钡的化合物有 $BaCO_3$、$BaCrO_4$、BaC_2O_4 和 $BaSO_4$。根据其溶解度可知，$BaSO_4$ 溶解度最小。因此以 $BaSO_4$ 的形式沉淀 Ba^{2+} 比生成其他难溶化合物好。

③ 尽可能选用易挥发或经灼烧易除去的沉淀剂。这样沉淀中带有的沉淀剂即便未洗净，也可以借烘干或灼烧而除去，一些铵盐和有机沉淀剂都能满足这项要求。例如：用氯化物沉淀 Fe^{3+} 时，选用氨水而不用 NaOH 作沉淀剂。

④ 选用溶解度较大的沉淀剂。用此类沉淀剂可以减少沉淀对沉淀剂的吸附作用。例如：

利用生成难溶钡化合物沉淀 SO_4^{2-} 时，应选 $BaCl_2$ 作沉淀剂，而不用 $Ba(NO_3)_2$。因为 $Ba(NO_3)_2$ 的溶解度比 $BaCl_2$ 小，$BaSO_4$ 吸附 $Ba(NO_3)_2$ 比吸附 $BaCl_2$ 严重。

⑤ 所形成的沉淀相对分子质量应较大，可减小称量误差。

6.1.4 沉淀的溶解度及其影响因素

6.1.4.1 溶解度与固有溶解度、溶度积与条件溶度积

（1）溶解度与固有溶解度（intrinsic solubility） 当水中存在 1∶1 型微溶化合物 MA 时，MA 溶解并达到饱和状态后，有下列平衡关系：

$$MA(固) \Longrightarrow MA(水) \Longrightarrow M^+ + A^-$$

在水溶液中，除了 M^+、A^- 外，还有未离解的分子状态的 MA。例如：AgCl 溶于水中

$$AgCl(固) \Longrightarrow AgCl(水) \Longrightarrow Ag^+ + Cl^-$$

对于有些物质可能是离子化合物（M^+A^-），如 $CaSO_4$ 溶于水中。

$$CaSO_4(固) \Longrightarrow Ca^{2+}SO_4^{2-}(水) \Longrightarrow Ca^{2+} + SO_4^{2-}$$

根据 MA（固）和 MA（水）之间的溶解平衡可得：

$$\frac{\alpha_{MA(水)}}{\alpha_{MA(固)}} = K'（平衡常数）$$

因固体物质的活度等于 1，若用 s^0 表示 K'，则：

$$\alpha_{MA(水)} = s^0 \tag{6-1}$$

式中，s^0 称为 MA 固有溶解度，当温度一定时，s^0 为常数。

若溶液中不存在其他副反应，微溶化合物 MA 的溶解度 s 等于固有溶解度和 M^+（或 A^-）离子浓度之和，即：

$$s = s^0 + [M^+] = s^0 + [A^-] \tag{6-2}$$

如果 MA（水）几乎完全离解或 $s^0 \ll [M^+]$ 时（大多数的电解质属此类情况），s^0 可以忽略不计，则：

$$s = [M^+] = [A^-] \tag{6-3}$$

对于 $M_m A_n$ 型微溶化合物的溶解度 s 可按下式计算：

$$s = s^0 + \frac{[M^{n+}]}{m} = s^0 + \frac{[A^{m-}]}{n} \tag{6-4}$$

或

$$s = \frac{[M^{n+}]}{m} = \frac{[A^{m-}]}{n} \tag{6-5}$$

（2）溶度积（solubility product）与条件溶度积（conditional solubility product）

① 活度积与溶度积。当微溶化合物 MA 溶解于水中，如果除简单的水合离子外，其他各种形式的化合物均可忽略，则根据 MA 在水溶液中的平衡关系，得到：

$$\frac{\alpha_{M^+} \alpha_{A^-}}{\alpha_{MA(水)}} = K$$

中性分子的活度系数视为 1，则根据式（6-1）$\alpha_{MA(水)} = s^0$，故：

$$\alpha_{M^+} \alpha_{A^-} = Ks^0 = K_{sp}^{\ominus} \tag{6-6}$$

$K_{sp}^{\ominus}$ 为离子的活度积常数（简称活度积）。$K_{sp}^{\ominus}$ 仅随温度而变化。若引入活度系数，则由式（6-6）可得：

$$\alpha_{M^+} \alpha_{A^-} = K_{sp}^{\ominus} \gamma_{M^+} [M^+] \gamma_{A^-} [A^-] = K_{sp}^{\ominus}$$

即

$$[M^+][A^-] = \gamma_{M^+} \gamma_{A^-} = K_{sp} \tag{6-7}$$

式中，K_{sp}为溶度积常数（简称溶度积），它是微溶化合物饱和溶液中，各种离子浓度的乘积。K_{sp}的大小不仅与温度有关，而且与溶液的离子强度大小有关。在重量分析中大多是加入过量沉淀剂，一般离子强度较大，引用溶度积计算比较符合实际，仅在计算水中的溶解度时，才用活度积。

对于M_mA_n型微溶化合物，其溶解平衡如下：

$$M_mA_n(固) \Longrightarrow mM^{n+} + nA^{m-}$$

因此其溶度积表达式为：

$$K_{sp} = [M^{n+}]_m [A^{m-}]_n \tag{6-8}$$

② 条件溶度积。在沉淀溶解平衡中，除了主反应外，还可能存在多种副反应。例如对于1:1型沉淀MA，除了溶解为M^+和A^-这个主反应外，阳离子M^+还可能与溶液中的配位剂L形成配合物ML、ML_2等（略去电荷，下同），也可能与OH^-生成各级羟基配合物；阴离子A^-还可能与H^+形成HA、H_2A等，可表示为：

$$主反应 \quad MA(固) \Longrightarrow \quad M \quad + \quad A$$
$$\begin{array}{ccc} & +L \swarrow \quad \searrow +OH^- & \downarrow \\ 副反应 \quad ML & MOH & HA \\ \vdots & \vdots & \vdots \\ ML_n & M(OH)_n & H_nA \end{array}$$

此时，溶液中金属离子总浓度 [M′] 和沉淀剂总浓度 [A′] 分别为：

$$[M'] = [M] + [ML] + [ML_2] + \cdots + [M(OH)] + [M(OH)_2] + \cdots$$
$$[A'] = [A] + [HA] + [H_2A] + \cdots$$

同配位平衡的副反应计算相似，引入相应的副反应系数 α_M、α_A，则：

$$K_{sp} = [M][A] = \frac{[M'][A']}{\alpha_M \alpha_A} = \frac{K'_{sp}}{\alpha_M \alpha_A}$$

即

$$K'_{sp} = [M'][A'] = K_{sp}\alpha_M\alpha_A \tag{6-9}$$

K'_{sp}只有在温度、离子强度、酸度、配位剂浓度等一定时才是常数，即K'_{sp}只有在反应条件一定时才是常数，故称为条件溶度积常数，简称条件溶度积。因为$\alpha_M > 1$，$\alpha_A > 1$，所以 $K'_{sp} > K_{sp}$，即副反应的发生使溶度积常数增大。

对于 $m:n$ 型的沉淀 M_mA_n，则：

$$K'_{sp} = K_{sp}\alpha_M^m \alpha_A^n \tag{6-10}$$

由于条件溶度积 K'_{sp} 的引入，使得在有副反应发生时的溶解度计算大为简化。

6.1.4.2　影响沉淀溶解度的因素

影响沉淀溶解度的因素很多，如同离子效应、盐效应、酸效应、配位效应等。此外，温度、介质、沉淀结构和颗粒大小等对沉淀的溶解度也有影响，现分别进行讨论。

（1）同离子效应　组成沉淀晶体的离子称为构晶离子。当沉淀反应达到平衡后，如果向溶液中加入适当过量的含有某一构晶离子的试剂或溶液，则沉淀的溶解度减小，这种现象称为同离子效应。

例如：25℃时，$BaSO_4$ 在水中的溶解度为：

$$s = [Ba^{2+}] = [SO_4^{2-}] = \sqrt{K_{sp}} = \sqrt{6 \times 10^{-10}} = 2.4 \times 10^{-5} \, mol/L$$

如果使溶液中的 $[SO_4^{2-}]$ 增为 0.10mol/L，此时 $BaSO_4$ 的溶解度为：

$$s = [Ba^{2+}] = K_{sp}/[SO_4^{2-}] = (6 \times 10^{-10}/0.10) \, mol/L = 6 \times 10^{-9} \, mol/L$$

即 $BaSO_4$ 的溶解度减少至万分之一。

因此，在实际分析中，常加入过量沉淀剂，利用同离子效应，使被测组分沉淀完全。但沉淀剂过量太多，可能引起盐效应、酸效应及配位效应等副反应，反而使沉淀的溶解度增大。一般情况下，沉淀剂过量50％～100％是合适的，如果沉淀剂是不易挥发的，则以过量20％～30％为宜。

（2）盐效应　沉淀反应达到平衡时，由于强电解质的存在或加入其他强电解质，使沉淀的溶解度增大，这种现象称为盐效应。例如：AgCl、$BaSO_4$ 在 KNO_3 溶液中的溶解度比在纯水中大，而且溶解度随 KNO_3 浓度增大而增大，例如 AgCl 在纯水中的溶解度为 1.3×10^{-5} mol/L，在 0.1mol/L $NaNO_3$ 溶液中的溶解度为 1.7×10^{-5} mol/L，溶解度增大了 31％。

产生盐效应的原因是由于离子的活度系数 γ 与溶液中加入的强电解质的浓度有关，当强电解的浓度增大到一定程度时，离子强度增大因而使离子活度系数明显减小。而在一定温度下 K_{sp} 为一常数，因而 $[M^+][A^-]$ 必然要增大，致使沉淀的溶解度增大。因此，利用同离子效应降低沉淀的溶解度时，应考虑盐效应的影响，即沉淀剂不能过量太多。

应该指出，如果沉淀本身的溶解度很小，一般来讲，盐效应的影响很小，可以不予考虑。只有当沉淀的溶解度比较大，而且溶液的离子强度很高时，才考虑盐效应的影响。

（3）酸效应　溶液酸度对沉淀溶解度的影响称为酸效应。发生酸效应主要是由于溶液中 H^+ 浓度的大小对弱酸、多元酸或难溶酸离解平衡的影响。因此，酸效应对于不同类型沉淀的影响情况不一样，若沉淀是强酸盐（如 $BaSO_4$、AgCl 等）其溶解度受酸度影响不大，但对弱酸盐如 CaC_2O_4 则酸效应影响就很显著。如 CaC_2O_4 沉淀在溶液中有下列平衡：

$$CaC_2O_4 \rightleftharpoons Ca^{2+} + C_2O_4^{2-}$$

$$-H^- \left\Updownarrow\, +H^+ \right.$$

$$HC_2O_4 \underset{-H^-}{\overset{+H^+}{\rightleftharpoons}} H_2C_2O_4$$

当酸度较高时，沉淀溶解平衡向右移动，从而增加了沉淀溶解度。若知平衡时溶液的 pH 值，就可以计算酸效应系数，得到条件溶度积，从而计算溶解度。

为了防止沉淀溶解损失，对于弱酸盐沉淀，如碳酸盐、草酸盐、磷酸盐等，通常应在较低的酸度下进行沉淀。如果沉淀本身是弱酸，如硅酸（$SiO_2 \cdot nH_2O$）、钨酸（$WO_3 \cdot nH_2O$）等，易溶于碱，则应在强酸性介质中进行沉淀。如果沉淀是强酸盐，如 AgCl 等，在酸性溶液中进行沉淀时，溶液的酸度对沉淀的溶解度影响不大。对于硫酸盐沉淀，例如 $BaSO_4$、$SrSO_4$ 等，由于 H_2SO_4 的 Ka_2 不大，当溶液的酸度太高时，沉淀的溶解度也随之增大。

（4）配位效应　进行沉淀反应时，若溶液中存在能与构晶离子生成可溶性配合物的配位剂，则可使沉淀溶解度增大，这种现象称为配位效应。

配位剂主要来自两方面，一是沉淀剂本身就是配位剂，二是加入的其他试剂。

例如用 Cl^- 沉淀 Ag^+ 时，得到 AgCl 白色沉淀，若向此溶液加入氨水，则因 NH_3 配位形成 $[Ag(NH_3)_2]^+$，使 AgCl 的溶解度增大，甚至全部溶解。如果在沉淀 Ag^+ 时加入过量的 Cl^-，则 Cl^- 能与 AgCl 沉淀进一步形成 $AgCl_2^-$ 和 $AgCl_3^{2-}$ 等配离子，也使 AgCl 沉淀逐渐溶解。这时 Cl^- 沉淀剂本身就是配位剂。由此可见，在用沉淀剂进行沉淀时，应严格控制沉淀剂的用量，同时注意外加试剂的影响。

配位效应使沉淀的溶解度增大的程度与沉淀的溶度积、配位剂的浓度和形成配合物的稳定常数有关。沉淀的溶度积越大，配位剂的浓度越大，形成的配合物越稳定，沉淀就越容易溶解。

综上所述，在实际工作中应根据具体情况来考虑哪种效应是主要的。对无配位反应的强酸盐沉淀，主要考虑同离子效应和盐效应，对弱酸盐或难溶盐的沉淀，多数情况下主要考虑酸效应。对于有配位反应且沉淀的溶度积又较大，易形成稳定配合物时，应主要考虑配位效应。

(5) 其他影响因素　除上述因素外，温度和其他溶剂的存在、沉淀颗粒大小和结构等都对沉淀的溶解度有影响。

① 温度的影响。沉淀的溶解一般是吸热过程，其溶解度随温度升高而增大。因此，对于一些在热溶液中溶解度较大的沉淀，在过滤洗涤时必须在室温下进行，如 $MgNH_4PO_4$、CaC_2O_4 等。对于一些溶解度小、冷时又较难过滤和洗涤的沉淀，则采用趁热过滤，并用热的洗涤液进行洗涤，如 $Fe(OH)_3$ 和 $Al(OH)_3$ 等。

② 溶剂的影响。无机物沉淀大部分是离子型晶体，它们在有机溶剂中的溶解度一般比在纯水中要小。例如 $PbSO_4$ 沉淀在 100mL 水中的溶解为 1.5×10^{-4} mol/L，而在 100mL 50％的乙醇溶液中的溶解度为 7.6×10^{-6} mol/L。

③ 沉淀颗粒大小和结构的影响。同一种沉淀，在质量相同时，颗粒越小，其总表面积越大，溶解度越大。由于小晶体比大晶体有更多的角、边和表面，处于这些位置的离子受晶体内离子的吸引力小，又受到溶剂分子的作用，容易进入溶液中。因此，小颗粒沉淀的溶解度比大颗粒沉淀的溶解度大。所以，在实际分析中，要尽量创造条件以利于形成大颗粒晶体。

6.1.5　沉淀的影响因素

6.1.5.1　影响沉淀纯度的因素

在重量分析中，要求获得的沉淀是纯净的。但是，沉淀从溶液中析出时，总会或多或少地夹杂溶液中的其他组分。因此必须了解影响沉淀纯度的各种因素，找出减少杂质混入的方法，以获得符合重量分析要求的沉淀。影响沉淀纯度的主要因素有共沉淀现象和后沉淀现象。

(1) 共沉淀　当进行沉淀反应时，溶液中某些可溶性杂质会被沉淀带下来而混杂于沉淀中，这种现象称为共沉淀，这是重量分析中最重要的误差来源。产生共沉淀的原因是表面吸附、形成混晶、机械吸留和包藏等。

① 表面吸附。由于沉淀表面离子电荷的不完全平衡所引起。例如在 $BaSO_4$ 沉淀内部 Ba^{2+} 被六个相反电荷离子所包围，处于静电平衡，而表面上的离子却被五个带相反电荷的离子所包围，因此表面静电引力未被平衡，产生了自由力场，尤其是棱和角上的离子更为明显。溶液中带相反电荷的离子被吸引到沉淀表面形成第一吸附层。从静电引力的作用来说，溶液中任何带相反电荷的离子都同样有被吸附的可能，但是实际上表面吸附是有选择性的，首先吸附构晶离子，例如，$AgCl$ 沉淀容易吸附 Ag^+ 和 Cl^-，$BaSO_4$ 易吸附 Ba^{2+}、SO_4^{2-}，形成第一吸附层，使晶体表面带电荷。然后它又吸引溶液中带相反电荷的离子，构成第二吸附层，形成电中性的双电层。与构晶离子生成溶解度较小的化合物的离子易被吸附。如果在 $BaSO_4$ 沉淀的溶液中，阴离子除 Cl^- 外，还有 NO_3^-，则因 $Ba(NO_3)_2$ 的溶解度比 $BaCl_2$ 小，第二层优先吸附的将是 NO_3^-，而不是 Cl^-。此外，在第二层吸附时，价数越高的离子越容易被吸附，如 Fe^{3+} 比 Fe^{2+} 容易被吸附，这是因为高价态离子所带电荷多，静电引力强。

此外，沉淀表面吸附杂质量的多少，还与下列因素有关。

a. 沉淀的总表面积越大，吸附杂质的量愈多。

b. 杂质离子浓度越大，被吸附量越多。

c. 温度：因为吸附过程是放热过程，溶液温度越高吸附杂质量越小。

② 形成混晶。如果杂质离子与构晶离子的半径相近，具有相同的电荷，而且形成的晶体结构也相同，则它们能形成混晶体。常见的混晶有 $MgNH_4PO_4$ 与 $MgNH_4AO_4$、$CaCO_3$ 与 $NaNO_3$、$BaSO_4$ 与 $PbSO_4$ 等。生成混晶时由于杂质是进入沉淀内部的，无法用洗涤等方法除去，因此最好先将这类杂质分离除去。

③ 机械吸留和包藏。前者是被吸附的杂质机械地嵌入沉淀中，后者指母液机械地包藏在沉淀中。这些现象是由于沉淀剂加入太快，使沉淀生成太快，表面吸附的杂质还来不及离开沉淀就被随后生成的沉淀所覆盖，使杂质或母液被吸留或包藏在沉淀内部。这种杂质也不能用洗涤方法除去。

（2）后沉淀　当沉淀析出之后，在放置的过程中，溶液中的杂质离子慢慢沉淀到原沉淀上的现象，称为后沉淀现象，后沉淀所引入的杂质量比共沉淀多，且随着沉淀放置时间的延长而增多，因此某些沉淀的陈化时间不宜太久。

6.1.5.2　减少沉淀沾污的方法

为了提高沉淀的纯度，可采用下列措施。

（1）采用适当的分析程序　当试液中含有几种组分时，首先应沉淀低含量组分，再沉淀高含量组分。反之，由于大量沉淀析出，会使部分低含量组分掺入沉淀，产生测定误差。

（2）降低易被吸附杂质离子的浓度　对于易被吸附的杂质离子，可采用适当的掩蔽方法或改变杂质离子价态来降低其浓度。例如：将 SO_4^{2-} 沉淀为 $BaSO_4$ 时，Fe^{3+} 易被吸附，可把 Fe^{3+} 还原为不易被吸附的 Fe^{2+} 或加酒石酸、EDTA 等，使 Fe^{3+} 生成稳定的配离子，以减小沉淀对 Fe^{3+} 的吸附。

（3）选择沉淀条件　沉淀条件包括溶液浓度、温度、试剂的加入次序和速度、陈化与否等，对不同类型的沉淀，应选用不同的沉淀条件，以获得符合重量分析要求的沉淀。

（4）再沉淀　必要时将沉淀过滤、洗涤、溶解后，再进行一次沉淀。再沉淀时，溶液中杂质的量大为降低，共沉淀和继沉淀现象自然减小。

（5）选择适当的洗涤液洗涤沉淀　吸附作用是可逆过程，用适当的洗涤液通过洗涤交换的方法，可洗去沉淀表面吸附的杂质离子。例如：$Fe(OH)_3$ 吸附 Mg^{2+}，用 NH_4NO_3 稀溶液洗涤时，被吸附在表面的 Mg^{2+} 与洗涤液的 NH_4^+ 发生交换，吸附在沉淀表面的 NH_4^+，可在燃烧沉淀时分解除去。

为了提高洗涤沉淀的效率，同体积的洗涤液应尽可能分多次洗涤，通常称为"少量多次"的洗涤原则。

（6）选择合适的沉淀剂　无机沉淀剂选择性差，易形成胶状沉淀，吸附杂质多，难以过滤和洗涤。有机沉淀剂选择性高，常能形成结构较好的晶形沉淀，吸附杂质少，易于过滤和洗涤。因此，在可能的情况下，尽量选择有机试剂做沉淀剂。

6.1.6　沉淀形成与沉淀条件的选择

6.1.6.1　沉淀的类型

沉淀按其物理性质的不同，可粗略地分为晶形沉淀和无定形沉淀两大类。

（1）晶形沉淀（crystalline precipitate）　晶形沉淀是指具有一定形状的晶体，其内部排列规则有序，颗粒直径为 $0.1 \sim 1 \mu m$。这类沉淀的特点是结构紧密，具有明显的晶面，沉淀所占体积小、沾污少、易沉降、易过滤和洗涤，例如 $MgNH_4PO_4$、$BaSO_4$ 等典型的晶形沉淀。

（2）无定形沉淀（amorphous precipitate） 无定形沉淀是指无晶体结构特征的一类沉淀。如 $Fe_2O_3 \cdot nH_2O$、$P_2O_3 \cdot nH_2O$ 是典型的无定形沉淀。无定形沉淀是由许多聚集在一起的微小颗粒（直径小于 $0.02 \mu m$）组成的，内部排列杂乱无章、结构疏松、体积庞大、吸附杂质多，不能很好地沉降，无明显的晶面，难以过滤和洗涤。它与晶形沉淀的主要差别在于颗粒大小不同。

介于晶形沉淀与无定形沉淀之间，颗粒直径在 $0.02 \sim 0.1 \mu m$ 的沉淀（如 $AgCl$）称为凝乳状沉淀，其性质也介于两者之间。

在沉淀过程中，究竟生成的沉淀属于哪一种类型，主要取决于沉淀本身的性质和沉淀的条件。

6.1.6.2 沉淀形成过程

沉淀的形成是一个复杂的过程，一般来讲，沉淀的形成要经过晶核形成和晶核长大两个过程，简单表示如下。

（1）晶核的形成 将沉淀剂加入待测组分的试液中，溶液是过饱和状态时，构晶离子由于静电作用而形成微小的晶核。晶核的形成可以分为均相成核和异相成核。

均相成核是指过饱和溶液中构晶离子通过缔合作用，自发地形成晶核的过程。不同的沉淀，组成晶核的离子数目不同。例如，$BaSO_4$ 的晶核由 8 个构晶离子组成，Ag_2CrO_4 的晶核由 6 个构晶离子组成。

异相成核是指在过饱和溶液中，构晶离子在外来固体微粒的诱导下，聚合在固体微粒周围形成晶核的过程。溶液中的"晶核"数目取决于溶液中混入固体微粒的数目。随着构晶离子浓度的增加，晶体将成长得大一些。

当溶液的相对过饱和程度较大时，异相成核与均相成核同时作用，形成的晶核数目多，沉淀颗粒小。

（2）晶形沉淀和无定形沉淀的生成 晶核形成时，溶液中的构晶离子向晶核表面扩散，并沉积在晶核上，晶核逐渐长大形成沉淀微粒。在沉淀过程中，由构晶离子聚集成晶核的速度称为聚集速度；构晶离子按一定晶格定向排列的速度称为定向速度。如果定向速度大于聚集速度较多，溶液中最初生成的晶核不很多，有更多的离子以晶核为中心，并有足够的时间依次定向排列长大，形成颗粒较大的晶形沉淀。反之聚集速度大于定向速度，则很多离子聚集成大量晶核，溶液中没有更多的离子定向排列到晶核上，于是沉淀就迅速聚集成许多微小的颗粒，因而得到无定形沉淀。

定向速度主要取决于沉淀物质的本性，极性较强的物质如 $BaSO_4$、$MgNH_4PO_4$ 和 CaC_2O_4 等，一般具有较大的定向速度，易形成晶形沉淀。$AgCl$ 的极性较弱，逐步生成凝乳状沉淀。氢氧化物特别是高价金属离子的氢氧化物，如 $Fe(OH)_3$、$Al(OH)_3$ 等，由于含有大量水分子，阻碍离子的定向排列，一般生成无定形胶状沉淀。

聚集速度不仅与物质的性质有关，同时主要由沉淀的条件决定，其中最重要的是溶液中生成沉淀时的相对过饱和度。聚集速度与溶液的相对过饱和度成正比，溶液相对过饱和度越大，聚集速度越大，晶核生成多，易形成无定形沉淀。反之，溶液相对过饱和度小，聚集速度小，晶核生成少，有利于生成颗粒较大的晶形沉淀。因此，通过控制溶液的相对过饱和度，可以改变形成沉淀颗粒的大小，有可能改变沉淀的类型。

（3）均匀沉淀　利用化学反应缓慢逐渐产生所需沉淀剂，防止局部过浓，可以得到颗粒大、结构紧密、纯净的沉淀。

例如，在 Ca^{2+} 酸性溶液中加入 $H_2C_2O_4$，无 CaC_2O_4 沉淀产生，再加入 $CO(NH_2)_2$

$$CO(NH_2)_2 + H_2O \rule{1.5em}{0.4pt} CO_2 + 2NH_3$$

$[C_2O_4^{2-}]$ 升高，缓慢析出 CaC_2O_4 沉淀。

均匀沉淀法还可以利用有机化合物的水解（如酯类水解）、配合物的分解、氧化还原反应等方式进行，见表 6-1。

表 6-1　某些均匀沉淀法的应用

沉淀剂	加入试剂	反　应	被测组分
OH^-	尿素	$CO(NH_2)_2 + H_2O \rule{1.5em}{0.4pt} CO_2 + 2NH_3$	Al^{3+}、Fe^{3+}、Bi^{3+}
OH^-	六次甲基四胺	$(CH_2)_6N_4 + 6H_2O \rule{1.5em}{0.4pt} 6HCHO + 4NH_3$	Th^{4+}
PO_4^{3-}	磷酸三甲酯	$(CH_3)_3PO_4 + 3H_2O \rule{1.5em}{0.4pt} 3CH_3OH + H_3PO_4$	Zr^{4+}、Hf^{4+}
S^{2-}	硫代乙酰胺	$CH_3CSNH_2 + H_2O \rule{1.5em}{0.4pt} CH_3CONH_2 + H_2S$	金属离子
SO_4^{2-}	硫酸二甲酯	$(CH_3)_2SO_4 + 2H_2O \rule{1.5em}{0.4pt} 2CH_3OH + SO_4^{2-} + 2H^+$	Ba^{2+}、Sr^{2+}、Pb^{2+}
$C_2O_4^{2-}$	草酸二甲酯	$(CH_3)2C_2O_4 + 2H_2O \rule{1.5em}{0.4pt} 2CH_3OH + H_2C_2O_4$	Ca^{2+}、Th^{4+}、稀土
Ba^{2+}	Ba-EDTA	$BaY^{2-} + 4H^+ \rule{1.5em}{0.4pt} H_4Y + Ba^{2+}$	SO_4^{2-}

6.1.6.3　沉淀的特性与沉淀条件的选择

为使沉淀完全并得到纯净的沉淀，对于不同类型的沉淀，必须选择不同的沉淀条件，在生成晶型沉淀时，为了得到便于过滤、洗涤和颗粒较大的晶形沉淀，必须减小聚集速度，增大定向速度，减小晶核的形成，有助于晶体成长。对于无定形沉淀，溶解度一般都很小，很难通过改变沉淀条件来改变沉淀的物理性质，但可以控制沉淀条件，设法破坏胶体，防止胶溶，加速沉淀微粒聚集，得到便于洗涤、过滤而又纯净的沉淀。

6.1.7　沉淀称量形的获得过程

沉淀完毕后，还需经过滤、洗涤、烘干或灼烧，最后得到符合要求的称量形。

（1）沉淀的过滤和洗涤　沉淀常用定量滤纸（也称无灰滤纸）或玻璃砂芯坩埚过滤。对于需要灼烧的沉淀，应根据沉淀的性状选用紧密程度不同的滤纸。一般无定形沉淀如 $Al(OH)_3$、$Fe(OH)_3$ 等，选用疏松的快速滤纸，粗粒的晶形沉淀如 $MgNH_4PO_4 \cdot 6H_2O$ 等选用较紧密的中速滤纸，颗粒较小的晶形沉淀如 $BaSO_4$ 等，选用紧密的慢速滤纸。

对于只需烘干即可作为称量形的沉淀，应选用玻璃砂芯坩埚过滤。

洗涤沉淀是为了洗去沉淀表面吸附的杂质和混杂在沉淀中的母液。洗涤时要尽量减小沉淀的溶解损失和避免形成胶体，因此，需选择合适的洗液。选择洗涤液的原则是：对于溶解度很小又不易形成胶体的沉淀，可用蒸馏水洗涤；对于溶解度较大的晶形沉淀，可用沉淀剂的稀溶液洗涤，但沉淀剂必须在烘干或灼烧时易挥发或易分解除去，例如用 $(NH_4)_2C_2O_4$

稀溶液洗涤 CaC_2O_4 沉淀；对于溶解度较小而又能形成胶体的沉淀，应用易挥发的电解质稀溶液洗涤，例如用 NH_4NO_3 稀溶液洗涤 $Fe(OH)_3$ 沉淀。

用热洗涤液洗涤，则过滤较快，且能防止形成胶体，但溶解度随温度升高而增大较快的沉淀不能用热洗涤液洗涤。

洗涤必须连续进行，一次完成，不能将沉淀放置太久，尤其是一些非晶形沉淀，放置凝聚后，不易洗净。

洗涤沉淀时，既要将沉淀洗净，又不能增加沉淀的溶解损失。同体积的洗涤液，采用"少量多次"、"尽量沥干"的洗涤原则，用适当少的洗涤液分多次洗涤，每次加洗涤液前，使前次洗涤液尽量流尽，这样可以提高洗涤效果。在沉淀的过滤和洗涤操作中，为缩短分析时间和提高洗涤效率，都应采用倾泻法。

（2）沉淀的烘干和灼烧　沉淀的烘干或灼烧是为了除去沉淀中的水分和挥发性物质，并转化为组成固定的称量形。烘干或灼烧的温度和时间随沉淀的性质而定。

灼烧温度一般在 800℃ 以上，常用瓷坩埚盛放沉淀。若需用氢氟酸处理沉淀，则应用铂坩埚。灼烧沉淀前，应用滤纸包好沉淀，放入已灼烧至质量恒定的瓷坩埚中，先加热烘干、炭化后再进行灼烧。

沉淀经烘干或灼烧至质量恒定后，由其质量即可计算测定结果。

6.1.8　重量分析法计算

以上我们讨论了重量分析对沉淀的要求以及如何获得完全、纯净、易于过滤和洗涤的沉淀。将所得沉淀经过过滤、洗涤、烘干或灼烧后，得到符合称量形式所要求的沉淀，用分析天平准确称量它的质量，根据所得沉淀和样品的质量，即可计算试样中被测组分的含量。

例如，测定黄铁矿中硫的含量，称取试样 0.3853g，最后得到的 $BaSO_4$ 沉淀为 1.021g，计算试样中硫的质量分数：

$$BaSO_4/1.021 = S/X$$
$$X = 1.021 \times 32.07/233.4$$
$$硫的质量分数 = 1.021 \times 32.07/233.4/0.3853 \times 100\% = 36.41\%$$

$32.06/233.4$ 为 $S/BaSO_4$，即被测组分摩尔质量与沉淀称量形式的摩尔质量之比，这一比值称为化学因数，也称为换算因数

$$换算因数 = a \times 被测组分摩尔质量/(b \times 称量形式摩尔质量)$$

式中，a，b 是使分子和分母中所含主体元素的原子个数相等而需要乘以的适当系数。例如：换算因数 $2Fe_3O_4/3Fe_2O_3$ 中 $a=2$，$b=3$，则分子分母中 Fe 的原子个数相等。

换算因数×沉淀质量＝被测组分的质量，再除以样品质量，则可求被测组分百分含量。

【例 6-1】　测定磁铁矿（不纯的 Fe_3O_4）中的 Fe_3O_4 含量时，将试样溶解，然后将 Fe^{3+} 沉淀为 $Fe(OH)_3$，再灼烧为 Fe_2O_3，称得 Fe_2O_3 的质量为 0.1501g，求 Fe_3O_4 的质量。

解：Fe_3O_4 的质量 $= 0.1501 \times 2 \times Fe_3O_4/(3 \times Fe_2O_3) = 0.1451g$

【例 6-2】　分析某铬矿（不纯 Cr_2O_3）中 Cr_2O_3 的含量时，把 Cr 转变为 $BaCrO_4$ 沉淀，称取 0.5000g 试样，得 $BaCrO_4$ 质量为 0.2530g，求此矿中 Cr_2O_3 的质量分数。

解：换算因数 $= Cr_2O_3/2BaCrO_4$

$$Cr_2O_3\% = (0.2530 \times Cr_2O_3)/(2BaCrO_4)/0.5 \times 100\% = 15.18\%$$

求算换算因数时，一定要注意使分子和分母所含被测组分的原子或分子数目相等，所以在待测组分的摩尔质量和称量形摩尔质量之前有时需要乘以适当的系数。分析化学手册中可

查到常见物质的换算因数。表 6-2 列出几种常见物质的换算因数。

表 6-2　几种常见物质的换算因数

被测组分	沉淀形	称量形	换算因数
Fe	$Fe_2O_3 \cdot nH_2O$	Fe_2O_3	$2M(Fe)/M(Fe_2O_3)=0.6994$
Fe_3O_4	$Fe_2O_3 \cdot nH_2O$	Fe_2O_3	$2M(Fe_3O_4)/3M(Fe_2O_3)=0.9666$
P	$MgNH_4PO_4 \cdot 6H_2O$	$Mg_2P_2O_7$	$2M(P)/M(MgP_2O_7)=0.2783$
P_2O_5	$MgNH_4PO_4 \cdot 6H_2O$	$Mg_2P_2O_7$	$P_2O_5/Mg_2P_2O_7=0.6377$
MgO	$MgNH_4PO_4 \cdot 6H_2O$	$Mg_2P_2O_7$	$2MgO/Mg_2P_2O_7=0.3621$
S	$BaSO_4$	$BaSO_4$	$S/BaSO_4=0.1374$

6.2　沉淀滴定法

6.2.1　沉淀滴定法概述

沉淀滴定法是以沉淀反应为基础的滴定分析法。沉淀反应虽然很多，但并不是所有沉淀反应都能应用于滴定分析。应用于沉淀滴定的沉淀反应必须符合以下条件：①沉淀反应必须定量进行，沉淀的溶解度必须很小；②沉淀反应必须迅速；③必须有适宜的指示剂来确定滴定终点。

由于受上述条件所限，目前应用较广的是生成难溶性银盐的反应，如：

$$Ag^+ + Cl^- \longrightarrow AgCl \downarrow$$

以这种反应为基础的沉淀滴定法称为银量法。本法可用来测定 Cl^-、Br^-、I^-、SCN^- 及 Ag^+ 等离子化合物的含量。银量法按所用的指示剂不同，又分为铬酸钾指示剂法、铁铵矾指示剂法、吸附指示剂法。

除银量法外，沉淀滴定法中还有利用其他沉淀反应的方法，例如 $K_4[Fe(CN)_6]$ 与 Zn^{2+}、四苯硼酸钠与 K^+ 形成沉淀的反应。

$$2K_4[Fe(CN)_6] + 3Zn^{2+} \longrightarrow K_2Zn_3[Fe(CN)_6]_2 \downarrow + 6K^+$$

$$NaB(C_6H_5)_4 + K^+ \longrightarrow KB(C_6H_5)_4 \downarrow + Na^+$$

以上反应均可用于沉淀滴定法。

本章主要讨论银量法。根据滴定方式的不同，银量法可分为直接法和间接法。直接法是用 $AgNO_3$ 标准溶液直接滴定待测组分的方法。间接法是先于待测试液中加入一定量的 $AgNO_3$ 标准溶液，再用 NH_4SCN 标准溶液来滴定剩余的 $AgNO_3$ 溶液的方法。

6.2.2　银量法滴定终点的确定

根据确定滴定终点所采用的指示剂不同，银量法分为摩尔法（Mohr method）、佛尔哈德法（Volhard method）和法扬司法（Fajans method）。

6.2.2.1　摩尔法

（1）原理　以测定 Cl^- 为例，在中性溶液中，加入 K_2CrO_4 指示剂，用 $AgNO_3$ 标准溶液滴定：

$$Ag^+ + Cl^- \longrightarrow AgCl \downarrow （白色）$$

$$2Ag^+ + CrO_4^{2-} \Longrightarrow Ag_2CrO_4 \downarrow （砖红色）$$

由于 AgCl 沉淀的溶解度小于 Ag_2CrO_4 沉淀的溶解度，所以在滴定过程中，首先生成 AgCl 沉淀，随着 $AgNO_3$ 标准溶液继续加入，AgCl 沉淀不断生成，溶液中 Cl^- 浓度越来越小，Ag^+ 浓度越来越大，直至 $[Ag^+]^2[CrO_4^{2-}] > K_{sp}$ 时，便出现砖红色 Ag_2CrO_4 的沉淀，指示滴定终点的到达。

显然，终点出现的早晚与溶液中 CrO_4^{2-} 的浓度大小有关。若 CrO_4^{2-} 的浓度过大，则终点提前出现，使分析结果偏低；若 CrO_4^{2-} 浓度过小，则终点推迟，使分析结果偏高。因此，为了获得准确的分析结果，必须控制 CrO_4^{2-} 的浓度，适宜的 CrO_4^{2-} 浓度可以从理论上加以计算。

在计量点时，Cl^- 与 Ag^+ 恰好完全作用生成 AgCl 沉淀，此时

$$[Ag^+] = [Cl^-] = \sqrt{K_{sp}(AgCl)} = \sqrt{1.56 \times 10^{-10}} = 1.25 \times 10^{-5} \text{mol/L}$$

若 Ag_2CrO_4 沉淀恰在计量点时生成，则

$$[CrO_4^{2-}] = \frac{K_{sp}(Ag_2CrO_4)}{[Ag^+]^2} = \frac{9.0 \times 10^{-12}}{(1.25 \times 10^{-5})^2} = 5.8 \times 10^{-2} \text{mol/L}$$

在实际滴定中，因为 K_2CrO_4 本身呈黄色，若按上面计算的 CrO_4^{2-} 浓度，颜色太深影响终点的观察。从实际情况看，一般采用 CrO_4^{2-} 的浓度为 $5 \times 10^{-3} \text{mol/L}$。

（2）滴定条件

① 溶液的酸度应控制在 pH＝6.0～10.5（中性或弱碱性）的范围，若酸度大了，发生如下反应使 Ag_2CrO_4 沉淀溶解：

$$Ag_2CrO_4 + H^+ \Longrightarrow 2Ag^+ + HCrO_4^-$$

若溶液的碱性太强，则生成 Ag_2O 沉淀：

$$2Ag^+ + 2OH^- \Longrightarrow Ag_2O \downarrow + H_2O$$

② 先产生的沉淀容易吸附溶液中的 Cl^-，使终点提早，滴定时必须剧烈摇动。AgI 和 AgSCN 沉淀更强烈地吸附 I^- 和 SCN^-，所以摩尔法不适合滴定 I^- 和 SCN^-。此外也不能用 NaCl 标准溶液直接滴定 Ag^+，因为在 Ag^+ 试液中加入 K_2CrO_4，立即产生大量的 Ag_2CrO_4 沉淀，在滴定过程中，Ag_2CrO_4 沉淀转变为 AgCl 沉淀的速度非常慢，无法测定，必须用返滴定法，即先加入一定量过量 NaCl 的标准溶液，用 $AgNO_3$ 标准溶液滴定剩余的 Cl^-。

③ 凡是与 Ag^+ 生成沉淀的阴离子，如 PO_4^{3-}、AsO_4^{3-}、AsO_3^{3-}、CO_3^{2-}、SO_3^{2-}、S^{2-}、CrO_4^{2-}，与 CrO_4^{2-} 生成沉淀的阳离子 Ba^{2+}、Pb^{2+} 等以及易水解的 Fe^{3+}、Al^{3+}、Bi^{3+}、Sn^{4+} 等都干扰测定，应预先分离。

（3）应用范围 摩尔法主要用于测定 Cl^-、Br^- 和 Ag^+，如氯化物、溴化物纯度测定以及天然水中氯含量的测定。当试样中 Cl^- 和 Br^- 共存时，测得的结果是它们的总量。若测定 Ag^+，应采用返滴定法，即向 Ag^+ 的试液中加入过量的 NaCl 标准溶液，然后用 $AgNO_3$ 标准溶液滴定剩余的 Cl^-（若直接滴定，先生成的 Ag_2CrO_4 转化为 AgCl 的速度缓慢，滴定终点难以确定）。摩尔法不宜测定 I^- 和 SCN^-，因为滴定生成的 AgI 和 AgSCN 沉淀表面会强烈吸附 I^- 和 SCN^-，使滴定终点过早出现，造成较大的滴定误差。

摩尔法的选择性较差，凡能与 CrO_4^{2-} 或 Ag^+ 生成沉淀的阳、阴离子均干扰滴定。前者如 Ba^{2+}、Pb^{2+}、Hg^{2+} 等；后者如 SO_3^{2-}、PO_4^{3-}、AsO_4^{3-}、S^{2-}、$C_2O_4^{2-}$ 等。

6.2.2.2 佛尔哈德法——铁铵矾作指示剂

佛尔哈德法是在酸性介质中，以铁铵矾 $[NH_4Fe(SO_4)_2 \cdot 12H_2O]$ 作指示剂来确定滴定终点的一种银量法。根据滴定方式的不同，佛尔哈德法分为直接滴定法和返滴定法两种。

（1）直接滴定法测定 Ag^+ 在含有 Ag^+ 的 HNO_3 介质中，以铁铵矾作指示剂，用 NH_4SCN 标准溶液直接滴定，当滴定到化学计量点时，微过量的 SCN^- 与 Fe^{3+} 结合生成红色的 $[FeSCN]^{2+}$ 即为滴定终点。其反应是：

$$Ag^+ + SCN^- \longrightarrow AgSCN \downarrow （白色）\qquad K_{sp,AgSCN} = 2.0 \times 10^{-12}$$
$$Fe^{3+} + SCN^- \longrightarrow [FeSCN]^{2+} （红色）\qquad K = 200$$

由于指示剂中的 Fe^{3+} 在中性或碱性溶液中将形成 $Fe(OH)^{2+}$、$Fe(OH)^{2+}_2$ 等深色配合物，碱度再大，还会产生 $Fe(OH)_3$ 沉淀，因此滴定应在酸性（$0.3 \sim 1mol/L$）溶液中进行。

用 NH_4SCN 溶液滴定 Ag^+ 溶液时，生成的 AgSCN 沉淀能吸附溶液中的 Ag^+，使 Ag^+ 浓度降低，以致红色的出现略早于化学计量点。因此在滴定过程中需剧烈摇动，使被吸附的 Ag^+ 释放出来。

此法的优点在于可用来直接测定 Ag^+，并可在酸性溶液中进行滴定。

（2）返滴定法测定卤素离子 佛尔哈德法测定卤素离子（如 Cl^-、Br^-、I^- 和 SCN）时应采用返滴定法。即在酸性（HNO_3 介质）待测溶液中，先加入已知过量的 $AgNO_3$ 标准溶液，再用铁铵矾作指示剂，用 NH_4SCN 标准溶液回滴剩余的 Ag^+（HNO_3 介质）。反应如下：

$$Ag^+ + Cl^- \longrightarrow AgCl \downarrow （白色）$$
$$（过量）$$
$$Ag^+ + SCN^- \longrightarrow AgSCN \downarrow （白色）$$
$$（剩余量）$$

终点指示反应：$\qquad Fe^{3+} + SCN^- \longrightarrow [FeSCN]^{2+} （红色）$

用佛尔哈德法测定 Cl^-，滴定到临近终点时，经摇动后形成的红色会褪去，这是因为 AgSCN 的溶解度小于 AgCl 的溶解度，加入的 NH_4SCN 将与 AgCl 发生沉淀转化反应：

$$AgCl + SCN^- \longrightarrow AgSCN \downarrow + Cl^-$$

沉淀的转化速率较慢，滴加 NH_4SCN 形成的红色随着溶液的摇动而消失，这种转化作用将继续进行到 Cl^- 与 SCN^- 浓度之间建立一定的平衡关系，才会出现持久的红色，无疑滴定已多消耗了 NH_4SCN 标准滴定溶液。为了避免上述现象的发生，通常采用以下措施。

① 试液中加入一定过量的 $AgNO_3$ 标准溶液之后，将溶液煮沸，使 AgCl 沉淀凝聚，以减少 AgCl 沉定对 Ag^+ 的吸附。滤去沉淀，并用稀 HNO_3 充分洗涤沉淀，然后用 NH_4SCN 标准滴定溶液回滴滤液中的过量 Ag^+。

② 在滴入 NH_4SCN 标准溶液之前，加入有机溶剂硝基苯或邻苯二甲酸二丁酯或 1,2-二氯乙烷。用力摇动后，有机溶剂将 AgCl 沉淀包住，使 AgCl 沉淀与外部溶液隔离，阻止 AgCl 沉淀与 NH_4SCN 发生转化反应。此法方便，但硝基苯有毒。

③ 提高 Fe^{3+} 的浓度以减小终点时 SCN^- 的浓度，从而减小上述误差［实验证明，一般溶液中 $c(Fe^{3+}) = 0.2mol/L$ 时，终点误差将小于 0.1%］。

佛尔哈德法在测定 Br^-、I^- 和 SCN^- 时，滴定终点十分明显，不会发生沉淀转化，因此不必采取上述措施。但是在测定碘化物时，必须加入过量 $AgNO_3$ 溶液之后再加入铁铵矾指示剂，以免 I^- 对 Fe^{3+} 的还原作用而造成误差。强氧化剂和氮的氧化物以及铜盐、汞盐都与 SCN^- 作用，因而干扰测定，必须预先除去。

6.2.2.3 法扬司法

（1）原理　这是利用吸附指示剂确定终点的滴定方法。所谓吸附指示剂，就是一些有机化合物被沉淀表面吸附后，其结构发生改变，因而改变了颜色。例如用 $AgNO_3$ 标准溶液滴定 Cl^- 时，采用荧光黄作吸附指示剂。荧光黄是一种有机弱酸，可用 HFI 表示。它的解离为：

$$HFI \Longrightarrow H^+ + FI^- （黄绿色）$$

在计量点以前，溶液中存在着过量的 Cl^-，$AgNO_3$ 沉淀吸附 Cl^- 而形成带负电荷的 $AgNO_3 \cdot Cl^-$，荧光黄阴离子不被吸附，溶液呈现 FI^- 的黄绿色。当滴定到计量点时，一滴过量的 $AgNO_3$ 使溶液中出现过量的 Ag^+，则 AgCl 沉淀便吸附 Ag^+ 而形成带正电荷的 $AgCl \cdot Ag^+$，它强烈地吸附 FI^-。荧光黄阴离子被吸附后，结构发生变化，呈现粉红色。可表示为：

$$AgCl \cdot Ag^+ + FI^- （黄绿色）\Longrightarrow AgCl \cdot Ag^+ \cdot FI^- （粉红色）$$

（2）滴定条件

① 由于吸附指示剂是吸附在沉淀表面而变色，为了使终点的颜色变化更明显，必须使沉淀具有较大的表面积，使沉淀保持溶胶状态，可加入糊精、淀粉等胶体保护剂。

② 可在中性、弱碱或弱酸溶液中进行，荧光黄适用于 $pH = 7 \sim 10$，曙红可在 $pH = 2 \sim 10$ 范围内使用。常用的吸附指示剂见表 6-3。用 $AgNO_3$ 滴定 Cl^- 时，用曙红作指示剂，因 AgCl 沉淀吸附曙红阴离子强于 Cl^-，则出现终点过早现象。因此在滴定时选择指示剂的吸附能力应小于沉淀对被测离子的吸附能力。

表 6-3　常用吸附指示剂

指示剂	被测离子	滴定剂	滴定条件	终点颜色变化
荧光黄	Cl^-、Br^-、I^-	$AgNO_3$	$pH = 7 \sim 10$	黄绿→粉红
二氯荧光黄	Cl^-、Br^-、I^-	$AgNO_3$	$pH = 4 \sim 10$	黄绿→红
曙红	Br^-、SCN^-、I^-	$AgNO_3$	$pH = 2 \sim 10$	橙黄→红紫
溴酚蓝	生物碱盐类	$AgNO_3$	弱酸性	黄绿→灰紫
甲基紫	Ag^+	NaCl	酸性溶液	黄红→红紫

③ 卤化银易感光变黑，应避免强光照射下滴定。

④ 吸附指示剂的选择。沉淀胶体微粒对指示剂离子的吸附能力应略小于对待测离子的吸附能力，否则指示剂将在化学计量点前变色。但不能太小，否则终点出现过迟。卤化银对卤化物和几种吸附指示剂的吸附能力的次序如下：

$$I^- > SCN^- > Br^- > 曙红 > Cl^- > 荧光黄$$

因此，滴定 Cl^- 不能选曙红，而应选荧光黄。

（3）应用范围　法扬司法可用于测定 Cl^-、Br^-、I^- 和 SCN^- 及生物碱盐类（如盐酸麻黄碱）等。测定 Cl^- 常用荧光黄或二氯荧光黄作指示剂，而测定 Br^-、I^- 和 SCN^- 常用曙红作指示剂。此法终点明显，方法简便，但反应条件要求较严，应注意溶液的酸度、浓度及胶体的保护等。

思考题

1. 重量分析有几种方法？各自的特点是什么？

2. 沉淀形与称量形有何区别？试举例说明。

3. 重量分析中对沉淀形与称量形各有什么要求？

4. 什么是固有溶解度？与溶解度的关系是什么？

5. 什么是条件溶度积？与溶度积的区别是什么？

6. 影响溶解度的因素有哪些？其中哪些因素可以使溶解度增大？哪些因素又能使溶解度减小？

7. 什么是晶形沉淀和非晶形沉淀？

8. 晶形沉淀的生成与否对重量分析有什么影响？

9. 什么是聚集速度和定向速度？怎样影响生成沉淀的类型？

10. 共沉淀现象是怎样发生的？如何减少共沉淀现象？

11. 共沉淀与继沉淀有什么区别？

12. 什么是相对过饱和度？试利用相对过饱和度的大小来说明如何选择晶形沉淀的条件？

13. 什么叫均匀沉淀法？优点是什么？试举例说明。

14. 为什么在灼烧沉淀前要将滤纸灰化？

15. 什么叫换算因数？

16. 什么叫沉淀滴定法？用于沉淀滴定的反应必须符合哪些条件？

17. 何谓银量法？银量法主要用于测定哪些物质？

18. 沉淀滴定法中，除银量法外还可利用哪些沉淀反应进行滴定分析？

19. 莫尔法中 K_2CrO_4 指示剂用量对分析结果有何影响？

20. 为什么莫尔法只能在中性或弱碱性溶液中进行，而佛尔哈德法只能在酸性溶液中进行？

21. 法扬司法使用吸附指示剂时，应注意哪些问题？

习题

1. 已知 $\beta = \dfrac{[CaSO_4]_{水}}{[Ca^{2+}][SO_4^{2-}]} = 200$，忽略离子强度的影响，计算 $CaSO_4$ 的固有溶解度，并计算饱和 $CaSO_4$ 溶液中非离解形式 Ca^{2+} 的百分数。

2. 已知某金属氢氧化物 $M(OH)_2$ 的 $K_{sp} = 4 \times 10^{-15}$，向 0.10mol/L M^{2+} 溶液中加入 NaOH，忽略体积变化和各种氢氧基络合物，计算下列不同情况生成沉淀时的 pH 值。

① M^{2+} 有 1% 沉淀。

② M^{2+} 有 50% 沉淀。

③ M^{2+} 有 99% 沉淀。

3. 考虑盐效应，计算下列微溶化合物的溶解度。

① $BaSO_4$ 在 0.10mol/L NaCl 溶液中。

② 在 0.10mol/L $BaSO_4$ 溶液中。

4. 考虑酸效应，计算下列微溶化合物的溶解度。

① CaF_2 在 pH=2.0 的溶液中。

② $BaSO_4$ 在 2.0mol/L HCl 中。

③ $PbSO_4$ 在 0.10mol/L HNO_3 中。

④ CuS 在 pH＝0.5 的饱和 H_2S 溶液中（$[H_2S] \approx 0.1 mol/L$）。

5. 计算 $BaSO_4$ 在 0.010mol/L $BaCl_2$-0.070mol/L HCl 溶液中的溶解度。

提示：此题应同时考虑同离子效应、酸效应和盐效应。

6. 考虑 S^{2-} 的水解，计算下列硫化物在水中的溶解度。

① CuS。

② MnS。

7. 将固体 AgBr 和 AgCl 加入到 50.0mL 纯水中，不断搅拌使其达到平衡，计算溶液中 Ag^+ 的浓度。

8. 计算 CaC_2O_4 在下列溶液中的溶解度。pH＝4.0 的 HCl 溶液中。

9. 计算 $CaCO_3$ 在纯水中的溶解度和平衡时溶液的 pH 值。

10. 为了防止 AgCl 从含有 0.010mol/L $AgNO_3$ 和 0.010mol/L NaCl 的溶液中析出沉淀，应加入氨的总浓度为多少（忽略溶液体积变化）？

11. 计算 AgI 在 0.010mol/L $Na_2S_2O_3$ 和 0.010mol/L KI 溶液中的溶解度。

12. 有 pH＝3.0 的含有 0.010mol/L EDTA 和 0.010mol/L HF 及 0.010mol/L $CaCl_2$ 的溶液。问：①EDTA 对沉淀的络合效应是否可以忽略？②能否生成 CaF_2 沉淀？

13. 于 100mL 含 0.1000g Ba^{2+} 的溶液中，加入 50mL 0.010mol/L 的 H_2SO_4 溶液。问溶液中还剩留多少克的 Ba^{2+}？如沉淀用 100mL 纯水或 100mL0.010mol/L H_2SO_4 洗涤，假设洗涤时达到了沉淀平衡，问各损失 $BaSO_4$ 多少毫克？

14. 考虑络合效应，计算下列微溶化合物的溶解度。

① AgBr 在 2.0mol/L NH_3 溶液中。

② $BaSO_4$ 在 pH＝8.0 的 0.010mol/L EDTA 溶液中。

15. 下列情况下有无沉淀生成？

① 0.001mol/L $Ca(NO_3)_2$ 溶液与 0.010mol/L NH_4HF_2 溶液等体积混合。

② 0.1mol/L $Ag(NH_3)^{2+}$ 的 1mol/L NH_3 溶液与 1mol/L KCl 溶液等体积相混合。

③ 0.010mol/L $MgCl_2$ 溶液与 0.1mol/L NH_4Cl 溶液等体积相混。

16. 计算 AgCl 在 0.2mol/L NH_3-0.1mol/L NH_4Cl 缓冲溶液中的溶解度（Ag^+ 消耗 NH_3 的浓度忽略不计）。

17. 称取纯 CaC_2O_4 和 MgC_2O_4 混合试样 0.6240g，在 500℃ 下加热，定量转化为 $CaCO_3$ 和 $MgCO_3$ 后为 0.4830g。①计算试样中 $CaCO_3$ 和 $MgCO_3$ 的质量分数；②若在 900℃ 加热该混合物，定量转化为 CaO 和 MgO 的质量为多少克？

18. 称取纯 Fe_2O_3 和 Al_2O_3 混合物 0.5622g，在加热状态下通氢气将 Fe_2O_3 还原为 Fe，此时 Al_2O_3 不改变。冷却后称量该混合物为 0.4582g。计算试样中 Fe、Al 的质量分数。

19. 称取含有 NaCl 和 NaBr 的试样 0.6280g，溶解后用 $AgNO_3$ 溶液处理，得到干燥的 AgCl 和 AgBr 沉淀 0.5064g。另称取相同质量的试样 1 份，用 0.1050mol/L $AgNO_3$ 溶液滴定至终点，消耗 28.34mL。计算试样中 NaCl 和 NaBr 的质量分数。

20. 称取含硫的纯有机化合物 1.0000g，首先用 Na_2O_2 熔融，使其中的硫定量转化为 Na_2SO_4，然后溶解于水，用 $BaCl_2$ 溶液处理，定量转化为 $BaSO_4$ 1.0890g。计算：①有机化合物中硫的质量分数；②若有机化合物的摩尔质量为 214.33g/mol，求该有机化合物中硫原子个数。

21. 称取纯 AgCl 和 AgBr 混合物 0.4273g，然后用氯气处理，使其中的 AgBr 定量转化为 AgCl。若混合物中 AgBr 的质量分数为 0.6000，用氯气处理后，AgCl 共有多少克？

22. 称取某一纯铁的氧化物试样 0.5434g，然后通入氢气将其中的氧全部还原除去后，残留物为 0.3801g。计算该铁的氧化物的分子式。

23. 为了测定长石中 K、Na 的含量，称取试样 0.5034g。首先使其中的 K、Na 定量转化为 KCl 和 NaCl 0.1208g，然后溶解于水，再用 $AgNO_3$ 溶液处理，得到 AgCl 沉淀 0.2513g。计算长石中 K_2O 和 Na_2O 的质量分数。

24. 法扬司法测定某试样中碘化钾含量时，称样 1.6520g，溶于水后，用 $c(AgNO_3) = 0.05000mol/L$ $AgNO_3$ 标准溶液滴定，消耗 20.00mL。试计算试样中 KI 的质量分数。

第7章

吸光光度法

7.1 概　述

吸光光度法是根据物质对光辐射的选择性吸收来研究物质的性质和含量的方法。它包括比色法和分光光度法。比色法是以比较有色溶液颜色深浅来测定其中有色物质的含量；分光光度法是通过待测溶液对不同光辐射的选择性吸收而测定其中有色物质的含量。吸光光度法是测定水中许多无机物和有机物含量的重要方法之一。

与滴定分析法比较，吸光光度法主要用于微量组分的测定，该方法的特点如下。

① 灵敏度高。该方法可用来测定微量组分（1%～0.001%）。通常吸光光度法检查下限可达 10^{-5}～10^{-6}mol/L，相当于 0.001%～0.0001% 的含量。

② 准确度高。一般比色分析的相对误差为 5%～10%，吸光光度法为 2%～5%，可满足微量组分测定对准确度的要求。如采用精密的分光光度计测定，相对误差可降至 1%～2%。

③ 操作简便、快速，仪器设备较为简单。近年来，由于灵敏度高、选择性好的新型显色剂和掩蔽剂的不断发现，常常不经分离可直接进行比色或分光光度分析，使用方便。

④ 应用广泛。该法既可测定大多数无机离子，也能测定许多有机化合物，不仅用于微量组分，也能用于高含量组分。

由于以上优点，吸光光度分析方法应用十分广泛，几乎所有无机物和许多有机物都能用此法进行直接或间接地测定。比色分析的缺点是特效性和灵敏度不够理想，如能将水样的预处理方法与之配合使用，比如萃取-比色、蒸馏-比色等的发展，能弥补这方面的不足，使该方法能在工业生产、科学研究，尤其是在复杂的环境样品的微量组分的分析检测中发挥更大的作用。

7.2　吸光光度法基本原理

7.2.1　光的基本性质

光是一种电磁波，具有波动性和微粒性。其波动性表现为光在传播过程中会发生折射、反射、衍射和干涉等现象。光具有一定的波长，其波长 λ、频率 ν 与速度 c 之间的关系为：

$$\lambda = \frac{c}{\nu}$$

光具有微粒性，是因为光与物质相互作用产生光电效应。光的发射与吸收，表明光由大量以光速运动的粒子流所组成，这种粒子称为光子或光量子。每个光量子具有一定的能量，其能量 E 与波长之间的关系为：

$$E = h\nu = h\frac{c}{\lambda} \tag{7-1}$$

式中，h 为普朗克常数，其值为 $6.626 \times 10^{-34}\,\mathrm{J \cdot s}$；$c$ 为光速，其值为 $3 \times 10^{10}\,\mathrm{cm/s}$。

式(7-1)将光的波动性与微粒性联系起来，并由此说明，不同波长的光具有不同的能量，波长越短、频率越高的光子，能量越大。

7.2.2　物质对光的选择性吸收

我们日常生活中看到的日光及各种灯光含有各种不同波长的光（或电磁波）。根据波长的不同，光分为紫外光、可见光和红外光等（图 7-1）。

远紫外（真空紫外）	近紫外	可见	近红外	中红外	远红外
10～200nm	200～380nm	380～780nm	780nm～2.5μm	2.5～50μm	50～300μm

图 7-1　光学光谱区

白光是由各种波长的光按照一定强度比例混合而成的，如白光和白炽灯等。分光器（如棱镜）可将一束白光大致分解为红、橙、黄、绿、青、蓝、紫七种颜色的光，每种颜色的光具有一定的波长范围，所以白光为复合光，只有一种波长的光称为单色光。不仅七种颜色的光可以混合成白光，如果适当颜色的两种单色光按一定强度比例混合，也可称为白色光，则将这两种单色光称为互补光（或将这两种颜色称为互补色）。物质颜色与吸收光颜色的互补见表 7-1。

表 7-1　物质颜色与吸收光颜色的互补

吸收光		透过光颜色
颜色	λ/nm	
紫	400～450	黄绿
蓝	450～480	黄
青蓝	480～490	橙
青	490～500	红
绿	500～560	紫红
黄绿	560～580	紫
黄	580～600	蓝
橙	600～650	青蓝
红	650～760	青

当光束照射到物质上时，光与物质发生相互作用，作用的方式有反射、散射、吸收、透射等。若被照射的是均匀溶液，则光的散射可以忽略。

当一束光照射到某物质时，组成该物质的分子、原子或离子与光子发生"碰撞"，光子的能量就转移到分子、原子或离子上，使这些离子由最低能态（基态）跃迁到较高能态（激发态）：

$$M(基态)+h\nu \rightarrow M^*(激发态)$$

这个作用叫做物质对光的吸收。被激发的粒子约在 10^{-8} s 后又回到基态，并以热或荧光的形式释放能量。

分子、原子或离子具有不连续的量子化能级，只有当照射光光子的能量（$h\nu$）与被照射物粒子的基态和激发态能量之差相当时，才能发生吸收。不同的物质微粒由于结构不同而具有不同的量子化能级，其能级差也不同。同一种物质对不同波长的光吸收程度不同，不同物质对同一种波长的光的吸收程度也不同，所以说物质对光的吸收有选择性。

对于不同的固体物质来说，当白光照射到物体上时，因对不同波长的光吸收、透过、反射和折射的程度不同而使物体呈现出不同的颜色。如果物质对各种波长的光完全吸收，则呈现黑色；完全反射，则呈现白色；如对各种波长的光吸收程度相差不多，则呈现灰色。如果选择性地吸收某些波长的光，则该固体物质的颜色就由它所反射或透过光的颜色来决定。

对于溶液来说，溶液呈现不同的颜色，是由于溶液中的质点（分子或离子）选择性地吸收某种颜色光所引起的。例如在复合光（白光）照射下，全部可见光几乎都被吸收，溶液呈黑色；如完全不吸收，则溶液透明无色；如果对各种波长的光均匀地部分吸收，则溶液呈现灰色；如果选择性的吸收某些波长的光，则溶液呈现透过光的颜色。此时溶液吸收光的颜色与透过光的颜色为互补色。可见溶液呈现不同的颜色是由于该溶液中的溶质或溶剂对不同波长的光具有选择性吸收而引起的。例如，当复合光通过邻二氮菲亚铁溶液时，它选择性地吸收了复合光中的绿色光（在 $\lambda_{max}=508nm$ 处吸收最强），其他颜色的光不被吸收而透过溶液，因此邻二氮菲亚铁溶液就显示透过光的颜色（橘红色）；又如 $KMnO_4$ 溶液吸收了复合光中的绿色光（在 $\lambda_{max}=525nm$ 吸收最多），红色紫色光几乎完全透过，因此溶液呈紫红色。

任何一种溶液对不同波长的光的吸收程度都是不相同的。如将各种不同波长的单色光依次通过一定浓度和液层厚度的某有色溶液，测量每一波长下该有色溶液对光的吸收程度（即吸光度），然后以波长为横坐标，以吸光度为纵坐标作图，即可得一曲线，该曲线称为吸收

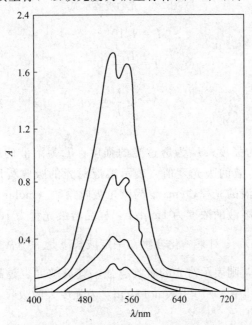

图 7-2　高锰酸钾溶液的吸收曲线

曲线或吸收光谱，它清楚地描述了溶液对不同波长的光的吸收情况。图 7-2 是四种不同浓度的高锰酸钾溶液的吸收曲线。

图 7-2 说明了 $KMnO_4$ 溶液对波长 525nm 附近的绿色光有最大吸收，而对紫色和红色光吸收很少。光吸收程度最大处（即吸收峰处）的波长称为最大吸收波长，常用 λ_{max} 或 $\lambda_{最大}$ 表示。虽然 $KMnO_4$ 溶液的浓度不同，但吸收曲线的形状完全相似，最大吸收波长也不变。在最大吸收波长处测定吸光度，灵敏度最高。吸收曲线是吸光度法中选择测量波长的依据，若无干扰物质存在，一般总是选择最大吸收波长为测量波长或工作波长。

不同浓度的同一物质，在吸收峰附近吸光度随浓度增加而增大。不同物质的吸收曲线形状和最大吸收波长不同，根据这个特性，可对物质进行初步定性分析。所以吸收曲线是吸光光度法定性分析的基础。

7.2.3 光吸收的基本定律

吸光光度法分析的定量依据是朗伯-比尔定律。

当一束平行单色光通过液层厚度为 L、浓度为 c 的有色溶液时，由于物质对光的吸收有选择性，一部分光不被吸收而透过溶液，一部分光被溶液所吸收，如图 7-3 所示。溶液对单色光的吸收遵循朗伯-比尔（Lambert-Beer）定律。

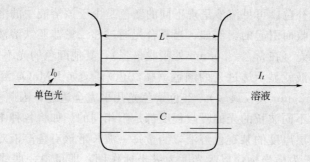

图 7-3　光的吸收示意

$$I_t = I_0 10^{-\varepsilon c L} \tag{7-2}$$

$$T = \frac{I_t}{I_0} = 10^{-\varepsilon c L} \tag{7-3}$$

$$A = \lg \frac{I_0}{I_t} = \varepsilon c L \tag{7-4}$$

$$A = \varepsilon c L \tag{7-5}$$

式中，I_0 为入射光的强度；I_t 为透过光的强度；T 为溶液的透光率或相对透光强度，常以百分率表示；A 为溶液的吸光度值，表示溶液对光的吸收程度；c 为溶液中溶质的浓度，mol/L；L 为样品溶液的光程，cm；ε 为摩尔吸收系数（molar absorptivity）。

ε 的物理意义是：当溶液的浓度为 1mol/L，样品溶液光程为 1cm 时的吸光度值，即 $\varepsilon = \dfrac{A}{cL}$，单位为 L/(mol·cm)。$\varepsilon$ 对某一化合物在一定波长下是一个常数，因此它可衡量一物质对光的吸收程度。ε 越大，则表示对光的吸收越强，其灵敏度也越高。一般 ε 的变化范围是 $10 \sim 10^5$ L/(mol·cm)，其中 $\varepsilon > 10^4$ L/(mol·cm) 为强度大的吸收，而 $\varepsilon < 10^3$ L/(mol·cm) 为强度小的吸收。

【例 7-1】 已知含 Cd^{2+} 浓度为 1.25×10^{-6} mol/L 的水样，用双硫腙比色测定镉，比色

皿厚度为 2cm，在 $\lambda=520$nm 处测得的吸光度为 0.22，计算吸光系数。

解：因为 $A=\varepsilon cL$，所以

$$\varepsilon=\frac{A}{cL}=\frac{0.22}{1.25\times10^{-6}\times2}=8.8\times10^4\text{L}/(\text{mol}\cdot\text{cm})$$

比色分析中常把 I_t/I_0 称为透光度或透光率，用 T 表示。它反映了透过溶液的光强度在原入射光中所占的比例，T 越大，说明透过溶液的光越多，而被溶液吸收的光越少。因此，透光度 T 也能间接表示溶液对光的吸收程度。吸光度 A 与透光度 T 的关系如下：

$$A=\lg\frac{I_t}{I_0}=-\lg\frac{I_t}{I_0}=-\lg T \tag{7-6}$$

应用朗伯-比尔定律时一定要注意它的适用条件。如果单色光不纯、溶液浓度过大或试样含有杂质等都会导致溶液的吸光度与浓度不成直线关系而偏离朗伯-比尔定律。

7.3　显色反应及其条件的选择

7.3.1　显色反应与显色剂

由于吸光光度法是根据溶液中待测组分对某波长光选择性吸收，且吸收程度与待测组分的浓度有定量关系来测定的。这就要求待测组分必须选择性地吸收某波长的光，即有一定的颜色。而实际溶液大部分是无色的或者颜色很淡，不能直接进行测定，就需要向溶液中加入试剂，使待测组分转变为有色物质，然后进行比色或吸光度的测定。将待测组分转变为有色化合物的反应叫显色反应。显色反应主要是配位反应或氧化还原反应。在显色反应中，所加入的与待测组分形成有色物质的试剂叫显色剂。同一组分常常可以与多种显色剂反应，生成不同的有色物质。根据以下原则选择最有利于测定的显色反应。

① 选择性好。选择性好是指显色剂只与一个待测组分或少数几个待测组分发生显色反应。仅与某一种待测组分发生显色反应称为特效的（或专属的）显色剂。利用特效显色剂进行分析，干扰较少。如果显色剂与待测组分和干扰离子生成的有色化合物吸收峰相隔较远，干扰离子所形成的有色化合物不影响待测组分有色化合物吸光度的测定，或影响较小，或影响易于消除时，该显色剂的选择性也较好。

② 灵敏度高。由于吸光光度法常用于微量组分的测定，所以要求方法的灵敏度要高。一般认为生成有色物质的 $\varepsilon\geqslant10^5\sim10^4$L/(mol·cm) 时，该显色反应就具有较高的灵敏度。

但应当注意，灵敏度高的显色反应选择性往往不一定好，因此不可片面追求高灵敏度而不考虑其他因素。

③ 显色剂在测量波长处无明显吸收。如果显色剂本身有颜色，则要求它与有色络合物之间颜色的差别要大些。一般要求有色化合物最大吸收波长与显色剂最大波长之差在 60nm 以上，这样显色时颜色变化明显，试剂空白值小，可以提高测定的准确度。

④ 有色化合物的组成恒定（符合一定的化学式）、性质稳定，这样可以保证在测定过程中溶液的吸光度基本不变。

实际的显色反应不一定能够完全遵循上述 4 条原则，因此应根据具体情况综合考虑，如对于高含量组分的测定可以牺牲一些灵敏度。

一般来说，水质分析中有机显色剂用得比较普遍，而无机显色剂由于其灵敏度和选择性

都不太高，用得比较少。常用的有机显色剂见表 7-2。

表 7-2　常用有机显色剂

试　　剂		测定离子	显色条件	λ_{max}/nm	$\varepsilon/[L/(mol \cdot cm)]$
偶氮类	PAN	Zn(Ⅱ)	pH=5～10	550	5.6×10^4
	偶氮胂Ⅲ	Th(Ⅳ)	8mol/LHClO₄	660	5.1×10^4
			8mol/LHCl	665	1.3×10^5
三苯甲烷类	铬天青S	Al(Ⅲ)	pH=5.0～5.8	530	5.9×10^4
其他类型	磺基水杨酸	Ti(Ⅳ)	pH=4	375	1.5×10^4
	丁二酮肟	Ni(Ⅱ)	pH=8～10	470	1.3×10^4
	邻二氮菲	Fe(Ⅱ)	pH=5～6	508	1.1×10^4
	二苯硫腙	Pb(Ⅱ)	pH=8～10	520	6.6×10^4

7.3.2　显色条件

显色效果不但由显色剂本身的性质决定，而且还受反应条件的影响。显色反应条件的选择主要有以下几个方面。

（1）酸度　有机显色剂大部分是有机弱酸，溶液的酸度影响显色剂的浓度以及本身的颜色。大部分的金属离子很容易水解，溶液的酸度也会影响金属离子的存在状态，进一步还要影响到有色化合物的组成和稳定。因此应通过实验确定出合适的酸度范围，并在测定过程中严格控制。

（2）温度　一般情况下，显色反应大多在室温下进行，不需要严格控制显色温度，但有的显色反应需要加热到一定温度才能完成。有的有色化合物的吸光系数会随温度的改变而改变，对于这种情况应控制温度。

（3）显色剂用量　显色反应可以表示为：

$$M \quad + \quad R \quad \rightleftharpoons \quad MR$$
（待测组分）　　（显色剂）　　（有色化合物）

根据平衡移动原理，增加显色剂的浓度，可使待测组分转变成有色化合物的反应更加完全，但显色剂过多，则会发生其他副反应，对测定不利。因此在实际工作中应根据实验要求严格控制显色剂的用量。

（4）显色时间　不同的显色反应，其反应速度不同，颜色达到最大深度且趋于稳定的时间也不同。另外有的反应完成显色后，过一段时间颜色会慢慢变浅，因此应该在显色反应后颜色达到最大深度（即吸光度最大）且稳定的时间范围内进行测定。

（5）溶剂　溶剂的不同可能会影响到显色时间、有色化合物的离解及颜色等。在测定时标准溶液和被测溶液应采用同一种溶剂。

（6）溶液中共存离子的影响　被测试样中常常存在多种离子，若共存离子本身有色或共存离子能与显色剂反应生成有色物质，应消除共存离子的干扰，以提高测定的准确度。

要消除这些共存离子的影响，可采用下列方法。

① 加入掩蔽剂。一般情况下，在显色体系中加入络合掩蔽剂或氧化还原掩蔽剂，使干扰离子生成无色络合物或变价为无色离子。如用 NH_4SCN 做显色剂测定 Co^{2+} 时，Fe^{3+} 的干扰可通过加入 NaF 使之生成无色的 FeF_6^{3-} 而消除。测定六价钼时，可加入 $SnCl_2$ 或抗坏血酸等，将 Fe^{3+} 还原为 Fe^{2+} 而避免与 SCN^- 作用。

② 选择适宜的显色条件以避免干扰。例如利用酸效应控制显色剂解离平衡，降低游离态显色剂浓度 [R]，使干扰离子不与显色剂反应。如用磺基水杨酸测定 Fe^{3+} 时，Cu^{2+} 与显色剂形成黄色络合物而干扰测定，但如控制 pH 值在 2.5 左右，Cu^{2+} 则不与显色剂反应。

③ 分离干扰离子。在不能掩蔽的情况下，可采用沉淀、离子交换或溶剂萃取等分离方法去除干扰离子。

此外也可通过选择适当的光度测量条件（如适当的波长或参比溶液），消除干扰离子的影响。

综上所述，建立一个新的光度分析方法，必须通过实验对上述各个条件进行研究。应用某一显色反应进行测定时，必须对这些条件进行适当控制，并使试样的显色条件与绘制标准曲线时的条件一致，这样才能得到重现性好、准确度高的分析结果。

7.4　比色分析方法和仪器

7.4.1　目视比色法

直接用肉眼观察并比较溶液颜色深浅以确定物质含量的方法叫做目视比色法。常用的目视比色法是标准系列法。用一套由同种材料制成的、大小形状相同的平底玻璃管（称为比色管，规格有 10mL、25mL、50mL、100mL 等几种），将一系列不同量的标准溶液一次加入各比色管中，再分别加入等量的显色剂和其他试剂，在相同的实验条件下，稀释至一定体积，这样便配成一套颜色逐渐加深的标准色列；将一定量的被测试液置于另一同样规格的比色管中，在与标准色列同样的条件下显色，并稀释至同样的体积。摇匀后将盛试样和标准色列的比色管一同置于比色管架上，从管口垂直向下观察，比较待测液与标准色列颜色的深浅。若待测液与某一标准溶液颜色一致，说明两者浓度相等；若待测溶液颜色介于两种标准溶液之间，则取其算术平均值作为待测溶液的浓度。

目视比色法有以下特点。

① 仪器简单，操作简便，适宜大批试样分析。

② 比色管中的液层较厚，人眼可辨别很稀的有色溶液的颜色，故测定的灵敏度较高，适宜于稀溶液中微量物质的测定。

③ 由于测定时在完全相同的条件下进行的，而且可以在复合光-白光下进行测定，因此某些显色反应不符合朗伯-比尔定律，仍可用目视比色法进行测定。

④ 有色溶液一般不太稳定，常需临时配置一套标准色阶，比较麻烦费时。

⑤ 人的眼睛观察颜色的深浅有主观误差，因而准确度不高，相对误差为 5%～20%。

目视比色法常用于准确度要求不高的水样分析，例如水样的色度、余氯的测定。

7.4.2　光电比色法

利用光电池和检流计代替人眼进行测量的仪器分析方法为光电比色法，测量的是吸收光的强度。

光电比色法采用光电比色计进行测量。光电比色计由光源、滤光片、比色皿、光电池、检流计五个部件组成，具体见图 7-4。

① 光源。常用钨丝灯作光源，能发射 400～1100nm 的连续光谱。

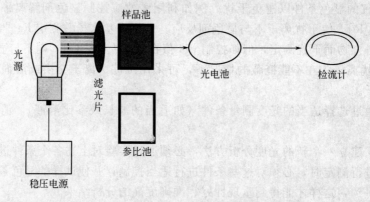

图 7-4　光电比色计结构示意

② 滤光片。滤光片的作用是获得单色光，常用有色玻璃制成。要求滤光片的颜色与水样中被测物质的颜色为互补色，即滤光片最容易透过的光应是有色溶液最容易吸收的光。例如磺基水杨酸铁的黄色溶液最易吸收紫色光，所以用紫色滤光片。

③ 比色皿。比色皿盛水样或空白溶液，由无色透明光学玻璃制成。

④ 光电池。将光信号转换成电信号（光电流）的装置，常用硒光电池。当单色光辐射到硒光电池时，电子从半导体硒表面逸出，便产生光电流。光电流与入射光的强度成正比。硒光电池产生的光电流较大，无需放大，即可直接由灵敏电流计测量。

⑤ 检流计。测量光电流的仪器。光电比色计中常用悬镜式光点反射检流计，检流计上有透光率（T）和吸光度（A）两种刻度。

当光源发出的复合光（白光）经过滤光片变成单色光，通过比色皿时，一部分光被吸收，一部分光透过溶液，硒光电池将光信号转换成电信号，由检流计指示出光电流即电信号的大小。由于电信号（光电流）与水样中被测物质浓度成正比，便可根据光电流大小求出水样中被测物质的浓度或含量。

光电比色法采用标准曲线法。具体做法如下：借助光电比色计来测量一系列标准溶液的吸光度值，以标准溶液的浓度（mg/L 或 mol/L）为横坐标，以对应的吸光度值（A）为纵坐标，绘制标准曲线，然后在相同的条件下测定被测水样的吸光度值，从标准曲线上查出其浓度或含量。

与目视比色法相比，光电比色法有如下优点。

① 用光电池或光电管代替人的眼睛进行测量，消除了人的主观误差，从而提高了分析的准确度。

② 当测定溶液中有其他物质共存时，可以选择适当的滤光片和参比溶液来消除干扰，因而提高了选择性。

③ 在分析大批试样时，使用标准曲线可以简化手续，加快分析速度。

光电比色法的局限在于：只限于可见光区 400～800nm，且滤光片将复合光变成单色光，但该单色光不纯，常有其他杂色光，影响测量的准确度和灵敏度，因此目前多采用分光光度法。

7.4.3　分光光度法

分光光度法是采用被测试样吸收的单色光作为入射光源，用仪表代替人眼来测量试样吸光度的一种分析方法。该方法是一种重要的精密测量方法，在定量分析和科学研究上都有着广泛的用途。

分光光度法的基本原理与光电比色法相同，所不同的仅在于获得单色光的方法不同。前者采用棱镜或光栅等分光器，后者采用滤光片。利用分光器可以获得纯度较高的单色光，装有分光器的仪器称为分光光度计。此外分光光度法的测量范围不再局限于可见光区域，而是扩展到紫外和红外光区域。

分光光度法可以采用标准曲线法，即在朗伯-比尔定律的浓度范围内，配置一系列不同浓度的溶液，显色后在相同条件下分别测定它们的吸光度值，然后以各标准溶液的浓度 c 为横坐标，对应的吸光度 A 为纵坐标作图，得到一条直线，该直线称为标准曲线或工作曲线，如图 7-5 所示。然后在同一的条件下测出试样的吸光度 A_x，从标准曲线图上直接查出样品的含量 c_x，这种方法准确度高，主要适用于大批量试样的分析，可以简化手续，加速分析的速度。

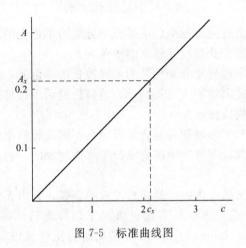

图 7-5　标准曲线图

分光光度法有如下特点。

① 用仪表代替人眼，不但消除了人的主观误差，而且将入射光的波长范围由可见光扩大到了紫外线区和红外线区，使许多在紫外线区和红外线区有吸收峰的无色物质都可以直接用分光光度法测定。

② 用较高纯度的单色光代替了白光，更严格地满足朗伯-比尔定律，使偏离朗伯-比尔定律的情况大大减少，从而提高了测定的准确度。

③ 当溶液中有多种组分共存时，只要吸收曲线图不十分重叠，就可以选取适当波长的入射光直接测定而避免相互影响，不需要通过专门的试样预处理来消除干扰，设置可以选择合适波长的入射光同时测出多种组分的含量。

测定时采用分光光度计，这是目前水质测定中最普及的仪器之一。

7.4.3.1　分光光度计的结构

分光光度计的种类很多，但它们都是由光源、单色器（分光系统）、吸收池、检测系统、信号显示系统五部分组成。具体见图 7-6。

（1）光源　光源是提供一个稳定的、具有足够强度的所需波长范围的入射光。为了得到准确的测量结果，光源应该稳定。在可见光区测量时，通常使用钨丝灯作光源。钨丝灯加热到白炽时，将发出波长为 $320 \sim 2500nm$ 的连续光谱，适宜可见光和近红外光区的测量。在近紫外区测定时，常采用氢灯或氘灯，它们能发出 $180 \sim 375nm$ 的连续光谱。

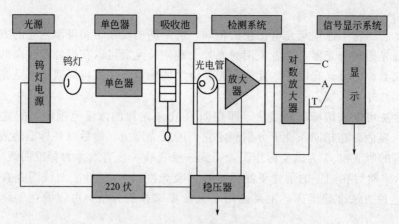

图 7-6　分光光度计结构

（2）单色器　单色器是将光源发生的连续光谱分解为单色光的装置。在分光光度计中采用棱镜或光栅构成的单色器来获得纯度较高的单色光。

棱镜是根据光的折射原理将复合光色散为不同波长的单色光，然后让所需波长的光通过狭缝照射到吸收池上。棱镜由玻璃或石英制成。玻璃棱镜用于可见光范围，但它能吸收紫外光。在紫外光区必须用石英棱镜。

光栅是根据光的衍射和干涉原理将复合光色散为不同波长的单色光。它是在金属或玻璃表面上每毫米内刻有一定数量等宽等距离的平行条纹而制成的。它适用的波长范围宽，色散均匀，分辨能力强。

（3）吸收池　吸收池又称比色皿，是盛放试液的容器，它由无色的光学玻璃或石英材料制成。玻璃比色皿用于可见光区，石英比色皿用于紫外光区。每台仪器通常配有厚度为 0.5mm、1.0mm、2.0mm、3.0mm 及 5.0mm 等规格的比色皿以备选用。在同系列的比色测定中，液层的厚度必须固定统一，以便与标准曲线一致。同一规格的比色皿彼此之间的透光率误差应小于 0.5%，使用时应保持比色皿的光洁，特别是注意透光面不受磨损。

（4）检测系统　检测系统是接收从比色皿发出的透射光并转换成电信号进行测量。常用的有光电池、光电管和光电倍增管。

光电池是在光的照射下直接产生电流的光电转换元件，常用的是硒光电池。

光电管是在一个真空或充有少量惰性气体的二极管，阳极是一个镍片或镍环，阴极是涂有一层光敏物质的半圆筒状金属片。当光电管的两极与电池相连时，由阴极放出的电子将会在电场作用下流向阳极，形成光电流。光电流的大小与入射光的强度成正比，常用的光电管有紫敏光电管和红敏光电管两种。前者是在阴极表面上涂锑和铯光敏物质，适用波长为 200~625nm，后者是在阴极表面上涂银和氧化铯，适用波长 625~1000nm。

光电倍增管是一个具有放大作用的真空光电管。它利用二次电子发射原理来放大光电流，其适用波长范围与光电管一样，取决于阴极的光敏材料。它的灵敏度比光电管高 200 多倍。光电倍增管在现代分光光度计中被广泛采用。

（5）信号显示系统　信号显示系统是将光电转换器输出的光电流以吸光度 A 或透光率 T 的方式显示或记录下来。早期的分光光度计采用检流计、微安表、电位计等，现代的分光光度计广泛采用数字电压表、函数记录仪、示波器及数据处理台等。

7.4.3.2　分光光度计的分类

分光光度计按波长范围分为可见光分光光度计（波长范围 420~700nm），紫外-可见光分光光度计（波长范围 200～1000nm）等。根据测量中提供的波长数，紫外-可见分光光度计主要有单光束、双光束、双波长分光光度计。

（1）单光束分光光度计　单光束分光光度计是将一束经过单色器的光轮流通过参比溶液和试样溶液，以进行光强度的测定，它适用于在一个波长处作吸收测量。

普遍使用的 721 型和 722 型分光光度计就属于这种类型的仪器。721 型分光光度计采用棱镜为色散元件，适用于波长为 350～800nm，直接由伏安表读数。722 型分光光度计采用光栅为色散元件，适用于波长为 330～800nm，数字显示。

751 型和 752 型紫外-可见光分光光度计也是单光束分光光度计，用于 200～1000nm 波长的测量。751 型采用石英棱镜分光，电位补偿读数。752 型采用光栅分光，数字显示。

（2）双光速分光光度计　色散系列基本同单光束分光光度计，不同的是利用一个快速转动的扇形镜，将经过单色器的光一分为二，使单色光交替地通过参比溶液和试样溶液，然后经反射镜交替投射到光电倍增管上。检测器在不同的瞬间接收、处理参比信号和试样信号，其信号差再通过对数转换成吸光度。单波长双光束分光光度计大多设计为自动记录式，可以连续地绘出吸收光谱曲线。

（3）双波长分光光度计　它是由同一光源发出的光分别经过两个单色器后，得到不同波长的两束单色光（λ_1 和 λ_2），它们交替地照射同一溶液，然后经过光电倍增管和电子控制系统，由测量系统显示出两个波长下吸光度的差值，其差值与溶液中被测组分的浓度成正比。

双波长分光光度计不仅能测定高浓度试样、多组分混合试样，而且能测定一般分光光度计不宜测定的浑浊试样。

7.5　分光光度法的应用

分光光度法在水质分析中的应用一般非常广泛，可以测定水中的浊度、铁、微量酚、六价镉、氨氮、亚硝酸盐氮、硝酸盐氮、总氮等。

7.5.1　天然水中铁的测定

地下水常含有二价铁的化合物，如碳酸盐、硫酸盐或有机铁化合物，三价铁在天然水中往往以不溶性氧化铁的水合物形式存在。地下水中所含的亚铁盐很容易被氧化成铁盐，并与水中碱性物质生成不溶性的氧化铁的水合物。

铁离子是水中最常见的离子之一，其含量低时对人体健康并无影响，但含量太高时，容易产生苦涩味，饮用时很不可口。饮用水中铁的容许量为 0.3mg/L。

水样中铁的测定一般用总铁量（三价铁与二价铁之和）来表示。

水中铁的测定采用邻二氮菲分光光度法。

（1）方法原理　在 pH＝3～9 的溶液中，Fe^{2+} 与邻二氮菲生成稳定的橙红色络合物，其反应式为：

$$Fe^{2+} + 3C_{12}H_8N_2 =\!=\!= [Fe(C_{12}H_8N_2)_3]^{2+}$$

$$[Fe(C_{12}H_8N_2)_3]^{2+} \text{ 的 } \lambda_{max}=508nm, \varepsilon=1.1\times10^4 L/(mol \cdot cm)$$

此络合物在避光时可稳定半年。用 1cm 比色皿在 508nm 波长处测定吸光度值，由标准曲线上查出对应 Fe^{2+} 的含量。

测定水中总铁可用还原剂（如抗坏血酸或盐酸羟胺）将水中 Fe^{3+} 还原为 Fe^{2+}，然后测定，得到总铁含量。其反应式为：

$$2Fe^{3+}+2NH_2OH \cdot HCl \Longrightarrow 2Fe^{2+}+4H^++N_2+2H_2O+2Cl^-$$

该方法适用于环境水和废水中铁的测定，最低检出浓度为 $0.03mg/L$，测定上限为 $5.0mg/L$。

（2）注意事项

① 水样中铁浓度 $>5.0mg/L$ 时，水样稀释后测定或选用 3cm 或 5cm 比色皿进行测定。

② 水样中含有强氧化剂、氰化物、亚硝酸盐、焦磷酸盐、偏聚磷酸盐及某些重金属离子时会干扰测定。经过加热煮沸，可将氰化物和亚硝酸盐除去，并使焦磷酸盐和偏聚磷酸盐转化为正磷酸盐以减轻干扰。但是含有 CN^- 或 S^{2-} 的水样酸化时，必须小心，以防中毒。加入盐酸羟胺则可消除氧化剂的影响。

③ 当水样中 Cu^{2+}、Zn^{2+}、Co^{2+}、Cr（Ⅵ）的浓度小于 10 倍铁浓度，Ni^{2+} 小于 $2mg/L$ 时，不干扰测定，当浓度再高时，可加入过量邻二氮菲显色剂予以消除；水样中 Hg^{2+}、Cd^{2+}、Ag^+ 等能与邻二氮菲生成沉淀，浓度高时，可将沉淀过滤除去，浓度低时，可加过量邻二氮菲显色剂来消除。

④ 若水样有底色，可用不加显色剂的试液做参比，对水样底色进行校正。

7.5.2 废水中镉的测定

镉存在于冶金、电镀、化学和纺织工业的废水中。在自然界，镉大多以硫化镉或碳酸镉的形式存在于锌矿中，所以锌矿附近的地下水和矿厂的废水都会含有镉。

镉及其化合物均有毒，能蓄积于动物体的软组织中，使肾脏等器官发生病变，并影响酶的正常活动。日本的骨痛病就是人体镉中毒的具体反应。饮用水中镉的最高容许含量为 $0.01mg/L$，渔业水域水质和农田灌溉用水水质的最高容许含量为 $0.005mg/L$，工业废水最高容许排放浓度为 $0.1mg/L$。

废水中镉的测定采用双硫腙分光光度法。

（1）方法原理 在一定条件下，在强碱性溶液中，Cd^{2+} 与双硫腙（H_2D_z）生成红色络合物 $[Cd(HD_z)_2]$，用三氯甲烷或四氯化碳萃取分离后，在 518nm 波长处测定吸光度值，用标准曲线法求出镉的含量。其反应式为：

$$Cd^{2+}+2H_2D_z \longrightarrow Cd(HD_z)_2+2H^+$$
红色

$$Cd(HD_z)_2 \text{ 的 } \lambda_{max}=518nm, \varepsilon=8.56\times10^4$$

此螯合物的 $K_稳=3.4\times10^{19}$，在 1h 内稳定不变。该方法的灵敏度较高，当水样为 100mL，用 2cm 比色皿时，Cd^{2+} 的最低检出浓度为 $0.001mg/L$，测定上限为 $0.06mg/L$。该方法适用于受镉污染的天然水和废水中镉的测定。

（2）注意事项

① 显色双硫腙（H_2D_z）对光、热十分敏感，易被氧化，其氧化产物在 CCl_4 中呈黄色或棕色，所以双硫腙必须提纯后再用。同时要求测定中使用的容器、试剂、蒸馏水要纯净。

② 水样中 Pb^{2+} 为 $20mg/L$，Zn^{2+} 为 $30mg/L$、Cu^{2+} 为 $40mg/L$、Mn^{2+} 为 $4mg/L$、Fe^{2+} 为 $4mg/L$ 时在酒石酸钾钠溶液存在的条件下不干扰测定，如 Mg^{2+} 浓度达到 $20mg/L$ 时，可多加酒石酸钾钠进行掩蔽。

③ 水样中含 Hg^{2+}、Ag^+ 等离子时可预先在 $pH=2$ 下，用双硫腙溶液萃取除去；如有 Co^{2+}、Ni^{2+} 时，可在 $pH=8\sim9$ 时，加入丁二酮肟生成 Co^{2+}、Ni^{2+}-丁二酮肟络合物，用

氯仿萃取除去，Co^{2+} 的络合物不被萃取，但不干扰测定。

④ 水样中存在下列金属离子无干扰：铅 420mg/L、锌 120mg/L、铜 40mg/L、锰 4mg/L、铁 4mg/L。镁离子浓度达到 40mg/L 以上时，需要加入酒石酸钾钠进行掩蔽。

7.5.3 水中微量酚的测定

酚分为挥发酚和不挥发酚两类。能与水蒸气一起挥发的酚为挥发酚，如苯酚、邻甲酚、对甲酚等，否则就称为不挥发酚，如间苯二酚、邻苯二酚等。酚类化合物是重要的化工原料，和酚类化合物有关的工业可以分成两大类：一类是直接或间接生产酚类的工业，如焦化厂、炼油厂、石油化工厂、煤气发生站及酚合成厂等；另一类是以酚作为原料的工业，如塑料厂、树脂厂、染料、合成纤维和农业厂等。含酚的工业废水已成为一个很普通的环境污染因子，因而含酚工业废水的处理和回收是个很重要的问题。

酚类对人体的毒性较大，长期饮用被酚污染的水，可引起慢性中毒，症状表现为头痛、昏厥、恶心、呕吐、腹泻、贫血等，甚至发生神经系统故障；人体摄入一定量时，还会出现急性中毒症状。水中含低浓度 0.1～0.2mg/L 的酚类时，使水中鱼肉味道变劣，大于 5.0mg/L 时则造成中毒死亡。用大于 200mg/L 的含酚废水灌溉，会使农作物枯死或减产。如用被酚污染的水体作为给水水源，水中即使只含有 0.001mg/L 的酚，也会由于氯消毒而产生令人讨厌的氯代酚恶臭。我国饮用水标准中规定挥发酚含量不得超过 0.002mg/L，灌溉用水不得超过 1mg/L。

水中微量酚的测定常用采用 4-氨基安替吡啉分光光度法。

（1）方法原理　4-氨基安替吡啉（简写 4-AAP）和酚类化合物在 pH ＝（10.0±0.2）溶液中，在氧化剂铁氰化钾 $K_3Fe(CN)_6$ 作用下，生成橙红色的吲哚酚安替吡啉染料，其反应式为：

① 安替吡啉染料的水溶液 λ_{max} ＝510nm，在此波长下测定吸收光度值，用标准曲线法求出水样中酚类化合物的含量。如用 2cm 比色皿，酚的最低检出浓度为 0.1mg/L。

② 安替吡啉染料的 $CHCl_3$ 萃取液 λ_{max} ＝460nm，该萃取液颜色可稳定 1h。在此波长下测定吸光度值，同样用标准曲线法求出水样中酚的含量，其最低检出限为 0.002mg/L，测定上限为 0.12mg/L。

（2）注意事项

① 本法测定的只是苯酚、邻位酚和间位酚，而对羟基对位被烷基、硝基、亚硝基、芳香基、苯甲酰基或醛基取代且邻位未被取代时，不与 4-AAP 发生显色反应，但是羟基对位被卤素、羧基、磺酸基和甲氧基取代时，与 4-AAP 的显色反应基本上可进行。另外邻位硝基也阻止显色反应，但间位硝基不完全阻止反应。

② 芳香胺对本法有干扰，凡对氧化剂铁氰化钾有作用的物质均有干扰。可用蒸馏纯化法，将挥发酚与水蒸气用仪器蒸出后再测定，可消除干扰。

③ 所用试剂如 4-AAP、$K_3Fe(CN)_6$ 等最好现用现配，使用最长也不得超过一周。

7.5.4 水的浊度的测定

水中的浊度是天然水和饮用水的一项重要水质指标，可采用分光光度法和目视比浊法测定。

（1）分光光度法　在适当温度下，用无浊水（经孔径为 $0.2\mu m$ 滤膜过滤的蒸馏水）配置一系列由硫酸肼（NH_2）$_2SO_4 \cdot H_2SO_4$ 与六次甲基四胺（CH_3）$_6N_4$ 形成的白色高分子聚合物的标准浊度液，在 680nm 下测定吸光度，绘制标准曲线。水样在同样条件下测得吸光度值，由标准曲线查出相对应的浊度，该方法测定的浊度单位为 FTU。规定 1.25mg 硫酸肼/L 和 1.25mg 六次甲基四胺/L 水中形成的聚合物所产生的浊度为 1 度。

（2）目视比浊法　将水样与漂白土（或高岭土）配置成的浊度标准溶液进行比较，选出与水样产生视觉效果相近的标准液，记下其浊度值。规定 1mg 漂白土/L 水所产生的浊度为 1 度。测定时，水样必须充分振荡后才能进行比浊测定。

7.5.5 水中氨氮、亚硝酸盐氮和硝酸盐氮及总氮的测定

水中的氨氮指以 NH_3、NH_4^+ 型体存在的氮。当 pH 值偏高时，主要是 NH_3，反之是 NH_4^+。水中的氨氮主要来自焦化厂、合成氨化肥厂等某些工业废水、农业排放水以及生活污水中的含氮有机物受微生物作用分解的第一步产物。水中的亚硝酸盐氮是氮循环的中间产物，不稳定。在缺氧环境中，水中的亚硝酸盐也可受微生物作用，还原为氨；在富氧环境中，水中氨也可转变为亚硝酸盐氮。亚硝酸盐氮可将人体正常的低铁血红蛋白氧化成高铁血红蛋白，失去血红蛋白在体内输送氧的能力，出现组织缺氧的症状。亚硝酸盐氮可与仲胺类反应生成具有致癌性的亚硝胺类物质，尤其在低 pH 值下，有利于亚硝胺类的形成。水中的硝酸盐主要来自制革废水、酸洗废水、某些生化处理设施的出水和农用排放水以及水中的氨氮、亚硝酸盐氮在富氧环境下氧化的最终产物。当然硝酸盐在无氧环境中，也可受微生物的作用还原为亚硝酸盐氮。硝酸盐进入人体后，经肠道中微生物的作用转变为亚硝酸盐氮而出现中毒作用。当水中硝酸盐氮含量达到 10mg/L 时，可使婴儿得变性血红蛋白症。因此，要求水中硝酸盐氮和亚硝酸盐氮总量不得大于 10mg/L。

水中含氮化合物是水中一项重要的卫生质量指标，它可以判断水体污染的程度。如水中含有大量氨氮，说明水源在不久前被严重污染过，卫生状况很差；如水中硝酸盐氮增加的同时，还有亚硝酸盐氮和氨氮，则表明水源不仅过去曾被污染过，而且现在仍处于受污染状态，卫生状况很差；如水中硝酸盐氮含量很高，而氨氮和亚硝酸盐氮含量很少甚至测不出，则表明水源曾被有机氮污染过，但现在已经几乎自净完全，其卫生状况较好。从氨氮、亚硝酸盐氮这些成分含量的相对比较，可以推测出水体污染的程度和污染后的净化程度。一般地面水中硝酸盐氮的含量在 $0.1\sim1.0$mg/L，超过这个值，该水体以前有可能受过污染。水体中三种形态氮检出的环境化学意义见表 7-3。

表 7-3　水体中三种形态氮检出的环境化学意义

NH_3-N	NO_2^--N	NO_3^--N	环境化学意义
－	－		洁净水
＋	－	－	水体受到新近污染
＋	＋	－	水体受到污染不久，且污染物正在分解中
－	＋	－	污染物已分解，但未完全自净
－	＋	＋	污染物已基本分解完毕，但未自净
－	－	＋	污染物已无机化，水体已基本自净
＋	－	＋	有新近污染，在此之前的污染已基本自净
＋	＋	＋	以前受到污染，正在自净过程中，且又有新污染

注："＋"表示有，"－"表示无。

我国饮用水标准规定硝酸盐氮 20mg/L，世界卫生组织规定 45mg/L。

（1）氨氮（NH_3-N 或 NH_4^+）的测定

① 方法原理。氨氮的测定采用纳氏试剂光度法。水中氨主要以 $NH_3 \cdot H_2O$ 形式存在，并有下列平衡：

$$NH_3 + H_2O \Longrightarrow NH_3 \cdot H_2O \Longrightarrow NH_4^+ + OH^-$$

水中的氨与纳氏试剂（碘化钾的强碱性溶液，$K_2HgI_4 + KOH$）作用生成黄棕色胶态络合物，如水中 NH_3-N 含量较少，呈浅黄色，含量较多时呈棕色。

$$NH_3 + 2K_2HgI_4 + 3KOH \longrightarrow [Hg_2ONH_2]I + 7KI + 2H_2O$$
黄棕色

a. 碘化氨基合氧汞络合物（Hg_2ONH_2）I 在 410～425nm 范围有强烈吸收，故可选 420nm 波长处测定吸光度值，由标准曲线法求得水中 NH_3-N 的含量。本法最低检出限为 0.025mg/L，测定上限为 2mg/L。水样经预处理后，可适用于地面水、地下水、工业废水和生活污水中氨氮的测定。

b. 碘化氨基合氧汞络合物（Hg_2ONH_2）I 在明胶、聚乙烯醇保护下形成在紫外光区产生吸收的分散液体，最大吸收波长 $\lambda_{max} = 370nm$（ε 为 6.3×10^3），同样用标准曲线法求 NH_3-N 含量，适用于清洁天然水中氨氮的测定。

② 注意事项

a. 如果水样中的 NH_3-N 含量大于 1mg/L 时可以直接用纳氏试剂光度法测定；如果 NH_3-N 含量小于 1mg/L 或水样的颜色或浊度较高时，则应预先用蒸馏法将 NH_3 蒸出后，再用纳氏试剂光度法测定。

b. 水样中含有少量 Ca^{2+}、Mg^{2+}、Fe^{3+} 等离子时，可用酒石酸或酒石酸钾钠掩蔽，消除干扰。

c. 水样中 NH_3-N 含量＞5mg/L 时，可用酸碱滴定法测定。

（2）亚硝酸盐氮（NO_2^--N）的测定　NO_2^--N 的测定采用对氨基苯磺酸-α-萘乙胺光度法。

① 方法原理。首先在酸性溶液中，NO_2^- 与对氨基苯磺酸发生重氮化反应：

$$HSO_3\text{—}\bigcirc\text{—}NH_2 + NO_2^- + 2H^+ + Cl^- \xrightarrow[\text{(HCl)}]{pH = 1.9 \sim 3.0} HSO_3\text{—}\bigcirc\text{—}N\!\!=\!\!N\text{—}Cl + 2H_2O$$

（对氨基苯磺酸）　　　　　　　　　　　　（重氮盐）

然后重氮盐与 α-萘乙胺发生偶联反应，生成红色偶氮染料。

$$HSO_3\text{—}\bigcirc\text{—}N\!\!=\!\!N\text{—}Cl + \bigcirc\!\!\bigcirc\text{—}NH_2C_2H_4NH_2 \cdot 2HCl \xrightarrow[\text{(HCl)}]{pH = 2}$$

（重氮盐）　　　　　　（α-苯乙二胺二盐酸盐）

$$HSO_3\text{—}\bigcirc\text{—}N\!\!=\!\!N\text{—}\bigcirc\!\!\bigcirc\text{—}NH_2C_2H_4NH_2 \cdot 2HCl$$

（红色偶氮染料）

生成的红色偶氮染料的颜色深浅与水中 NO_2^--N 含量成正比。其 $\lambda_{max} = 540nm$，用标准曲线法求水中 NO_2^--N 的含量。该法最低检出浓度为 0.003mg/L，测定上限为 0.2mg/L。适用于饮用水、地面水、地下水、生活污水和工业废水中亚硝酸盐氮的测定。

② 注意事项

a. 水样浑浊或有颜色，可用 $0.45\mu m$ 滤膜过滤或加适量 $Al(OH)_3$ 悬浮液（上清液）过滤。

b. 水样中如 $Fe^{3+}>1mg/L$、$Cu^{2+}>5mg/L$ 等，会干扰测定，则可加 NH_4F 或 EDTA 掩蔽。

c. 水样中有氯、氯胺（如三氯胺 NCl_3）干扰测定。一般 NO_2^--N 与 NCl_3、Cl_2 不大可能共存于同一水样中。如按正常顺序加入试剂，NCl_3 会产生假红色，但可先加入 α-萘乙二胺试剂，后加对氨基苯磺酸试剂，可把影响减至最小程度。但 NCl_3 的含量高时，仍产生橘黄色。因此水中一旦有游离性有效氯（Cl_2）和 NCl_3 时，要进行校正。

（3）硝酸盐氮（NO_3^--N）的测定　采用酚二磺酸光度法测定 NO_3^--N 的含量。

① 方法原理。将水样在微碱性（pH＝8）溶液中蒸发至干，在无水条件下 NO_3^--N 与酚二磺酸反应，生成硝基酚二磺酸，然后在碱性溶液中，硝基酚二磺酸发生分子重排，生成黄色化合物。该化合物的 $\lambda_{max}＝410nm$，用标准曲线法求得水样中 NO_3^--N 的含量。其主要反应如下。

浓硫酸与苯酚作用生成酚二磺酸。

（酚二磺酸）

（酚二磺酸）　　（2-硝基酚-4,6-二磺酸）

（2-硝基酚-4,6-二磺酸）　　（黄色化合物）

该方法最低检出浓度为 $0.02mg/L$，测定上限为 $2.0mg/L$。适用于饮用水、地下水和清洁地面水中 NO_3^--N 的测定。

② 注意事项

a. 水样中含 Cl^-、NO_2^-、NH_4^+ 等均有干扰，应采取适当的前处理。

b. 该方法准确度、精密度较高，但操作麻烦，可采用快速方法测定 NO_3^--N。

思考题

1. 朗伯-比尔定律的物理意义是什么？什么是吸光度，什么是透光度，两者之间的关系式什么？

2. 摩尔吸光系数的物理意义是什么，其大小和哪些因素有关？

3. 什么是标准曲线？标准曲线有何实际意义？

4. 目视比色法和分光光度法各有什么特点？

5. 简单阐述分光光度计的结构和工作原理。

6. 什么是显色反应，如何选择显色条件？

习题

1. 有一溶液在 $\lambda_{max}=310nm$ 处的透光率为 87%，在该波长时的吸光度是多少？

2. 用邻二氮菲光度法测定水中 Fe^{2+}，其浓度为 0.39mg/L，比色皿厚度为 3cm，在 $\lambda_{max}=508nm$ 处测得吸光度 $A=0.23$。假设显色反应进行得很完全，计算摩尔吸收系数 ε。

3. 已知某水溶液 25.00mL 中含某化合物 1.9mg，在 $\lambda_{max}=270nm$ 处，用 1cm 比色皿的丁吸光度 $A=1.2$，其摩尔吸光系数为 $1.58\times10^4 L/(mol\cdot cm)$，求该化合物的摩尔质量是多少？

4. 为测定电镀废水中 Cr^{6+}，取 1L 废水样品，经浓缩及预处理后转入 100mL 容量瓶中定容，从中移取 20.00mL 试液，置于 50mL 容量瓶中。调整酸度后加入二苯氨基脲显色后稀释至刻度并摇匀。用 3cm 比色皿于 540 处测定吸光度为 0.300，已知 $\varepsilon_{540}=4.0\times10^4 L/(mol\cdot cm)$，求废水中 Cr^{6+} 的浓度。

5. 采用磺基水杨酸法测定废水中的铁。标准铁溶液是由 0.2160g $NH_4Fe(SO_4)_2\cdot 12H_2O$ 溶于水中稀释至 500mL 配置成的，吸取不同体积标准铁溶液，于 50mL 容量瓶中显色测定，根据下列数据绘制标准曲线。

标准铁溶液/mL	0.00	2.00	4.00	6.00	8.00	10.00
吸光度 A	0.000	0.165	0.320	0.480	0.630	0.790

取 100.00 水样，稀释至 250mL，再取此稀释液 25.0mL，置于 50mL 容量瓶中，在于标准溶液相同条件下显色，测定吸光度 A 为 0.555，求水样中铁的浓度（mg/L）。

第8章
原子吸收光谱法

8.1 概 述

原子吸收光谱法又称原子吸收分光光度分析法（atom absorption spectroscopy）。于 20 世纪 70 年代由澳大利亚物理学家瓦尔什（A. Walsh）提出，而在 60 年代发展起来的一种金属元素分析方法，又称为原子吸收光谱分析，简称原子吸收法。它是基于自由原子吸收光辐射的一种元素定量分析方法，即待测元素的基态原子对由光源发出的该原子的特征性窄频辐射产生共振吸收，其吸光度在一定浓度范围内与蒸气相中被测元素的基态原子浓度成正比。

以测定试液中镁离子的含量为例，如图 8-1 所示，先将试液通过吸管喷射成雾状进入原子化器的火焰中，含有镁盐的雾滴在火焰温度下，挥发并解离成镁原子蒸气。再用镁空心阴极灯作光源，它辐射出具有镁的特征谱线的光（波长为 285.2nm），通过燃烧器上部的火焰时，部分光被火焰中基态镁原子吸收而减弱，再经单色器和检测器测得镁特征谱线光被减弱的程度，其减弱的程度与蒸气中该元素的浓度成正比，即可求得试液中镁的含量。

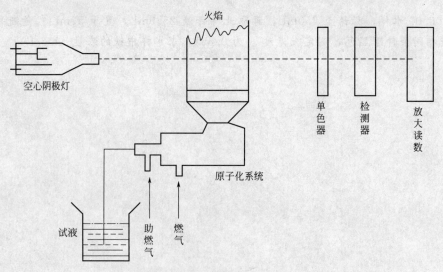

图 8-1 原子吸收分析示意

原子吸收光谱具有以下特点。

① 选择性强。由于原子吸收谱线仅发生在主线系，而且谱线很窄，谱线重叠的概率较发射光谱要小得多，所以光谱干扰较小，选择性强，而且光谱干扰容易克服。在大多数情况下，共存元素不对原子吸收光谱分析产生干扰，使得分析准确快速。

② 灵敏度高。原子吸收光谱分析是目前最灵敏的方法之一。火焰原子吸收的相对灵敏度为微克每毫升至纳克每毫升；无火焰原子吸收的绝对灵敏度在 $10^{-10} \sim 10^{-14}$ 之间。如果采取预富集，可进一步提高分析灵敏度。由于该方法的灵敏度高，可使分析手续简化可直接测定，故可缩短分析周期加快测量进程。由于灵敏度高，则需样量少。微量进样热核的引入，可使火焰原子吸收的需样量少至 $20 \sim 300 \mu L$。无火焰原子吸收分析的需样量仅 $5 \sim 100 \mu L$。固体直接进样石墨炉原子吸收法仅需 $0.005 \sim 30 mg$，这对于试样来源困难的分析是极为有利的。

③ 分析范围广。目前应用原子吸收法可测定的元素超过 70 种。就含量而言，既可测定低含量和主量元素，又可测定微量、痕量甚至超痕量元素；就元素的性质而言，既可测定金属元素、类金属元素，又可间接测定某些非金属元素，还可间接测定有机物；就样品的状态而言，既可测定液态样品，也可测定气态样品，甚至可以直接测定某些固态样品，这是其他分析技术所不能及的。因此原子吸收分析技术正向各个领域普及。

④ 抗干扰能力强。第三组分的存在和等离子体温度的变动，对原子发射谱线强度影响比较严重，而原子吸收谱线的强度受温度影响相对说来要小得多。和发射光谱法不同，不是测定相对于背景的信号强度，所以背景影响小。在原子吸收光谱分析中，待测元素只需从它的化合物中离解出来，而不必激发，故化学干扰也比发射光谱法少得多。

⑤ 精密度高。火焰原子吸收法的精密度较好。在日常的一般低含量测定中，精密度为 $1\% \sim 3\%$。如果仪器性能好，采用高精度测量方法，精密度为 $<1\%$。无火焰原子吸收法较火焰法的精密度低，目前一般可控制在 15% 之内。若采用自动进样技术，则可改善测定的精密度。火焰法的相对标准偏差（RSD）$<1\%$，石墨炉 $3\% \sim 5\%$。

原子吸收光谱有以下一些不足。

① 原则上讲，不能多元素同时分析。测定元素不同，必须更换光源灯，这是它的不便之处。原子吸收光谱法测定难熔元素的灵敏度还不怎么令人满意。在可以进行测定的七十多个元素中，比较常用的仅三十多个。当采用将试样溶液喷雾到火焰的方法实现原子化时，会产生一些变化因素，因此精密度比分光光度法差。现在还不能测定共振线处于真空紫外区域的元素，如磷、硫等。

② 标准工作曲线的线性范围窄（一般在一个数量级范围），这给实际分析工作带来不便。对于某些基体复杂的样品分析，尚存某些干扰问题需要解决。在高背景低含量样品测定任务中，精密度下降。如何进一步提高灵敏度和降低干扰，仍是当前和今后原子吸收光谱分析工作者研究的重要课题。

8.2　原子吸收光谱法基本原理

8.2.1　共振线和吸收线

物质是由各种元素的原子组成的，原子是由结构紧密的原子核和核外围绕着的不断运动的电子组成的。电子处在一定的能级上，具有一定的能量，称为原子能级。当核外电子排布具有最低能级时，原子的能量状态叫基态，基态是最稳定的状态。

在一般情况下，大多数原子处在最低的能级状态，即基态。基态原子在外界能量（如热能或电能）的作用下，获得足够的能量，外层电子跃迁到较高能级状态的激发态，这个过程叫激发。基态原子被激发的过程，也就是原子吸收的过程，处在激发态的原子很不稳定，在极短的时间内（$10^{-8} \sim 10^{-7}$ s）外层电子便跃迁回基态或其他较低的能态而释放出多余的能量。

基态原子被激发所吸收的能量，等于相应激发态原子跃迁回到基态所发射出的能量，此能量等于原子的两能级能量差：

$$\Delta E = E_2 - E_1 = h\nu = hc/\lambda \tag{8-1}$$

式中，E_2、E_1 分别为高能态与低能态的能量；ν 为频率；h 为普朗克常数；c 为光速；λ 为波长。

原子被外界能量激发时，最外层电子可能跃迁至不同能级，因此原子有不同的激发态，能量最低的激发态称为第一激发态。电子从基态跃迁到第一激发态需要吸收一定频率的光，这一吸收谱线称为共振吸收线。电子从第一激发态跃迁回到基态时，要发射出一定频率的光，这种发射谱线称为共振发射线。共振发射线和共振吸收线都简称共振线。由于第一激发态与基态之间跃迁所需能量最低，最容易发生，大多数元素吸收也最强，共振跃迁最易发生，因此，共振线通常是元素的灵敏线。而不同元素的原子结构和外层电子排布各不相同，所以"共振线"也就不同，各有特征，又称"特征谱线"。

原子吸收光谱法在原理上和可见-紫外吸收光谱法或红外吸收光谱法有些相似，都是研究物质对辐射的吸收来进行分析的方法。不同之处在于可见、紫外、红外利用的是连续光源，而原子吸收利用的是锐线光源。当金属盐溶液雾化进入原子化器中，在火焰温度下，金属元素挥发并离解成原子状态，光源发射待测元素的特征谱线，通过原子化器中待测元素的原子蒸气时，部分被吸收，透过部分经分光系统和检测系统即可测得该特征谱线被吸收的程度即吸光度。根据吸光度与浓度呈线性关系，即可求出待测物的含量，这就是原子吸收光谱法的定量分析原理。

8.2.2　定量分析的依据

在原子吸收分析中，试样经原子化器后获得的原子蒸气，可吸收从光源发出的特征谱线的光，其吸收程度与蒸气中基态原子的数目和原子蒸气厚度的关系，在一定条件下，服从朗伯-比耳定律：

$$A = \lg \frac{I_0}{I} = K N_0 L$$

式中，A 为吸光度；K 为原子吸收系数；L 为原子蒸气的厚度（火焰宽度）；N_0 为蒸气中基态原子的数目；I_0 为光源发射出被测元素共振线的强度；I 为被原子蒸气吸收后透过光的强度。

由于原子化过程中激发态原子数目和离子数很少，因此蒸气中基态原子数目接近被测元素原子的总数，且与被测元素的浓度 c 成正比，在 L 一定的情况下：

$$A = kc \tag{8-2}$$

式中，k 为与实验条件有关的常数。式（8-2）是原子吸收光谱法的定量分析依据。

8.3　原子吸收分光光度计

原子吸收光谱仪又称原子吸收分光光度计，由光源、原子化器、单色器和检测系统四部分组成，如图 8-1 所示。

8.3.1 光源

光源的作用是发射待测元素的特征共振辐射，为了测定待测元素的峰值吸收，必须采用待测元素制成的锐线光源。常用空心阴极灯（简称为元素灯）作光源，其结构如图 8-2 所示。普通空心阴极灯实际上是一种气体放电灯，它包括一个阳极（钨棒）和一个空心圆桶形阴极（由用以发射所需谱线的金属或金属合金；或以铜、铁、镍等金属制成阴极衬管，衬管的空穴内再衬入或熔进所需金属）。两电极密封于充有低压惰性气体的带有石英窗的玻璃壳内。

当两电极施加适当的电压（300～500V）后，便开始辉光放电。此时，电子将从阴极内壁高速射向阳极，在电子通路上，电子与充入的惰性气体原子发生碰撞，并使惰性气体电离成正离子，在电场的作用下，带正电荷的惰性气体离子连续碰撞阴极内壁，使阴极内表面的金属原子发生溅射，溅射出来的金属原子再与电子、惰性气体原子及正离子发生碰撞并被激发，从而发射出被测元素的特征谱线。由单元素制成的空心阴极灯，只能用于该元素的测定。由多元素制成的空心阴极灯，虽可测定多种元素，但发射强度低，使用寿命短。

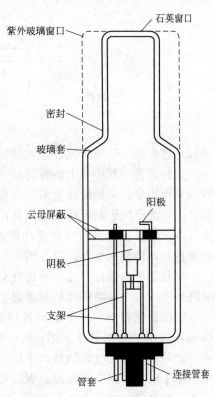

图 8-2 空心阴极灯结构示意

8.3.2 原子化器

原子化器的作用是将试样中的待测元素转变成原子蒸气。使试样原子化的方法有火焰原子化法（flame atomization）和无火焰原子化法（flameless atomization）两种。前者具有简单、快速、对大多数元素有较高的灵敏度和检测极限等优点，因而至今使用仍最广泛。无火焰原子化技术具有较高的原子化效率、灵敏度和检测极限，因而发展很快。

8.3.2.1 火焰原子化器

火焰原子化器包括雾化器（nebulizer）和燃烧器（burner）两部分。燃烧器有两种类型，即全消耗型（total consumption burner）和预混合型（premix burner）。全消耗型燃烧器又称紊流燃烧器（turbulent flow burner），是将试液直接喷入火焰；预混合型燃烧器又称层流燃烧器（laminar flow burner），是用雾化器将试液雾化，在雾化室内将较大的雾滴除去，使试液的雾滴均匀化，再喷入火焰。二者各有优缺点，但以后一类型应用较为普遍。

（1）雾化器　雾化器的作用是将试液雾化，其性能对测定精密度和化学干扰等产生显著影响，因此要求喷雾稳定，雾滴微小而均匀，雾化效率高。目前普遍采用的是气动同轴型雾化器，其结构如图 8-3 所示，其雾化效率可达 10% 以上。根据伯努利原理，在毛细管外壁与喷嘴口构成的环形间隙中，由于高压助燃气（空气、氧、氧化亚氮等）以高速通过，造成负压区，从而将试液沿毛细管吸入，并被高速气流分散成溶胶（即成雾滴）。为了减小雾滴的粒度，在雾化器前几毫米处放置一个撞击球，喷出的雾滴经节流管碰在撞击球上，进一步分散成细雾。形成雾滴的速率除取决于溶液的物理性质（表面张力及黏度等）外，还取决于助燃气的压力、气体导管和毛细管孔径的相对大小和位置（雾化器结构）。增加助燃气流速可使雾滴变小，气压增加过大，提高了单位时间试样溶液的用量，反而会使雾化效率降低，故根据仪器条件和试样溶液的具体情况来确定助燃气条件。

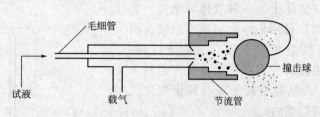

图 8-3　雾化器结构示意

（2）燃烧器　试液雾化后进入预混合室（也叫雾化室），与燃气（如乙炔、丙烷、氢等）在室内充分混合，其中较大的雾滴凝结在壁上，经预混合室下方的废液管排出，而最细的雾滴则进入火焰中。对预混合室的要求是能使雾滴与燃气充分混合，"记忆"效应（前测组分对后测组分测定的影响）小，噪声低，废液排出快。预混合型燃烧器的主要优点是产生的原子蒸气多，吸样和气流的稍许变动影响较小，火焰稳定性好，背景噪声较低，而且比较安全。缺点是试样利用率低，通常约为 10%。

燃烧器所用的喷灯有孔型和长缝型两种。在预混合型燃烧器中，一般采用吸收光程较长的长缝型喷灯。这种喷灯灯头金属边缘宽，散热较快，不需要水冷。为了适应不同组成的火焰，一般仪器配有两种以上不同规格的单缝式喷灯，一种是缝长 $10\sim11mm$，缝宽 $0.5\sim0.6mm$，适用于空气-乙炔火焰；另一种是缝长 5mm，缝宽 0.46mm，适用于氧化亚氮-乙炔火焰。此外，还有三缝燃烧器，多用于空气-乙炔火焰中。与单缝式比较，由于增加了火焰宽度，易于对光，避免了光源光束没有全部通过火焰而引起工作曲线弯曲的现象，降低了火焰噪声，提高了一些元素的灵敏度，减少了缝口堵塞等，但气体耗量较大，装置也较复杂。

（3）火焰　原子吸收光谱法测定的是基态原子对特征谱线的吸收情况，所以，应首先使试液分子变成基态原子。而火焰原子化法是在操作温度下，将已雾化成很细的雾滴的试液，经蒸发、干燥、熔化、离解等步骤，使之变成游离的基态原子。因此，火焰原子化法对火焰温度的基本要求是能使待测元素最大限度地离解成游离的基态原子即可。因为如果火焰温度过高，蒸气中的激发态原子数目就大幅度地增加，而基态原子数会相应地减少，这样吸收的测定受到影响。故在保证待测元素充分离解成基态原子的前提下，低温度火焰比高温火焰具有更高的测定灵敏度。

在原子吸收分析中，通常采用乙炔、煤气、丙烷、氢气作为燃气，以空气、氧化亚氮、氧气作为助燃气。同一类型的火焰，燃气与助燃气比例不同，火焰性质也不同。火焰温度的高低取决于燃气与助燃气的比例及流量，而燃助比的相对大小又会影响火焰的性质。按照火焰的反应特性，一般将火焰分为还原性火焰（富燃火焰）、中性火焰（化学计量火焰）和氧化性火焰（贫燃火焰）。根据燃气成分不同，又可将火焰分为两大类——碳氢火焰和氢气火焰。火焰性质的不同，则测定时的灵敏度、稳定性及所受到的干扰等情况也会有所不同。所以，应根据实际情况选择火焰的种类、组成及流量等参数。

一般而言，易挥发或离解（即电离能较低）的元素如 Pb、Cd、Zn、Sn、碱金属及碱土金属等，宜选用低温且燃烧速度慢的火焰；而与氧易形成高温氧化物且难离解的元素如 Al、V、Mo、Ti、W 等，应使用高温火焰。

在常见的空气-乙炔、乙炔-氧化二氮、氢-空气等火焰中，使用较多的是空气-乙炔火焰。这种火焰的最高温度约 2300℃，可用于 35 种以上元素的分析测试定，但不适于 Al、Ta、Ti、Zr 等元素的测定。根据燃助比的不同，空气-乙炔的性质可分为贫焰性和富焰性两种。

贫焰性空气-乙炔火焰：燃助比小于 1∶6，火焰燃烧高度低，燃烧充分，温度较高，但该火焰能产生原子吸收的区域很窄，火焰属氧化性，仅适于 Ag、Cu、Co、Pb 及碱土金属等元素的测定。

富焰性空气-乙炔火焰：燃助比大于 1∶3，火焰燃烧高度高，温度较贫焰性火焰低，噪声大，火焰呈强还原性，仅适于测定 Mo、Cr 等易氧化的元素。

在实际工作中，常选用燃助比 1∶4 的中性火焰进行测定，因为它具有火焰稳定、温度较高、背景低、噪声小等特点。

8.3.2.2　无火焰原子化器

无火焰原子化器有多种，目前广泛采用的是石墨炉原子化器，它是采用低压（10～25V）、大电流（300A）来加热石墨管，可升温至 3000℃，使待测元素转化为基态原子。

高温石墨管原子化器的石墨管上有三个小孔，直径 0.1～2mm，试样溶液从中间小孔注入，如图 8-4 所示。为了防止试样及石墨管氧化，要在不断通入惰性气体的情况下进行测定，气体从三个小孔进入石墨管，再从两端排出，试样溶液加入量为 5～100μL，测定时分干燥、灰化、原子化三个程序升温，最后升温至所需的最高温度。

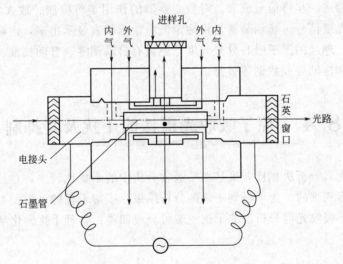

图 8-4　石墨炉原子化器结构

石墨炉原子化器的优点是：试样用量少；原子化效率几乎达到 100％；基态原子在吸收区停留时间长；绝对灵敏度高，但精密度较差，操作也比较复杂。

8.3.3　单色器

单色器是光学系统的最重要部件之一，其核心是色散元件，其作用是将待测元素的吸收线与邻近谱线分开，并阻止其他的谱线进入检测器，使检测系统只接受共振吸收线。单色器由入射狭缝、出射狭缝、反光镜和色散元件（目前商品仪器多采用光栅，其倒线色散率为

$0.25 \sim 6.6 nm/mm$）等组成。

在实际工作中，通常根据谱线结构和待测共振线邻近是否有干扰来决定狭缝宽度，适宜的缝宽通过实验来确定。

单色器的性能由色散率、分辨率和集光本领决定。色散率是指色散元件将波长相差很小的两条谱线分开所成的角度（角分散率）或两条谱线投射到聚焦面上的距离（线色散率）的大小。分辨率是指将波长相近的两条谱线分开的能力。集光本领是指单色器传递光的本领。棱镜的色散率随波长的增加而减小，在原子吸收分析中多用光栅作色散元件。

原子吸收要求单色器既具有一定的分辨率，又具有一定的集光本领。因此若光源强度一定，就需要选用适当的光谱通带宽度来满足上述要求。光谱通带是指单色器发射光谱所包含的波长范围，它是由光栅倒数线色散率和出射狭缝宽度决定的，其关系式为：

$$W = DS \tag{8-3}$$

式中，W 为单色器的通带宽度，nm；D 为光栅倒数线色散率，nm/mm；S 为狭缝宽度，mm。

由式（8-3）可知，当单色器的色散率一定时，则单色器的分辨率和集光本领取决于出射狭缝的宽度。

8.3.4 检测系统

检测系统包括检测器（光电倍增管）、放大器、对数变换器和显示装置。检测器的作用是将单色器分出的信号进行光电转换，虽然光电倍增管本身已将所接受信号进行了放大，但仍然较弱。放大器进一步将信号放大。对数变换器的作用是将检测、放大后的透光度信号，经运算转换成吸光度信号。显示装置是将测定值由指示仪表显示出来，也可用数字显示仪表或用记录仪记录，现代的原子吸收分光光度计还设有自动调零、自动校准、曲线校正、自动取样、浓度直读和自动处理数据等装置。

8.4 原子吸收光谱法的干扰及其抑制

与原子发射光谱分析法相比，虽然原子吸收分析中的干扰比较少，并且容易克服，但在许多情况下是不容忽视的。为了得到正确的分析结果，了解干扰的来源、类型和抑制方法是非常重要的。原子吸收光谱分析法的干扰一般可分成四类：物理干扰、化学干扰、电力干扰和光谱干扰。

8.4.1 物理干扰及其消除

物理干扰是指试样在转移、蒸发和原子化过程中，由于试样任何物理性质的变化而引起的原子吸收信号强度变化的效应。溶液的物理性质如表面张力、黏度、相对密度及温度等发生变化时，也将引起喷雾效率或进入火焰试样量的改变，产生干扰，称为物理干扰。

为消除物理干扰，保证分析的准确度，一般采用以下方法。

① 配制与待测试液基体相一致的标准溶液，这也是最常用的方法。

② 当配制与待测试液基体相一致的标准溶液有困难时，需采用标准加入法。

③ 当被测元素在试液中浓度较高时，可以用稀释溶液的方法来降低或消除物理干扰。

8.4.2　化学干扰及其消除

待测元素与共存元素发生化学反应引起原子化效率的改变所造成的影响，统称为化学干扰。影响化学干扰的因素很多，除与待测元素及共存元素的性质有关外，还与喷雾器、燃烧器、火焰类型、温度以及火焰部位有关。

使用高效喷雾器时，雾滴细、蒸发速度快，干扰较小，在低温火焰中看到的化学干扰大多在高温火焰中消失。例如，磷酸在空气-乙炔火焰中会降低钙的吸光度，但在一氧化二氮-乙炔火焰中却呈现增感效果。

火焰部位不同，化学干扰也不相同，例如，在空气-乙炔火焰中，火焰上部磷酸对钙的干扰较小，而火焰下部干扰较大。共存物的种类对干扰也有很大影响。例如，在空气-乙炔火焰中，铝和硅干扰镁的测定，但在含有大量镍时，却可抑制这种干扰。消除化学干扰的方法有以下几种。

（1）选择合适的原子化方法　提高原子化温度，化学干扰会减小。使用高火焰温度或提高石墨炉原子化温度，可使难离解的化合物分解。如在高温火焰中磷酸根不干扰钙的测定。

采用还原性强的火焰与石墨炉原子化法，可使难离解的氧化物还原、分解。

（2）加入释放剂　释放剂的作用是释放剂与干扰物质能生成比被测元素更稳定的化合物，使被测元素释放出来。磷酸根干扰钙的测定，可在试液中加入镧、锶盐，镧、锶与磷酸根首先生成比钙更稳定的磷酸盐，就相当于把钙释放出来了。加入镧或锶盐，也可防止铝对镁测定的干扰。释放剂的应用比较广泛。

（3）加入保护剂　保护剂的作用是它可与被测元素生成易分解的或更稳定的配合物，防止被测元素与干扰组分生成难离解的化合物。保护剂一般是有机配合剂，用得最多的是ED-TA与8-羟基喹啉。例如，磷酸根干扰钙的测定，当加入EDTA后，EDTA-Ca更稳定而又易破坏。铝干扰镁的测定，8-羟基喹啉可作保护剂。

（4）加入基体改进剂　石墨炉原子化法，在试样中加入基体改进剂，使其在干燥或灰化阶段与试样发生化学变化，其结果可能增加基体的挥发性或改变被测元素的挥发性，以消除干扰。例如，测定海水中的Cd，为了使Cd在背景信号出现前原子化，可加入EDTA来降低原子化温度，消除干扰。

当以上方法都不能消除化学干扰时，只好采用化学分离的方法，如溶剂萃取、离子交换、沉淀分离等方法，用得较多的是溶剂萃取分离法。

8.4.3　电离干扰及其消除

在高温火焰中，部分自由金属原子获得能量而发生电离，使基态原子数减少，降低了元素测定的灵敏度，这种干扰称为电离干扰。

消除电离干扰的最有效方法是加入过量的消电离剂。消电离剂是比被测元素电离能低的元素，相同条件下消电离剂首先电离，产生大量的电子，抑制被测元素电离。例如，测钙时有电离干扰，可加入过量的KCl溶液来消除干扰。钙的电离能为6.1eV，钾的电离能为4.1eV。由于钾产生大量电子，使Ca^{2+}得到电子而生成原子。

8.4.4　光谱干扰及其消除

原子吸收光谱分析中的光谱干扰主要有谱线干扰和背景干扰两种。

8.4.4.1　谱线干扰及其消除

(1) 吸收线重叠　共存元素吸收线与被测元素的分析线波长很接近时，两谱线重叠或部分重叠，会使分析结果偏高。消除这种干扰一般是选用其他的分析线或预分离干扰元素。

(2) 光谱通带内存在的非吸收线　这些非吸收线可能是被测元素的其他共振线与非共振线，也可能是光源中杂质的谱线等干扰，这时可以减小狭缝宽度与灯电流，或改用其他分析线。

8.4.4.2　背景干扰及其校正

分子吸收与光散射是形成背景干扰的主要原因。

(1) 分子吸收与光散射　分子吸收是指在原子化过程中生成的分子对辐射的吸收。分子吸收是带状光谱，会在一定波长范围内形成干扰。例如碱金属卤化物在紫外区有吸收；不同的无机酸会产生不同的影响，在波长小于 250nm 时，H_2SO_4 和 H_3PO_4 有很强的吸收带，而 HNO_3 和 HCl 的吸收很小。因此原子吸收光谱分析中多用 HNO_3 与 HCl 配制溶液。

光散射是指原子化过程中产生的微小的固体颗粒使光产生散射，造成透过光减小，吸收值增加。

(2) 背景干扰及其校正方法　背景干扰使吸收值增加，产生正误差。石墨炉原子化法背景吸收的干扰比火焰原子化法严重，有时不扣除背景就不能进行测定。

① 邻近非共振线校正法。背景吸收是宽带吸收，分析线测量的是原子吸收与背景吸收的总吸光度。在分析线邻近选一条非共振线，因非共振线不产生原子吸收，用它来测量背景吸收的吸光度，两次测量值相减即得到校正背景之后的原子吸收的吸光度。

背景吸收随波长而改变，因此，非共振线校正背景法的准确度较差。这种方法只适用于分析线附近背景分布比较均匀的场合。

② 连续光源背景校正法。目前原子吸收分光光度计上一般都配有连续光源自动扣除背景装置。先用锐线光源测定分析线的原子吸收和背景吸收的总吸光度，再用氘灯（紫外区）或碘钨灯、氙灯（可见区）在同一波长测定背景吸收（这时原子吸收可以忽略不计），计算两次测定吸光度之差，即可使背景吸收得到校正。由于商品仪器多采用氘灯为连续光源扣除背景，故此法亦常称为氘灯扣除背景法。

8.5　原子吸收法的实验技术

8.5.1　实验条件的选择

在原子吸收光谱法中，测量条件的选择将关系到分析的灵敏度和准确度，必须通过实验正确选择测量条件。

(1) 吸收波长的选择　通常选择待测元素的共振线作吸收线，因为它是最灵敏线，有利于提高分析的灵敏度。但并不是在任何情况下都是如此选择，例如火焰对远紫外区有强烈吸收，在测定共振线处于远紫外区的元素时，就不宜选用该元素的共振线作为分析线。测定 Hg 时，由于共振线 184.9nm 作为吸收线时，会被空气和火焰强烈吸收，只能改用非共振线 253.7nm 作为分析线。此外，在分析高含量元素时，常选用灵敏度稍差的谱线，以获得适宜的吸光度。如测 Zn 时，常选用最灵敏的 213.9nm 波长，当 Zn 含量高时，为保持标准曲线的线性范围，可改用 307.5nm 波长进行测定。即根据不同的情况，通过实验选用合适的吸收线。

（2）空心阴极灯电流的选择　空心阴极灯的发射特性取决于工作电流。电流过大，发射谱线变宽，灵敏度下降；电流过小，放电不稳定，光谱输出的稳定性差。尽管商品空心阴极灯均标有允许的最大工作电流与可使用的电流范围，但仍需要通过实验选择合适的灯电流。其方法是：配制一个含量合适（A 为 0.3～0.5）的溶液，以不同的灯电流测量相应的吸光度，绘制吸光度和灯电流关系曲线进行选择。选择时应在保证稳定和合适光强度输出的情况下，尽量选用最低的工作电流。

（3）火焰的选择　火焰的选择和调节是保证原子化效率高的关键之一。选择哪种火焰，取决于待测元素的性质。对易电离的碱金属元素，应选用温度较低的空气-煤气火焰；对难挥发和易生成氧化物的元素，可选用温度较高的氧化亚氮-乙炔火焰；对于大部分元素，一般选用空气-乙炔火焰进行分析测定。

选定火焰类型后，还应通过实验确定燃料气与助燃气流量的合适比例。通常是在固定助燃气的条件下，改变燃料气流量，测量标准溶液在不同流量时的吸光度，绘制吸光度和助燃气流量关系曲线，从中选出吸光度值最大时所需的燃料气流量。也可在连续喷雾的情况下，固定助燃气流量，缓慢地改变燃料气流量，选择吸光度最大时的燃料气流量。

（4）燃烧器高度的选择　对于不同元素，基态原子随火焰高度的分布是不同的。当光源发射出的特征谱线通过火焰的不同部位时，对测定的灵敏度和稳定性等有一定的影响，应通过试验确定最佳燃烧器高度。方法是用一固定浓度的溶液喷雾，测定在不同燃烧器高度时的吸光度，吸光度最大者所对应的位置为最佳燃烧器高度。

（5）光谱通带宽度的选择　选择光谱通带实际上是调节单色器的狭缝宽度。以能将吸收线与邻近的干扰线分开为原则。当单色器的分辨能力或光源辐射较弱时，用较宽的狭缝。当火焰的背景发射很强，在吸收线附近有干扰谱线存在时，应选用较窄的狭缝。合适的狭缝宽度应通过实验确定，方法是将试液喷入火焰中，测定不同狭缝宽度的吸光度，吸光度最大者所对应的宽度为最佳狭缝宽度。

8.5.2　灵敏度与检出限

8.5.2.1　灵敏度

灵敏度为吸光度随浓度的变化率 dA/dc，亦即校准曲线的斜率。在火焰原子吸收分析中，用特征浓度来表示灵敏度。特征浓度是指能产生能产生 1‰ 吸收信号（即吸光度为 0.0044）时对应的待测元素的浓度，其表达式为：

$$S_c[\mu g/(mL \cdot 1\%)] = \frac{0.0044c}{A} \tag{8-4}$$

$$S_m(g/1\%) = \frac{0.0044cV}{A} \tag{8-5}$$

式中，c 为被测溶液的浓度；A 为被测溶液的吸光度；V 为体积。

石墨炉的灵敏度以特征质量来表示，即能够产生 1‰ 吸收（或 0.0044 吸光度）时被测溶液在水溶液中的质量（μg）称为绝对灵敏度，可用 $\mu g/\%$ 表示。测定时被测溶液的最适宜浓度应选在灵敏度的 15～100 倍的范围内。同一种元素在不同的仪器上测定会得到不同的灵敏度，因而灵敏度是仪器性能优劣的重要指标。

8.5.2.2 检出限

以适当的置信度测出被测元素的最小浓度（或质量浓度）或最小量称作检出限。测定原子吸收光谱法的检出限时，选取一份标准溶液，浓度 c 约等于资料所给出该元素检出限的 5 倍或 10 倍，在扩展 10 倍的条件下，连续测定 10 次，求得吸光度平均值为 A，标准偏差为 s，按下式计算检出限（XDL）：

$$XDL = 2sc/A \tag{8-6}$$

检出限是用来衡量一台仪器或一项分析方法能以一定置信度测量的最低浓度或绝对量的指标，它是测定灵敏度和测量精密度的综合体现。测定灵敏度越高，测量精密度越好，检出限值越低。检出限可以浓度为单位表示（DL_c），也可以绝对量表示（DL_q），分别由式（8-7）和式（8-8）计算。

$$DL_c = k\sigma/S_c \tag{8-7}$$
$$DL_q = k\sigma/S_q \tag{8-8}$$

式中，k 为置信因子；σ 为测定精密度（标准偏差）；S_c 为以浓度为单位的灵敏度；S_q 为以绝对量为单位的灵敏度（即标准曲线的斜率）。

原子吸收分析中计算检出限时，重复测量次数一般不应少于 10 次，测定所用溶液的浓度或绝对量不应大于计算出的检出限值的 5 倍。为此，通常应使用仪器的标尺扩展功能，并根据信号增加优于噪声增加的原则确定扩展倍数。在计算之前必须注意使 σ 的单位和 S 的单位统一。计算检出限时，式（8-7）和式（8-8）中的 k 值一般取 3。

思考题

1. 在原子吸收分析中为什么要使用空心阴极灯光源？为什么光源要进行调制？

2. 影响原子吸收谱线宽度的因素有哪些？其中最主要的因素是什么？

3. 什么是灵敏度和检出限？

4. 应用原子吸收光谱法进行定量分析的依据是什么？

5. 原子吸收光谱仪主要由哪几部分组成？各有何作用？

6. 使用空心阴极灯应注意什么？如何预防光电倍增管的疲劳？

7. 与火焰原子化相比，石墨炉原子化有哪些优缺点？

8. 背景吸收是怎样产生的？对测定有何影响？如何扣除？

9. 怎样评价一台原子吸收分光光度计的质量优势？

10. 原子吸收光谱线为什么是有一定宽度的谱线而不是波长准确等于某一值的无限窄谱线，试分析谱线宽度变宽的原因。

11. 原子吸收分光光度法有哪些干扰，怎样减少或消除。

习题

1. 原子吸收分析的灵敏度定义为能产生 1% 吸收（即 0.0044 吸光度）时，试样溶液中待测元素的浓度（单位：$\mu g/mL/1\%$ 或 $\mu g/g/1\%$）。若浓度为 $0.13\mu g/mL$ 的镁在某原子吸收光谱仪上的测定吸光度为 0.267，请计算该元素的测定灵敏度。

2. 用氘灯校正背景时，设单色仪的倒数线色散率为 7nm/mm，其出射狭缝与入射狭缝几何宽度均为 0.1mm，若吸收线的半宽度为 0.002nm，试计算：

① 单色仪的有效带宽为多少（nm）？

② 线吸收最大使氘灯透射强度减少的百分数。

3. 用原子吸收法测定元素 M 时，由未知试样得到的吸光度为 0.435，若 9mL 试样中加入 1mL 100mg/L 的 M 标准溶液，测得该混合液吸光度为 0.835. 问未知试液中 M 的浓度是多少？

第9章
电位分析法及电导分析法

9.1 电位分析法的基本原理

电位分析是电化学分析的一个重要分支，它是根据指示电极电位与所响应的离子活度之间的关系，通过测量指示电极、参比电极和待测试液所组成的原电池的电动势来确定被测离子浓度的一种分析方法，分为直接电位法和间接电位法。

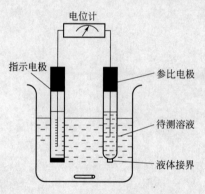

图 9-1　电位分析法的基本装置

电位分析法的基本装置见图 9-1。设电池为 M | M^{n+} ‖ 参比电极，用 E 表示电池电动势，则

$$E = \varphi_+ - \varphi_- + \varphi_L \tag{9-1}$$

式中，φ_+ 为电位较高的正极电位；φ_- 为电位较低的负极电位；φ_L 为液体接界电位，其值很小，可以忽略。

故：

$$E = \varphi_{参比} - \varphi_{M^{n+}/M} = \varphi_{参比} - \varphi_{M^{n+}/M}^{\ominus} - \frac{RT}{nF} \ln \alpha_{M^{n+}/M} \tag{9-2}$$

式中，$\varphi_{参比}$ 为参比电极的电位，其值为一定值。

式（9-1）中 $\varphi_{参比}$ 和 $\varphi_{M^{n+}/M}^{\ominus}$ 在温度一定时，都是常数。由此可见原电池的电动势是金属离子活度的函数。对于其他类型的指示电极，E 与相应离子的活度有类似的函数关系。因此，只要测出电池电动势 E，就可求得 $\alpha_{M/M}^{n+}$。这就是电位分析法，分为直接电位法和电位滴定法。

直接电位法是通过测量工作电池的电动势，直接求得被测组分含量的一种分析方法。直接电位法最早是用来测定溶液的 pH 值，由于离子选择性电极的迅速发展，使这种方法广泛用于测定多种离子。这类方法具有较好的选择性，一般样品可不经过分离或掩蔽处理直接进行分析，而且测定过程不破坏试液，同时仪器设备比较简单，操作方便，分析速度快。

电位滴定法是采用滴定剂的电位分析方法，故又称间接电位法。在滴定的过程中，根据电极电位的"突变"来确定滴定终点，并由滴定剂的用量求出被测物质的含量。主要用于浑浊有色溶液的滴定、非水滴定、连续自动滴定以及无适当指示剂的滴定分析。电位滴定法准确度较高，易实现自动化，在实际应用中适于常量组分的测定。

在电位分析法中，原电池的装置由一个指示电极和一个参比电极组成。其中一个电极电位随溶液中被测离子的活度或浓度的变化而改变的电极称为指示电极，另一个电极电位为已知的恒定不变的电极称为参比电极，当着两个电极共同浸入被测溶液中构成原电池时，通过测定原电池的电极电位，即可求得被测溶液的离子活度或浓度。

9.1.1 指示电极

常用的指示电极主要是一些金属及离子选择性电极，根据结构上的差异可以把指示电极分为金属-金属离子电极、金属-金属难溶盐电极、惰性金属电极、玻璃膜电极及其他膜电极等。

（1）金属-金属易溶盐电极　金属-金属易溶盐电极是将某一金属插入含有其离子的溶液中而组成的（称为第一类电极）。这里只包括一个界面，这类电极是金属与该金属离子在界面上发生可逆的电子转移，其电极电位的变化能准确地反映溶液中金属离子活度的变化。例如，将金属银浸在 $AgNO_3$ 溶液中构成的电极，其电极反应为：

$$Ag^+ + e^- \rightleftharpoons Ag$$

25℃时电极电位为：

$$\varphi_{Ag^+/Ag} = \varphi_{Ag^+/Ag}^{\ominus} + 0.059\ln\alpha_{Ag^+} \tag{9-3}$$

电极电位仅与银离子活度有关，因此该电极不但可用来测定银离子活度，而且可用于沉淀或络合等反应引起银离子活度变化的电位滴定分析。

（2）金属-金属难溶盐电极　金属难溶盐电极是由金属表面带有该金属难溶盐的涂层，浸在含难溶盐阴离子的溶液中组成的（称为第二类电极），其电极电位随溶液中难溶盐的阴离子活度变化而变化。此类电极除能用来直接测定金属离子活度外，还能测量并不直接参与电子转移的难溶盐的阴离子活度，如 Ag-AgCl 电极用于测定 α_{Cl^-}。这类电极电位值稳定，重现性好，在电位分析中既可用作指示电极，也常用作参比电极。应当注意的是，能与金属阳离子形成难溶盐的其他阴离子的存在将产生干扰。

（3）玻璃电极-pH 玻璃电极　pH 玻璃电极是具有 H^+ 专属性的典型离子选择电极。它的主要部分是一个玻璃泡，内充 pH 值一定的缓冲液（内参比溶液），其中插入一支 Ag-AgCl 电极作内参比电极；玻璃泡下端为球形薄膜（由 SiO_2 基质中加入 Na_2O 和少量 CaO 烧结而成），膜厚约 $50\mu m$。

玻璃电极使用之前必须在水中浸泡一定时间，使玻璃薄膜外表面的 Na^+ 与水中质子发生交换反应生成水合硅胶层：

$$H^+ + NaCl(固) \rightleftharpoons Na^+ + HCl(固)$$

交换到达平衡后，玻璃薄膜外表面几乎全由水合硅胶（HGI）组成，玻璃薄膜内表面也形成水合硅胶层：

内部溶液｜水合硅胶层｜干玻璃层｜水合硅胶层‖外部溶液

H^+　　　$H^+ + Na^+$　　　Na^+　　　$Na^+ + H^+$　　　H^+

相界电位　　　　　　扩散电位　　　相界电位

而水合硅胶层主要起着玻璃电极的作用。在内部溶液与薄膜界面间有相界点位 φ_A；外部溶液与薄膜界面间也有相界电位 φ_B；而玻璃薄膜还有扩散电位 φ_D。则玻璃膜的总电位 $\varphi_{膜} = \varphi_A + \varphi_B + \varphi_D$，其中已知电极的 φ_D 是一常数；内部溶液 pH 值是定值，所以也是常数。故玻璃电极的膜电位 $\varphi_{膜}$ 只由被测定溶液和薄膜间的相界电位 φ_B 决定，而 φ_B 服从能斯特方程，与离子活度有关，在 H^+ 的测量中（25℃），则有：

$$\varphi_{膜} = \varphi_{H^+/H_2}^{\ominus} + 0.059\lg\alpha_{H^+} = 0.059\lg\alpha_{H^+} \tag{9-4}$$

如果玻璃电极与另一参比电极（如饱和甘汞电极）和被测溶液组成原电池，则电池中两电极的电位差为电池的点位 $\varphi_{电池}=\varphi_{甘}-\varphi_{膜}=\varphi_{甘}-0.059\lg\alpha_{H^+}=\varphi_{甘}+0.059pH$

所以

$$pH=\frac{\varphi_{电池}-\varphi_{甘}}{0.059}\tag{9-5}$$

式中，$\varphi_{电池}$ 为电池的两电极的电位差，mV；$\varphi_{甘}$ 为参比电极的点位，mV，为常数。

pH 计已将测出的值换算成 pH 值。可见，只要由 pH 计测定出，便可求出被测水样中的 H^+ 浓度或 pH 值，这就是玻璃电极测定水中 pH 值的原理。

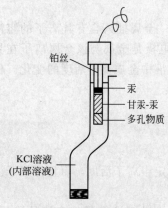

铂丝

汞

甘汞-汞

多孔物质

KCl溶液
（内部溶液）

图 9-2　甘汞电极的构造

9.1.2　参比电极

参比电极是测量电池电动势、计算电极电位的基础，要求它的电极电位已知而且恒定。标准氢电极是最精准的参比电极，是参比电极的一级标准，规定它的电位值在任何温度下都是零伏。用标准氢电极与另一电极组成电池，测得的两极电位差即是另一电极的电极电位。但是标准氢电极制作麻烦，使用不方便，因此实际应用中常用的参比电极是甘汞电极和银-氯化银电极。

甘汞电极的构造见图 9-2。电极的内管下部装有甘汞（Hg_2Cl_2)-汞及氯化钾的糊状物，其上有少量的汞，并有铂丝导出。外管中装氯化钾溶液。电极下端与待测溶液接触部分是熔结陶瓷芯或玻璃砂芯等多孔物质，或是一毛细管通道。

甘汞电极的电极反应为：

$$Hg_2Cl_2+2e^-\Longleftrightarrow 2Hg+2Cl^-$$

根据能斯特公式电极电位为：

$$\varphi_{Hg_2Cl_2/Hg}=\varphi_{Hg_2Cl_2/Hg}^{\ominus}-\frac{RT}{F}\ln\frac{\alpha_{Hg}^2\alpha_{Cl}^2}{\alpha_{Hg_2Cl_2}}$$

因为 $\alpha_{Hg}=1$，$\alpha_{Hg_2Cl_2}=1$，故：

$$\varphi_{Hg_2Cl_2/Hg}=\varphi_{Hg_2Cl_2/Hg}^{\ominus}-\frac{RT}{F}\ln\alpha_{Cl^-}\tag{9-6}$$

在 25℃ 时为：

$$\varphi_{Hg_2Cl_2/Hg}=\varphi_{Hg_2Cl_2/Hg}^{\ominus}-0.059\ln\alpha_{Cl^-}\tag{9-7}$$

由上式可见，当温度一定时，甘汞电极的电位主要由 Cl^- 的活度决定，只要 α_{Cl^-} 一定，甘汞电极的电位恒定不变。浓度为 0.1mol/L、1mol/L 和饱和 KCl 溶液这三种甘汞电极的电极电位在 25℃ 时依次为 +0.3365V、+0.2828V、+0.2438V（对标准氢电极）。

甘汞电极易于制作，使用方便，实际工作中是最常用的参比电极。

上面提到的 Ag-AgCl 电极，在固定的 Cl^- 浓度下其电极电位也是定值，常作玻璃电极及其他离子选择电极的内参比电极。

9.2　离子选择性电极

离子性选择电极是以电位法测量溶液中某一特定离子活度（或浓度）的指示电极，是一类具有薄膜的电极。基于薄膜的特性，电极的电位对溶液中某离子有选择性响应，因而可测定该离子。测定 pH 值的玻璃电极就是最早使用的一种离子选择性电极。随着科学技术的发展，相继制成了多种离子选择性电极，例如对 H^+ 以外的一价阳离子 Na^+、K^+ 等有选择性响应的玻璃电极；以卤化银或硫化银等难溶盐沉淀为电极膜的各种卤素离子、硫离子电极等。

各种离子选择性电极的构造各有特点，但都有一个薄膜，薄膜内装有一定浓度的被测离子溶液，即内参比溶液，其中插入一个内参比电极。图 9-3 离子交换为离子选择性电极的基本形式。

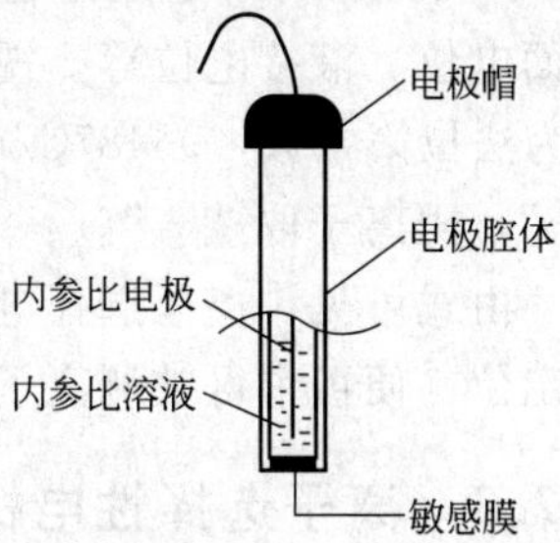

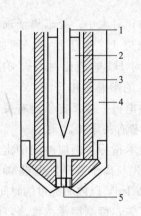

图 9-3　离子选择性电极的基本形式

电极帽
电极腔体
内参比电极
内参比溶液
敏感膜

9.2.1　离子选择电极的种类

离子选择性电极的种类很多，根据薄膜大致分为玻璃电极、固体膜电极、液体离子交换膜电极及其他膜电极等。

（1）玻璃膜电极　这类电极应用较早，有 pH、K^+、Na^+、Ag^+ 等玻璃电极。其结构基本相似，选择性主要与玻璃的组成结构有关。普通石英玻璃没有选择性，测定 pH 值的玻璃电极的玻璃是在普通玻璃中加进碱金属氧化物，其组成大致为：Na_2O，22；CaO，6；SiO_2，72（摩尔分数）。以 LiO 代替 Na_2O，可制成锂玻璃，锂玻璃的钠差很小，可以测定高达 12.5 的 pH 值而没有显著误差。对 K^+、Na^+、Ag^+ 等离子有选择性的玻璃是由 Na_2O、Al_2O_3、SiO_2 组成的。

（2）固体膜电极　这是应用比较广的一类电极，其构造与玻璃电极相似，主要不同在于薄膜部分。玻璃电极是玻璃薄膜，固体电极是非玻璃固体薄膜，如氟化镧、硫化银等难溶盐晶体薄膜。

图 9-4　液体离子交换膜电极
1—内参比电极；2—内参比溶液；
3—离子交换剂溶液贮槽；4—塑料电极套；5—没有离子交换剂的多孔薄膜

（3）液体离子交换膜电极　液体离子交换膜电极是用浸有液体离子交换剂的惰性多孔薄膜作为电极膜，其响应机理与其他电极类同，只是结构略为复杂一些，Ca^{2+} 电极是这类电极的代表，如图 9-4 所示。电极内装有两种溶液，一种是 0.1mol/L $CaCl_2$ 水溶液，作为内参比液，其中插入内参比电极 Ag-AgCl 电极；另一种是液体离子交换剂，即 0.1mol/L 二癸基磷酸钙的苯基磷酸二辛酯溶液，底部用多孔性薄膜材料如纤维素渗析管与未知实验溶液隔离开，这种多孔性薄膜是疏水性的，仅支持离子交换剂液体形成一层薄膜。因液体离子交换剂对钙离子有选择性，内部溶液与未知溶液间由于钙活度不同造成电位差。

9.2.2　膜电位

尽管离子选择性电极是多种多样的，但用于电位分析都是基于膜电位与欲测离子活度之间的关系。膜电位的产生机理是一个复杂问题，某些电极的膜电位机理还不十分明了，但对一般离子选择性电极来说，已经证明膜电位的建立主要是由于溶液中离子与膜上离子发生交换而改变了两相界面的电荷分布。不同种类的电极膜电位的机理有其各自的特点，但与玻璃电极类似（除少数例外），各种电极在工作范围内都适用能斯特方程式。

任意温度时，膜电位的一般公式是：

$$\varphi = K \pm \frac{2.303RT}{n_i F} \lg \alpha_i \tag{9-8}$$

式中，φ 为离子选择电极和参比电极的电位差；K 为常数，包括内参比电极电位、膜内表面电位、液接电位等，视为常数；R 为气体常数，$8.314\mathrm{J/(mol \cdot K)}$；$T$ 为绝对温度，K；F 为法拉第常数，$96487\mathrm{C/mol}$；α_i 为被测离子的活度；n_i 为被测离子的电荷数；阳离子取"＋"，阴离子取"－"。

由式可见，离子选择电极的膜电位与水样中被测离子的活度成正比，只要用活度计测量膜定位，便可求得被测离子的活度。

9.2.3　离子选择性电极的性能

（1）电位选择性系数　理想的离子选择性电极只对欲测离子有响应性，但是实际中与欲测离子共存的某些离子也能影响电极的膜电位。如水样中有干扰离子存在，则膜电位公式为

$$\varphi = K \pm \frac{2.303RT}{n_i F} \lg [\alpha_i + K_{ij}(\alpha_j)^{n_i/n_j}] \tag{9-9}$$

式中，K_{ij} 为选择性系数；α_j 为干扰离子 j 的活度；n_i、n_j 分别为被测离子和干扰离子的电荷数。

通常 $K_{ij} < 1$，其含义是 i 离子选择电极对干扰离子 j 的响应的相对大小。要求离子选择电极主要对水中某一特定离子活度有响应，如 pH 玻璃电极只响应 H^+ 离子活度。例如，pH 玻璃电极对 Na^+ 的选择性系数 $K_{H^+/Na^+} = 10^{-11}$，表明此电极对 H^+ 响应比对 Na^+ 响应灵敏 10^{11} 倍。换句话说，$\alpha_{H^+} = 10^{-11}$ 对电极电位的影响和 $\alpha_{Na^+} = 1$ 的影响是相等的。

由于选择性系数是反映离子选择性电极性能的标志之一，商品电极一般都提供对有关干扰离子的选择性系数的数据。当然 K_{ij} 值也可通过测定求得，可参考有关书籍。

（2）响应时间　响应时间是离子选择性电极性能的一个重要技术指标。响应时间的定义是：从离子选择性电极和参比电极一起接触试液的瞬间算起，或事先与离子选择性电极-参比电极处于平衡的溶液的活度突然变化的瞬间算起至到达电位稳定在 $1\mathrm{mV}$ 以内所经过的时间。

电极响应时间主要取决于敏感膜的性质，同时也与实验条件有关，待测离子浓度高，响应速度快；浓度稀，响应速度慢。有干扰离子存在则响应速度慢些。增加搅拌速度，响应时间可以缩短。

其他如电极的电阻、电极的牢固性、电极的寿命以及测量的电位值是否存在漂移现象等，也常作为考虑电极性能的重要因素。

9.3　直接电位法

根据测得电池的电位数值来确定被测离子的活度方法，即为直接电位法。直接电位法在水质分析中应用最多的是 pH 值得测定及用离子选择性电极测定离子浓度。

9.3.1　pH 值的测定

用电位法测得的实际上是 H^+ 的活度不是 H^+ 的浓度，所以 pH 被重新定义为：

$$pH = -\lg \alpha_{H^+} \tag{9-10}$$

pH 值电位法的电极体系是以玻璃电极为指示电极、以饱和甘汞电极为参比电极和被测

溶液组成的工作电池（图 9-5），该电池表示为：

Ag，AgCl|HCl|玻璃膜|水样 ‖ 饱和 KCl|Hg₂Cl₂，Hg

（玻璃电极）　$\varphi_{膜}$　φ_L　（饱和甘汞电极）

电池的电位：

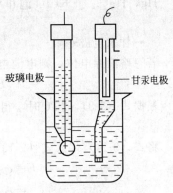

玻璃电极————————————甘汞电极

$$\varphi_{电池}=\varphi_{Hg_2Cl_2}+\varphi_L+\varphi_{不对称}-\varphi_{膜}-\varphi_{AgCl/Ag} \quad (9\text{-}11)$$

式中，$\varphi_{电池}$ 为两电极的电位差，mV；$\varphi_{Hg_2Cl_2}$ 为甘汞电极的电位，mV；$\varphi_{膜}$ 为玻璃电极的膜电位，mV；φ_L 为液体接界电位，mV；$\varphi_{不对称}$ 为玻璃电极薄膜内外两表面不对称引起的电位差，mV；$\varphi_{AgCl/Ag}$ 为 Ag-AgCl 内参比电极电位，mV。

图 9-5　测定 pH 值的工作电池

在一定条件下，式中 φ_L、$\varphi_{AgCl/Ag}$、$\varphi_{不对称}$ 以及 $\varphi_{Hg_2Cl_2}$ 都是常数，将其合并为常数 k。这样，工作电池的电位只取决于玻璃电极的膜电位大小，即水样中 H^+ 活度（α_{H^+}）的大小。故经整理可得到：

$$\varphi_{电池}=k+0.059pH$$

$$pH=\frac{\varphi_{电池}-k}{0.059} \quad (9\text{-}12)$$

由于 pH 计已将测得的 $\varphi_{电池}$ 换算成 pH 值，故可由 pH 计上直接读取 pH 值的大小，使用起来很方便。

在 k 值中除包括内外参比电极电位等常数外，还包括难以测量和计算的 $\varphi_{不对称}$ 和 φ_L，实际应用中不用计算来解决上述问题，而是采用已知 pH 值的标准缓冲液进行校正。为了尽可能减小误差，应该选用 pH 值与待测溶液 pH 值相近的标准缓冲溶液，且在实验过程中尽可能使溶液的温度恒定。由于标准缓冲溶液是 pH 值测定的基准，所以标准缓冲溶液的配制及其 pH 的确定非常重要。我国标准计量局颁布了六种 pH 值标准缓冲溶液及其在 0～95℃ 的 pH 值。表 9-1 列出该六种 pH 值标准缓冲溶液 0～60℃ 的 pH 值。

表 9-1　六种 pH 值标准缓冲溶液 0～60℃ 的 pH 值

温度 T/℃	0.05mol/L 四草酸氢钾	25℃饱和酒石酸氢钾	0.05mol/L 邻苯二甲酸氢钾	0.025mol/L 磷酸二氢钾-0.025mol/L 磷酸二氢钠	0.01mol/L 硼砂	25℃ Ca(OH)₂
0	1.668		4.006	6.981	9.458	13.416
5	1.669		3.999	6.949	9.391	13.210
10	1.671		3.996	6.921	9.330	12.820
20	1.676		3.998	6.879	9.226	12.637
25	1.680	3.559	4.003	6.864	9.182	12.460
30	1.684	3.551	4.010	6.852	9.142	12.292
35	1.688	3.547	4.029	6.844	9.105	12.130
40	1.694	3.547	4.029	6.838	9.072	11.975
50	1.706	3.555	4.055	6.833	9.015	11.697
60	1.721	3.573	4.087	6.837	8.968	11.426

9.3.2　离子浓度的测定

用离子选择性电极做指示电极，浸入待测溶液中与参比电极组成电池，测量其电动势。例如，使用氟离子电极测定 F^- 浓度时，组成如下电池：

$$Hg，HgCl_2 \mid KCl（饱和）\parallel 待测溶液 \mid LaF_3 \mid NaF，NaCl \mid AgCl，Ag$$

$$\mid \leftarrow \varphi_{膜} \rightarrow \mid$$

$$\mid \leftarrow 甘汞电极 \leftarrow \mid \qquad\qquad \mid \leftarrow 氟离子电极 \rightarrow \mid$$

若忽略液界电位，则电池电动势 E 为：

$$E=(\varphi_{AgCl/Ag}+\varphi_{膜})-\varphi_{Hg_2Cl_2/Hg} \tag{9-13}$$

根据式（9-8），25℃时，得：

$$\varphi_{膜}=K-0.059\lg\alpha_{F^-} \tag{9-14}$$

将式（9-14）代入式（9-13）得：

$$\begin{aligned}
E&=\varphi_{AgCl/Ag}+K-0.059\lg\alpha_{F^-}-\varphi_{Hg_2Cl_2/Hg}\\
&=\varphi_{AgCl/Ag}+K-\varphi_{Hg_2Cl_2/Hg}-0.059\lg\alpha_{F^-}\\
&=K'-0.059\lg\alpha_{F^-}
\end{aligned} \tag{9-15}$$

式中，K' 为常数。

对于各种离子选择性电极，可以得出如下一般公式：

$$E=K'\pm\frac{2.303RT}{nF}\lg\alpha \tag{9-16}$$

当离子选择性电极作正电极时，对阳离子响应的电极，K' 后面一项取正值；对阴离子响应的电极，K' 后面一项取负值。

K' 的数值取决于薄膜、内参比溶液以及内外参比电极的电极电位等因素。

式（9-16）说明，工作电池的电动势在一定条件下，与待测离子活度的对数值成直线关系，通过测量电动势可以测定待测离子的浓度。

离子选择性电极的测定方法很多，一般可以采用标准曲线法、标准加入法，对于低浓度离子的测定还可采用格氏作图法。

（1）标准曲线法　首先配制一系列不同浓度被测离子的标准溶液，用离子选择性电极分别测定其电动势，然后在半对数纸上绘制电动势 E 与对应的浓度（$-\lg c_i$ 或 pc_i）的标准曲线（图9-6）。在同样条件下，测定水样的膜电位，在标准曲线上查出对应水样的浓度。标准曲线法一般只能测定游离离子的活度或浓度。

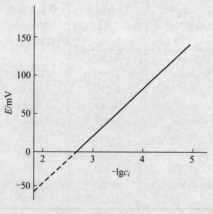

图 9-6　标准曲线

（2）标准加入法　标准加入法主要用于测定水样中离子的总浓度（含游离的和络合的）。

设 c_0 为被测水样中离子浓度（mol/L），V_0 为水样体积（mL）。测得工作电池的电动势为 E_1，E_1 与 c_0 符合下列关系：

$$E_1 = K' + \frac{2.303RT}{nF} \lg \chi_1 \gamma_1 c_0$$

式中，γ_1 为活度系数；χ_1 为游离（即未络合的）离子占的百分比。

然后在水样中准确加入小体积（V_s，mL）（约为水样的 1/100）的被测离子的标准溶液（浓度为 c_s，此外 c_s 约为 c_0 的 100 倍），磁力搅拌下测量工作电动势为 E_2：

$$E_2 = K' + \frac{2.303RT}{nF} \lg[\chi_2 \gamma_2 (c_0 + \Delta c)] \tag{9-17}$$

式中，Δc 为加入标准溶液后水样浓度的增加量。

由于 $V_s \ll V_0$，故有：

$$\Delta c = V_s c_s / V_0 \tag{9-18}$$

式中，γ_2、χ_2 分别为加入标准溶液后的活度系数、游离离子占的百分比。

又水样的活度系数可认为保持恒定，即 $\gamma_1 \approx \gamma_2$，并假设 $\chi_1 \approx \chi_2$，则：

$$\Delta E = E_2 - E_1 = \frac{0.059}{n} \lg\left(1 + \frac{\Delta c}{c_0}\right)$$

令 $S = 0.059/n$，得：

$$\Delta E = S \lg\left(1 + \frac{\Delta c}{c_0}\right)$$

$$c_0 = \frac{\Delta c}{10^{\Delta E/S} - 1} \tag{9-19}$$

式中，S 为常数。

Δc 可由式（9-18）求出，因而根据测得的 ΔE 可计算出 c_0。

标准加入法的优点是不需做标准曲线，只需一种标准溶液便可测量水样中被测离子的总浓度，操作简便快捷，是离子选择电极测定一种离子总浓度的有效方法。

在使用标准加入法时，如果用作图法求算待测离子浓度，此法称为格氏作图法，其只是将能斯特方程关系以另一种形式表示，并用作图的方法间接求算被测离子的浓度，具体内容可参考有关文献。

9.4　电位滴定法

电位滴定法是一种用电位法确定终点的滴定方法。进行电位滴定时，在被测溶液中插入一个指示电极和一个参比电极，组成工作电池。随着滴定剂的加入，滴定剂与被测离子发生化学反应，被测离子的浓度不断变化，指示电极的电位也相应地发生变化，反应达到化学计量点时被测物质浓度的变化引起电极电位"突跃"，因此测量工作电池电动势的变化就可以确定滴定终点。

用电位的变化来指示滴定终点的普遍滴定选用指示剂的方法更简便、准确，不受溶液有色和浑浊等的限制，因此应用范围较广，不论酸碱滴定、氧化还原滴定、沉淀滴定、络合滴定等都适用。电位滴定法要求水样中被测物质的浓度应大于 $10^{-3}\,\text{mol/L}$，其准确度与一般滴定分析相当，在水质分析中常用于酸度、碱度、Cl^-、硫化物等的测定。

9.4.1　电位滴定的仪器

电位滴定法的基本仪器如图 9-7 所示，在滴定过程中，每加一次滴定剂测量一次电动势，直到超过滴定终点为止，这样就得到一系列的滴定剂用量和相应的电动势，根据这些数据可求得滴定终点。

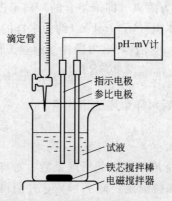

图 9-7　电位滴定法的基本仪器

9.4.2　电位滴定曲线和滴定终点的确定

（1）$E\text{-}V$ 曲线法　如图 9-8(a) 所示，用测定结果绘制 $E\text{-}V$ 曲线，曲线上的转折点即为滴定终点。

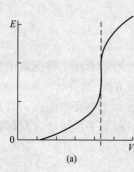

（2）$\dfrac{\Delta E}{\Delta V}\text{-}V$ 曲线法　此法又称一级微商法。$\dfrac{\Delta E}{\Delta V}$ 代表 E 的变化值与相对应的加入滴定剂体积的增量 ΔV 之比，它是 $\dfrac{\mathrm{d}E}{\mathrm{d}V}$ 的估计值。用 $\dfrac{\Delta E}{\Delta V}$ 与 V 绘制曲线是比较好的方法，如图 9-8(b) 所示。途中曲线的最高点即为滴定终点。

（3）二级微商法　不用绘图而用计算的方法，也可求得滴定终点。因为 $\dfrac{\Delta E}{\Delta V}\text{-}V$ 曲线上有一个最高点，根据数学原理，该最高点的二阶导数 $\dfrac{\Delta^2 E}{\Delta V^2}$ 等于零，求出 $\dfrac{\Delta^2 E}{\Delta V^2}$ 等于零时的体积，就是滴定终点时滴定剂的体积。图 9-8(c) 为 $\dfrac{\Delta^2 E}{\Delta V^2}\text{-}V$ 曲线。

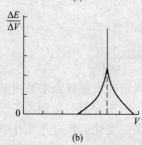

上述三种方法中，后面两种方法能求得比较准确的滴定终点，但比较费时，如采用微分滴定计，将滴定的转折点用数字显示，就方便多了。

电位滴定法能用于所有的滴定反应，不同类型的反应选用不同的指示电极，参比电极一般多采用饱和甘汞电极。例如，酸碱滴定常用玻璃电极作为指示电极；沉淀滴定使用最广泛的指示电极是银电极，可用 $AgNO_3$ 溶液滴定 Cl^-、Br^-、I^-、CNS^-、S^{2-}、CN^- 等离子，也可用卤化银薄膜电极或硫化银薄膜电极等离子选择性电极，以 $AgNO_3$ 溶液滴定 Cl^-、Br^-、

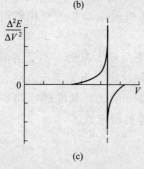

图 9-8　电位滴定曲线

I^-、S^{2-} 等离子；氧化还原滴定一般以铂电极作为指示电极，可以用 $KMnO_4$ 溶液滴定 I^-、NO_2^-、Fe^{2+}、Sn^{2-} 等离子；络

合滴定用汞电极作为指示电极，可用 EDTA 滴定 Cu^{2+}、Zn^{2+}、Ca^{2+}、Mg^{2+}、Al^{3+} 等多种离子，也可用离子选择电极，如氟离子电极作指示电极，用镧滴定氟化物。电位滴定法把离子选择性电极的使用范围更扩大了。

9.5　电导分析法

电导率是以数字表示溶液传导电流的能力。纯水的电导率很小，电流难以通过，但当水被污染而溶解各种盐类时，使水的电导率增加，即增加了水的导电能力。通过电导率的测定，可以间接推测水中离子成分的总浓度，了解水源被矿物质污染的程度。饮用水电导率在 $5\sim150mS/m$ 之间，某些工业用水对水的纯度有较高的要求，如超高压锅炉、原子反应堆、电子工业等需用的超高纯水，要求电导率在 $0.1\sim0.3\mu S/cm$ 以下，电导率通常用电导率仪测定。

9.5.1　方法原理

将两个电极（通常为铂电极或铂黑电极）插入溶液中，可以测出两电极间的电阻 R。根据欧姆定律，温度一定时，该电阻值与电极的间距 L（cm）成正比，与电极的截面积 A（cm^2）成反比，即：

$$R = \rho \frac{L}{A} \tag{9-20}$$

式中，ρ 为比例常数，称作电阻率；A 为电极面积；L 为间距，因为 A 与 L 都固定不变，故 L/A 是一常数，称电导池常数，用 Q 表示。

又因为电导是电阻的倒数，电导用 S 表示，则：

$$S = \frac{1}{R} = \frac{1}{\rho Q} \tag{9-21}$$

而电导率是电阻率的倒数，用 K 表示：

$$K = \frac{1}{\rho} = QS = \frac{Q}{R} \tag{9-22}$$

电导池常数 Q 值，通常由电导率 K_{KCl} 值已知的 KCl 溶液用实验方法测出电导 S_{KCl} 后求得：

$$Q = \frac{K_{KCl}}{S_{KCl}} = K_{KCl}R_{KCl} \tag{9-23}$$

因此，当已知电导池常数 Q 并测出水样的电阻后，便可求出电导率。

9.5.2　水样测定

水的电导率可用专门的电导仪来测定。

（1）电导池常数测定　用 0.01mol/L KCl 标准溶液注满电导池，放入恒温水浴（25℃）中约 15min，测定溶液电阻 R_{KCl}，由式（9-23）计算电导池常数 Q。在 25℃时，0.01mol/L KCl 标准溶液的 $K_{KCl}=141.3mS/m$，则 $Q=141.3R_{KCl}$，式中的 R_{KCl} 为测得 KCl 标准溶液的电阻。

（2）水样测定　将水样充满电导池，按前述步骤测定水样电阻 R 水样，由已知电导池常数 Q 得出水样的电导率 K：

$$K(mS/m) = \frac{Q}{R_{水样}} = \frac{141.3 R_{KCl}}{R_{水样}}$$

式中，R_{KCl} 为 0.01mol/L KCl 标准溶液的电阻，Ω；$R_{水样}$ 为水样的电阻，Ω。

如果使用已知电导池常数的电导池，不需测定电导池常数，可调节好仪器直接测定，但需经常用 KCl 标准溶液校正仪器。

电导率随温度变化而变化，温度每升高 1℃，电导率增加约 2%，通常规定 25℃ 为测定电导率的标准温度。因此，如测定时水样温度不是 25℃，则应校正至 25℃ 时的电导率，可用下面的公式校正：

$$K_s = \frac{K_t}{1+a(t-25)}$$

式中，K_s 为 25℃ 时电导率，mS/m；K_t 为测定时 t 温度下电导率，mS/m；a 为各离子电导率平均温度系数，一般取 0.022；t 为测定时温度，℃。

9.5.3 电导法在水质分析中的应用

利用电导仪测定水的电导率，可判断水质状况。在水质分析中，如锅炉水、工业废水、天然水、实验室制备去离子水的质量检测时，水的电导是一个很重要的指标，因为它反映了水中存在电解质的程度。电导法已得到广泛应用。

（1）检验水质的纯度 为了证明高纯水的质量，电导法是最适宜的方法。25℃ 时，绝对纯水的理论电导率为 0.55μS/cm。一般用电导率大小检验蒸馏水、去离子水或超纯水的纯度。例如，超纯水的电导率为 0.01～0.1μS/m，新蒸馏水为 0.5～2μS/m，去离子水为 1μS/m 等。

（2）判断水质状况 通过电导率的测定可初步判断天然水和工业废水被污染的状况。例如，饮用水的电导率为 50～1500μS/m，清洁河水为 100μS/m，天然水为 50～500μS/m，矿化水为 500～1000μS/m 或更高，海水为 30000μS/m，某些工业废水为 10000μS/m 以上。

（3）估算水中溶解氧（DO） 利用某些化合物和水中溶解氧发生反应而产生能导电的离子成分，从而可以测定溶解氧。例如氮氧化物（NO_x）与溶解氧作用生成 NO_3^-，使电导率增加，因此测定电导率即可求得溶解氧。

（4）估计水中可滤残渣（又称溶解性固体）的含量 水中所含各种溶解性矿物盐类的总量称为水的总含盐量，也称总矿化度。水中所含溶解性盐类越多，水的离子数目越多，水的电导率就越高。对多数天然水，可滤残渣与电导率之间的关系由如下经验式估算：

$$FR = (0.55～0.70) \times K$$

式中，FR 为水中的可滤残渣量，mg/L；K 为 25℃ 时水的电导率，μS/m；0.55～0.70 为系数，随水质不同而异，一般估算取 0.67。

除了上述电导率的测定用于水质纯度、状况的检验与判断外，还可利用电导滴定法测定稀溶液中的离子浓度。电导滴定法是利用滴定剂体积对电导的关系图来确定滴定终点。在稀溶液中，恒温条件下，离子的浓度与它产生的电导成正比。

思考题

1. 参比电极和指示电极各有哪几种类型？它们的主要作用是什么？

2. 单独一个电极的电极电位能否直接测定，怎样才能测定某一电极的电位？

3. 直接电位法测定水样的 pH 值时，为什么要用 pH 标准缓冲溶液标定 pH 计？

4. 离子选择电极膜电位的数学表达式中各参数的物理意义是什么？

5. 简述 pH 玻璃电极的工作原理。

6. 电导法在水质分析中的应用有哪些？

习题

1. 已知下列电池：

$$玻璃电极 \mid 待测溶液\ H^+(x\,mg/L) \parallel 饱和甘汞电极$$

当缓冲溶液 pH＝4.00 时，测得电池的电动势为 0.209V；当缓冲溶液由待测溶液代替时，则为 0.312V，待测溶液的 pH 值为多少？

2. 将氟离子选择性电极和参比电极（作负极）浸在 0.1000mg/L F^- 溶液中，测得电池电动势为 0.250V。将相同的电极浸入未知浓度的 F^- 溶液中时，测得电动势为 0.271V。两种溶液的离子强度相同，试计算未知溶液中 F^- 的浓度。

3. 将钙离子选择电极和一参比电极浸入 100mL 含 Ca^{2+} 的水样中，测得电池的电极电位为 0.415V。加入 3mL 0.145mol/L 的 Ca^{2+} 标准溶液，测得电位为 0.430V。计算 Ca^{2+} 的物质的量浓度（mol/L）。

4. 在 0.5mol/L HCl 介质中，用 $Cr_2O_7^{2-}$ 滴定 Fe^{2+} 中电位滴定至计量点时的电池电极电位为多少？（饱和甘汞电极为负极，$\varphi_{甘}$＝0.2415V）

5. 以 Ag-AgCl 电极为指示电极（＋），饱和甘汞电极为负极（－），用 0.1000mol/L $AgNO_3$ 溶液滴定 20.0mL 0.1000mol/L NaCl 溶液，计算计量点时和计量点前、后相差 0.1mL 时指示电极和电池的电极电位各为多少？

第10章
气相色谱法

10.1 概 述

气相色谱法是色谱法中的一种。流动相是气体的为气相色谱法。气相色谱法是先分离后检测,故对多组分混合物(如同系物、异构体)可同时得到每一组分的定性定量结果。气相色谱法是一种极其有用的分析手段,这不仅因为它的灵敏度高,选择性较好,而且许多挥发性组分或者某些不挥发组分经转化成适当的衍生物后,都能进行分析。气相色谱法已成为水分析实验室必不可少的强有力的分析工具,并且已广泛用于解决石油、化工、医药卫生、食品、农药等工业生产和科学研究等方面的分析问题。在水质污染分析中更有一些化学法所不及的特点,主要表现为以下几个方面。

① 高效能。是指色谱能将多组分复杂混合物分离。如毛细管柱色谱,可以解决含有150个组分的烃类混合物的分离问题,因而是石油成分分析的主要工具。

② 高选择性。是指能够分离性质极为相近的物质。例如氢原子中有3个同位素氢(H)、氘(D)、氚(T),可形成6种氢分子;芳香烃中的邻位、间位、对位异构体等,这些原则上都可以用气相色谱分离和鉴别。

③ 高灵敏度。气相色谱有高灵敏度检测器,可检测出 $10^{-11} \sim 10^{-13}$ g 的微量物质或 $0.2 \sim 0.002 \mu L$ 的气体,适用于微量和痕量分析。例如,可测出水中的农药残留量及水质中毫克每升至微克每升级的含卤、硫、磷有机化合物。

④ 测定速度快。一般只需几分钟或几十分钟,便可完成一个试样的分析。

⑤ 应用广泛。对于气、液、固体物质不需要提纯。只要在 $-190 \sim 500℃$ 温度范围内有 $26.7 \sim 13332Pa$ 的蒸气压,且热稳定的有机物、部分无机物、高分子和生物大分子物质,均适用。

当然,气相色谱也有不足之处:没有待测物的纯品或相应的色谱定性数据作对照时,不能从色谱峰给出定性的结果;不适用于沸点高于 $450℃$ 的难挥发物质和对热不稳定物质的分析。

10.2 气相色谱法的基本原理

气相色谱法可分为气液色谱和气固色谱两种。前者以气体为流动相(亦称为载气),以液体为固定相;后者以气体为流动相,而以固体为固定相。

气固色谱以固体吸附剂(如活性炭、硅胶、分子筛等)为固定相,以惰性气体或永久性气体（如 H_2、N_2、He、Ar 等）为流动相。试样由载气携带进入色谱柱时，立即被吸附剂吸附。随着载气不断流过吸附剂，吸附的被测组分又会脱附下来。脱附下来的组分随载气继续前进，又被前面的吸附剂吸附。随着载气的流动，被测组分在吸附剂表面反复进行吸附、脱附的过程。由于被测物质中各组分性质不同，吸附剂对它们的吸附能力就不一样。较难被吸附的组分就容易脱附，较快地向前移动。容易被吸附的组分就不易被脱附，向前移动得慢些。经过一定时间，即通过一定量的载气后，试样中的各个组分就彼此分离，先后流出色谱柱。

气液色谱是在色谱柱中装入一种具有一定粒度、惰性的多孔固体颗粒，通常称为担体或载体，其表面涂有一层很薄的不易挥发的高沸点有机化合物的液膜，通常称为固定液。在气液色谱柱内，被测物质中各组分的分离是基于各组分在固定液中的溶解度不同。当载气携带被测物质进入色谱柱与固定液接触时，气相中的被测组分就溶解到固定液中去。随着载气不断流过色谱柱，溶解在固定液中的被测组分又会挥发到气相中去，挥发到气相中去的被测组分又会溶解到前面的固定液中，这样反复地溶解、挥发、再溶解、再挥发。由于各组分在固定液中的溶解能力不同，溶解度大的组分就难挥发，停留在柱中的时间就长些，往前移动得慢，溶解度小的组分往前移动得快，停留在柱中的时间就短。经过一定时间后，各组分彼此分离。图 10-1 为样品在色谱柱中分离情况示意。

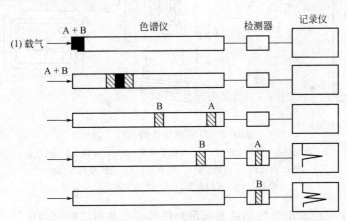

图 10-1　水样中被测组分在色谱柱中的分离过程

物质在固定相和流动相（气相）之间发生的吸附-脱附和溶解-挥发的过程，叫分配过程。被测组分根据吸附与脱附或溶解与挥发能力的大小，以一定的百分比分配在固定相和气相之间。溶解度（或吸附能力）大的组分分配给固定相多一些，在气相中的量就少一些；溶解度（或吸附能力）小的组分分配给固定相的量就少一些，在气相中多一些。在一定温度下，组分在固定相和流动相之间分配达到平衡时的浓度比称为分配系数 K。

$$K = \frac{组分在固定相的浓度}{组分在流动相的浓度} = \frac{c_1}{c_G}$$

一定温度下，各物质在两相之间的分配系数是不同的，显然具有小的分配系数的组分，每次分配在气相中的浓度较大，因此，就较早流出色谱柱；而分配系数大的组分，则由于在每次分配后在气相中的浓度较小，因而流出色谱柱的时间较迟。当分配系数足够多时，就能将不同的组分分离开来。由此可见，气相色谱的分离原理是利用不同的物质在两相间具有不同的分配系数，当两相做相对运动时，水样中的各组分就在两相中经反复多次的分配，使得原来的分配系数只有微小差别的各组分产生很大的分离效果，从而将各组分分离开来。

10.3　气相色谱分析仪器

10.3.1　气相色谱分析流程及主要仪器设备

气相色谱分析流程和所采用的基本仪器设备如图 10-2 所示。载气由高压钢瓶供给，经减压阀减压后，进入载气净化干燥管，除去载气中的水分和杂质。由针形阀控制载气的压力和流量。用流量计和压力表指示载气的柱前流量和压力，再经过预热管和进样器（包括汽化室），试样就在进样器注入（液体试样经汽化瞬间气化为气体），由载气带入色谱柱，各组分分离后，依次进入检测器，然后放空。检测器通过测量电桥，将各组分的变化转化成电信号，由记录仪器记录下来，就可得到色谱图。

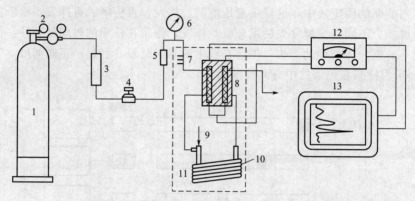

图 10-2　气相色谱法的流程示意

1—载气钢瓶；2—减压阀；3—净化干燥管；4—针形阀；5—流量计；
6—压力表；7—预热管；8—检测器；9—进样器和气化室；
10—色谱柱；11—恒温箱；12—测量电桥；13—记录仪

从上述流程中可以看出，气相色谱所用的仪器一般都由五部分组成：

分离系统——色谱柱；

检测系统——检测器、控温装置；

载气系统——气源、气体净化、气体流量压力控制及测量；

进样系统——进样器、气化室；

记录系统——放大器、记录仪、有的仪器还有数据处理装置。

在这五部分中，最主要的为分离系统和检测系统，它们是气相色谱仪的关键部分。混合物能否分离取决于色谱柱，分离后的组分能否准确检测出来取决于检测器。下面重点讨论这两部分。

10.3.2　分离系统

10.3.2.1　色谱柱

色谱柱一般可用金属管（铜管、不锈钢管）、玻璃管和尼龙管等做成，根据实验条件（如柱压、柱温等）和样品性质（如反应性能、腐蚀等）选用，柱子为 U 形和螺旋形。实验证明，在相同条件下 U 形柱比螺旋形柱的分离效能更高，但螺旋形柱可以做成很小的体积，节省空间，便于恒温控制。柱管的长度一般为 $0.5\sim10m$，内径 $2\sim6mm$，内装固定相，这种色谱柱称为填充柱。还有一种毛细管色谱柱，内径 $0.2\sim0.5mm$，将固定液均匀涂在毛细管内壁上，由于是中空柱，阻力小，所以一般可做得很长，达 $20\sim100m$，因而柱的分离能力强。

10.3.2.2 固定相

（1）气固色谱固定相　常用表面有一定活性的固体吸附剂作为固定相，如非极性的活性炭，极性的氧化铝、硅胶，强极性的分子筛（合成的贵铝酸盐），以及新型吸附剂高分子多孔微球（GDX 系列固定相）、石墨化炭黑、碳多孔小球（TDX）等。

气固色谱分析是气相色谱分析中发展较早的一种，主要用在气态烃类及永久性气体的分离分析上，能获得满意的结果。但由于吸附剂的种类有限，吸附剂的性能受其制备、活化条件影响较大，不同厂家甚至同一厂家不同批量的吸附剂分离性能常常不同。

（2）气液色谱固定相　固定相由惰性担体与涂在担体表面上的固定液组成。

担体亦称载体或支持物，为多孔性固体颗粒，起支持固定液的作用，它使固定液以薄膜状态分布在表面上。因此担体应具有一定的比表面积，表面无吸附性或吸附性极弱，机械强度高。担体的粒度一般为 $40\sim120$ 目。

常用担体有硅藻土担体和非硅藻土担体两类。硅藻土担体由硅藻土煅烧制成，应用较广；非硅藻土担体有聚四氟乙烯担体、玻璃微球等。另外，上述高分子多孔微球既可用于气固色谱中作吸附剂，又可用于气液色谱中作担体，它是由苯乙烯与交联剂二乙烯苯在稀释剂汽油或苯存下聚合而得。作为担体时，涂上固定液即成为气液色谱固定相。

固定液一般是高沸点的有机化合物，在色谱分析条件下呈液态。对固定液的要求是蒸气压低，热稳定性和化学稳定性好；选择性好，对被分离组分之间有不同的分配系数。

10.3.2.3 检测系统

检测器的作用是将色谱柱分离的每个组分按其特性及含量转换为相应的电压或电流信号，此信号在一定范围内与物质的浓度成线性关系，因此测量信号的大小即可求得相应物质的含量。

对检测器的要求是灵敏度高，稳定性好，信号与浓度关系的线性范围宽，定量分析的适应范围广，仪器结构尽可能简单。

下面介绍两种常用的检测器——热导池检测器和氢火焰电离检测器。

（1）热导池检测器　热导池检测器的结构简单、灵敏度适宜、稳定性好、线性范围较宽，而且它既适用于无机气体也适用于有机物，既可做常量分析也可做微量分析，制作也比较简单。

热导池的结构见图 10-3。在一不锈钢块上打两个相同的孔道，里面各固定一根长短、粗细与电阻值完全相同的电阻丝（热敏元件）。有的热导池是做成四个孔道，吊放四根电阻丝（称为四臂热导池），以增强仪器的稳定性和灵敏度。电阻丝一般都选用电阻大、电阻温度系数高的铂丝、钨丝或半导体热敏电阻。

在正常工作时通以一定量的恒定直流电流（一般为 $9\sim24V$），此时钨丝发热有较高的温度，当孔道钨丝周围的气体成分和浓度发生改变时，由于不同气体分子导热速度不同，分子量小、分子直径小的热导率高；相反，分子量大或分子体积大的热导率低。如果气体分子越多，即浓度越大，传导的热量也越多，气体的热导率就发生改变，从而钨丝的温度也发生改变。金属丝具有温度改变其电阻值也随之改变的特性。由于温度改变，钨丝的电阻值就改

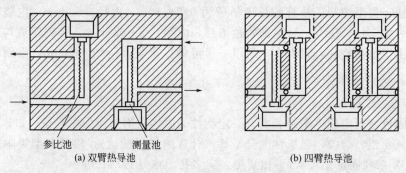

参比池　　　　　测量池

(a) 双臂热导池　　　　　　　　　(b) 四臂热导池

图 10-3　热导池结构示意

变，电阻改变又引起电压的相应变化。因此，气体的成分、热导率、温度、电阻、电压等是互相联系、互相影响的。气体组成的变化是本质，它将引起气体热导率以及温度、电阻、电压等其他因素相应地改变。测定最终电压的变化，可以确定物质的含量。

（2）氢火焰电离检测器　氢火焰电离检测器也是一种广泛应用的离子化检测器。它是以氢气在空气中燃烧的火焰为能源，当有机物进入火焰时发生解离，生成碳正离子。在电场的作用下，离子定向运动形成离子流，通过测定离子流强度而进行定性和定量。

氢火焰电离检测器只对含碳有机物产生信号，所以主要用于有机物的分析。它具有灵敏度高、线性范围广、响应快、结构简单等优点。

氢火焰电离检测器的结构如图 10-4 所示，其核心部件是离子室，它主要由氢火焰喷嘴、极化极（阴极）、收集极（阳极）、点火线圈等组成。

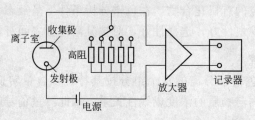

图 10-4　氢火焰电离检测器示意

目前尚未完全弄清楚氢火焰离子检测器的检测机理和响应规律，一般认为是含碳有机物在氢火焰中燃烧，先形成元素态的碳，并发生化学电离，生成碳正离子，一般只有 $0.01\%\sim 0.05\%$ 的有机物中含有的碳变成了碳正离子，然而这样少的离子所产生的电流是可以测定的。对于同族化合物，信号的大小一般与被测物质中的含碳量成比例，因而可以定量。

10.3.3　色谱流出曲线和基本术语

在色谱分析中，以组分浓度（或响应信号）为纵坐标，流出时间（或流动相体积）为横坐标，绘制的组分及其浓度随时间（或流动相体积）变化的曲线称为色谱图（也称色谱流出曲线），如图 10-5 所示。在一定的进样量范围内色谱流出曲线遵循正态分布。它使色谱定性、定量和评价色谱分离情况的基本依据。在色谱流出曲线中，有下列一些基本术语。

（1）基线　没有组分通过色谱柱时，检测器噪声随时间的变化曲线即为基线。在实验条件稳定时，基线是一条与横坐标平行的水平线。

（2）保留值　它表示试样中各组分在色谱柱内的停留时间，通常用时间或相应的流动体积来表示。

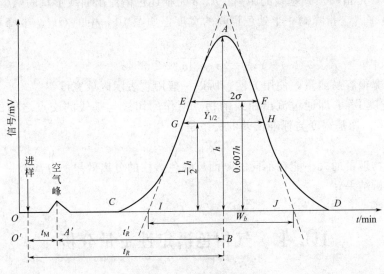

图 10-5　色谱流出曲线

① 用时间表示的保留值

a. 保留时间 t_R。指待测组分从进样到柱后出现浓度极大值时所需的时间，如图 10-5 中 $O'B$ 所示。

b. 死时间 t_M。指不与固定相作用的流动相的保留时间，如图 10-5 中 $O'A'$ 所示。

c. 校正保留时间 t'_R。指扣除了死时间的保留时间，如图 10-5 中 $A'B$ 所示，即：

$$t'_R = t_R - t_M$$

固定相一定，在一定实验条件下，任何物质都有一定的保留时间，它使色谱定性的基本参数。

② 用体积表示的保留值

a. 保留体积 V_R。指从进样到柱后出现待测组分浓度极大值时所用去的流动相的体积，它与保留时间的关系为：

$$V_R = t_R F_0$$

式中，F_0 为色谱柱出口处流动相的流速，mL/min。

b. 死体积 V_M。指色谱中除了填充物固定相以外的空隙体积、色谱仪中管路和连接头间的空间以及检测器的空间的总和。它和死时间的关系为：

$$V_M = t_M F_0$$

c. 校正保留体积（V'_R）。指扣除死体积后的保留体积：

$$V_R = V_R - V_M$$

或

$$V'_R = t'_R F_0$$

③ 相对保留值 r_{21}。指组分 2 与另一组分 1 校正保留值之比，是一个无因次量。

$$r_{21} = t'_{R2}/t'_{R1} = V'_{R2}/V'_{R1}$$

相对保留值只与柱温和固定相性质有关，与其他色谱操作条件无关。它表示了色谱柱对这两种组分的选择性。

（3）区域宽度　即色谱峰宽度，习惯上常用以下三个量之一表示。

① 标准偏差 σ。即流出曲线上两拐点间距离之半。亦即 0.607 倍峰高处色谱峰宽度的一半，即图 10-5 中 EF 的一半。

② 峰高 h。是指峰顶到基线的距离。h、σ 是描述色谱流出曲线形状的两个重要参数。

③ 半峰宽 $Y_{1/2}$。指峰高一半处色谱峰的宽度，如图 10-5 中的 GH。半峰宽和标准偏差的关系是：

$$Y_{1/2} = 2\sigma\sqrt{2\ln2} = 2.354\sigma$$

由于半峰宽很容易测量，使用方便，所以一般用它表示区域宽度。

④ 峰基宽度 W_b。即通过流出曲线的拐点所作的切线与基线的交点之间的距离，如图 10-5 中 IJ 所示。峰基宽度与标准偏差的关系是：

$$W_b = 4\sigma$$

以上这些物理量的大小能在不同的侧面反映色谱柱的分离效果。分离效果好坏直接影响着对试样的分析结果。

10.4　气相色谱定性定量分析

气相色谱法是一种出色的分离手段。对一个水样进行色谱分析，首先是分离，再做定性、定量分析。因此分离是核心环节，分离的好坏直接影响定性和定量的准确性，但分离效果的好坏又借助于定性分析。定性分析通常采用已知纯物质对照法判别各色谱峰代表什么组分，必要时采用色谱与鉴定未知物结构的有效工具——质谱、光谱等联用技术，以及与化学反应联用，来解决未知物的定性问题。其中最有效的是色谱-质谱联用分析。定量是色谱分析的目的。

10.4.1　定性分析

在一定的固定相和操作条件（如柱温、柱长、柱内径、载气流速等）不变时，任何一种物质都有确定的保留时间 t_R 或保留体积 V_R，它们不受混合物中其他共存组分的影响，这是定性分析的依据。

通常利用已知纯物质对照定性。

（1）利用保留时间或保留体积定性　这种方法简单方便，测定时只要在相同的操作条件下分别测出色谱图中已知纯物质和被测物质的保留时间（t_R）或保留体积（V_R）。在色谱图中，如果被测物质中某一组分与已知纯物质的 t_R 和 V_R 一样，在确认无干扰的情况下，可以判断该组分就是与已知纯物质相同的物质。

（2）利用相对保留值定性　由于保留时间（或体积）不但与柱性质（固定相）有关，而且还与柱长、柱温、流动相线速、相比等操作条件有关，必须严格控制操作条件。如果采用被测物质与另一基准物质的相对保留值（r_{21}）来定性，则会消除某些操作条件的影响，使用也较方便。因为用相对保留值（r_{21}）定性时，只需控制柱温而与其他操作条件无关，但要选择一个合适的基准物质，它的保留值在各待测组分的保留值之间，常用苯、正丁烷、对二甲苯、甲乙酮、环己酮、环己烷等。

（3）利用峰高增加法定性　如果样品较复杂，组分的色谱峰很接近，或操作条件不易控制稳定，要准确定出保留值有一定的困难，这时最好用峰高增加法定性。

具体做法是将已知纯物质直接加入被测样品中，一起进行色谱分析，然后比较已知纯物质加入前后同一色谱峰的高低。如果某色谱峰相对增高，且半峰宽并不相应增加，则表示被测样品中可能含有该已知纯物质的成分。

（4）与其他仪器配合定性　利用保留值和峰高增加法定性，是最常用、最方便的定性方法。但有时，几种物质在同一根色谱柱上有相同的保留值，这时就要用双柱、多柱或改变柱温等方法定性。对复杂样品，则要和化学反应或其他仪器配合定性。在联用技术中应用最广泛的是气相色谱与质谱（即 GC/MS）的联用。GC/MS 联用技术，既充分利用了色谱的高效分离能力，又利用了质谱准确给出被测组分摩尔质量等特点，使该法成为鉴定复杂多组分混合物的非常有力的工具。

10.4.2　定量分析方法

在一定操作条件下，检测器响应信号（峰面积或峰高）与进入检测器的组分量（质量或浓度）成正比，即：

$$A_i = S_i m_i \tag{10-1}$$

式中，A_i 为组分 i 的峰面积；m_i 为组分 i 的进样量；S_i 为检测器对组分 i 的响应值（灵敏度），它表示单位质量（或单位体积）物质通过检测器时产生响应信号的大小。

则

$$m_i = A_i / S_i = f_i A_i \tag{10-2}$$

式（10-2）即为色谱定量分析的依据，式中，f_i 为定量校正因子。对待测组分进行定量，必须做到：准确测量峰面积；求出定量校正因子 f_i；正确选择定量计算方法。

（1）峰面积的测量　常用的峰面积测量方法有以下几种。

① 峰高乘半峰宽法。当色谱峰为对称峰时可用此法。设 h 为峰高（即峰底切线与峰顶垂直距离），$Y_{1/2}$ 为半峰宽，按等腰三角形面积计算方法，近似认为峰面积（A）等于峰高与半峰宽的乘积。

$$A = h Y_{1/2}$$

实际的峰面积应乘以校正值 1.065，即：

$$A = 1.065 h Y_{1/2} \tag{10-3}$$

在做相对测量时，可以约去 1.065。此法简单方便，实际工作中经常采用。但它对很窄的色谱峰、不对称的色谱峰和分离不完全、重叠较严重的色谱峰，不能使用。

② 峰高乘平均峰宽法。此法可用于不对称峰。在峰高 0.15 和 0.85 处分别测出峰宽，取其平均值再与峰高相乘：

$$A = h(Y_{0.15} + Y_{0.85})/2 \tag{10-4}$$

对于不对称峰可得到较准确的结果。

③ 峰高乘保留时间法。在一定的操作条件下，同系物的半峰宽与保留时间成正比，即：

$$Y_{1/2} \propto t_R$$

$$Y_{1/2} = b t_R$$

$$A = h Y_{1/2} = h b t_R \tag{10-5}$$

在作相对测量时，比例系数 b 可约去不计，这样就可以用峰高与保留时间的乘积表示峰面积。此法适用于狭窄的峰。

④ 剪纸称重法。对于不对称的峰，可把色谱法剪下来称量，每个峰的质量代表面积。

⑤ 自动积分仪法。自动积分仪能自动测出一曲线包围的面积，此法快速、准确。数字积分仪对峰面积的数据和保留时间能自动打印出来，大大节省了人力，提高了自动化的程度。

（2）定量校正因子的确定　定量分析的依据是基于被测物质量与其峰面积的正比关系。但是由于同一检测器对不同的物质具有不同的响应值，所以两个相同质量的不同物质通过检测时，产生的峰面积不等，这样就不能用峰面积来直接计算物质的含量。为了使峰面积能正确地反映出物质的含量，就要对峰面积进行校正。为此，引入"定量校正因子"。

由式（10-2）可知：

$$f_i = m_i / A_i \qquad (10\text{-}6)$$

式中，f_i 称为绝对校正因子，也就是单位峰面积所代表的物质量。但它不易准确测量，无法直接应用。所以在定量分析中都是用相对校正因子，即组分 i 与标准物质 s 的绝对校正因子之比，用 f_i' 表示。即：

$$f_i' = \frac{f_i}{f_s} = \frac{m_i/A_i}{m_s/A_s} = \frac{A_s m_i}{A_i m_s} \qquad (10\text{-}7)$$

式中，A_i、A_s 分别为组分和标准物质的峰面积；m_i，m_s 分别为组分和标准物质的量。当 m_i、m_s 采用质量单位时，所得相对校正因子称为相对质量校正因子，用 f_w' 表示。当 m_i、m_s 以摩尔为单位时，所得相对校正因子称为相对摩尔校正因子，用 f_M' 表示。

相对校正因子也可换算为相对响应值。当单位相同时，相对响应值为相对校正因子的倒数，即：

$$S_w' = 1/f_w' \qquad (10\text{-}8)$$

$$S_M' = 1/f_M' \qquad (10\text{-}9)$$

相对校正因子或相对响应值只与试样、标准物质以及检测器类型有关，与操作条件和柱温、载气流速、固定液性质等无关。

相对校正因子可从文献中查到，也可自行测定。测定方法是：准确称取一定量待测组分的纯物质（m_i）和标准物质的纯物质（m_s），混合后，取一定量（在检测器的线性范围内）在实验条件下注入色谱仪，出峰后分别测量峰面积 A_i、A_s，由式计算出相对校正因子。

（3）定量方法　常用的定量方法有归一化法、内算法和外标法。

① 归一化法。当试样中各组分都能流出色谱柱，并且在色谱图上都显示出色谱峰时，可用此法定量计算。

设试样中有 n 个组分，每个组分的质量为 m_1、m_2、$\cdots$、m_n，各组分质量的总和为 100%。组分 i 的质量分数可按下式计算：

$$
\begin{aligned}
C_i(\%) &= \frac{m_i}{m_1 + m_2 + \cdots + m_i + \cdots m_n} \times 100\% \\
&= \frac{f_i A_i}{\sum\limits_{i=1}^{n} f_i' A_i} \qquad (10\text{-}10)
\end{aligned}
$$

式中，f_i' 如采用 f_w'，则得到组分的质量分数，f_i' 采用 f_M' 得摩尔分数。

如果试样中各组分的 f_i' 值很接近（同系物中沸点接近的组分），则式（10-10）可简化为：

$$C_i(\%) = \frac{A_i}{\sum\limits_{i=1}^{n} A_i} \times 100\% \qquad (10\text{-}11)$$

如果色谱峰峰形对称，窄长，操作条件稳定，使各组分色谱峰的半峰宽不发生变坏，可用峰高代替峰面积进行归一化法定量，即：

$$C_i(\%) = \frac{f_i'' h_i}{\sum\limits_{i=1}^{n} f_i'' h_i} \times 100\% \qquad (10\text{-}12)$$

式中，h_i 为峰高；f_i'' 为峰高校正因子，须自行测定，测定方法与峰面积校正因子相同。

归一化法的优点是简便、准确，当操作条件如进样量、流速等变化时，对结果影响小。若试样中的组分不能全部出峰，则不能用此法。

② 内标法。当试样中所有组分不能全部出峰，或只要测定试样中某几个组分时，可采用此法。

将一定量的纯物质作为内标物加到准确称取的试样中，根据被测组分和内标物的峰面积来计算被测组分的含量。内标物是试样中不存在的纯物质，加入量应接近待测组分的量，同时要求内标物的色谱峰应位于待测组分色谱峰附近或几个待测组分色谱峰的中间。

设试样质量为 m（g），加入的内标物质量为 m_s（g），待测物和内标物的峰面积分别为 A_i、A_s，质量校正因子分别为 f_i'，f_s'，则：

$$m_i = f_i' A_i$$
$$m_s = f_s' A_s$$

所以

$$\frac{m_i}{m_s} = \frac{f_i' A_i}{f_s' A_s}$$

$$m_i = m_s \frac{f_i' A_i}{f_s' A_s} \qquad (10\text{-}13)$$

试样中组分 i 的质量分数为：

$$C_i(\%) = \frac{m_s \dfrac{f_i' A_i}{f_s' A_s}}{m} \times 100\% \qquad (10\text{-}14)$$

内标法中常以内标物为基准，即 $f_s' = 1.0$，则：

$$C_i(\%) = \frac{m_s f_i' A_i}{m A_s} \times 100\% \qquad (10\text{-}15)$$

同时峰面积亦可用峰高代替，则：

$$C_i(\%) = \frac{m_s f_i'' h_i}{m h_s} \times 100\% \qquad (10\text{-}16)$$

内标法的优点是定量准确，操作条件不要求严格控制，试样中含有不出峰的组分时亦能应用。但每次分析时，都要准确称取试样和内标物质量，比较费事，不适用于快速控制分析。

③ 外标法。外标法是用欲测组分的纯物质来制作标准曲线。取纯物质配成一系列不同浓度的标准溶液，分别取一定的体积，注入色谱仪，测出峰面积，作峰面积（或峰高）和浓度的标准曲线，然后在同样的条件下进相同量的试样（固定量进样），测出该试样的峰面积（或峰高），由上述标准曲线查出待测组分的含量。

外标法操作简单，计算方便，不必用校正因子，但要求操作条件稳定，进样量重复性好，否则对分析结果影响较大。

10.5 气相色谱法在水质分析中的应用

许多有机物污染物常用气相色谱法进行分离测定，因此气相色谱法是水质分析中重要的仪器分析方法。在水质分析中的关键问题是如何去除大量水的影响。其办法是选择受水影响较小的检测器：例如氢火焰离子化检测器适宜于具有水的样品，一般对少量的水是没有反应的，但是大量的水进入检测器时就产生灭火、灵敏度降低、基线提高、拖尾现象加重。自样品中除去水分，浓集欲测物质，是气相色谱法在水质分析中应用的特点。

在测定水中微量有机物时，为避免水的干扰，经常采用如下办法。

（1）有机溶剂萃取　这是最常用的方法。将被测组分萃取到有机溶剂层中，去除水分，达到浓集的目的。考虑到萃取时该物质在水和有机溶剂中的分配系数不尽一致，所以经常将欲测物质的标准样也配成溶液，然后与水样同时萃取。

（2）采用适当的固定相　它能使水峰提前，往往可避免水的干扰。例如，用 GDX-101 型固定相（吸附剂），在 10s 内就出现水峰，而被测组分在 1～2min 后才出现。但应指出，只有水样中被测组分的浓度较高时（如大于几毫克每升），才能直接注入水样。

（3）选择适当的分离条件　选择适当的条件可以避免水峰的干扰。如将欲测物质的保留时间避开水峰的出现时间，或者选择适当的柱温也能收到效果。例如用聚乙二醇琥珀酸酯的高醛、醇、酸效果很好，但若柱温为 200℃ 时，10μL 水的水峰将高达 10 余厘米，而在 100℃ 时只有 1cm 左右的线条，不影响测定。

第11章

水质分析实验

11.1 水质分析基本操作

11.1.1 仪器的认领和洗涤

(1) 目的要求

① 熟悉仪器名称、规格，掌握玻璃仪器洗涤方法。

② 认识仪器洗涤在分析化学实验中的重要作用，洗净一套符合分析要求的仪器。

③ 了解常用洗涤剂的配制方法。

(2) 概述　分析仪器的洁净与否，是影响分析结果准确度的重要原因之一，其影响主要有两个方面：①不清洁仪器在测定过程中可能带入干扰成分；②不清洁仪器内壁挂水珠难以准确计量溶液体积。所以分析工作者要有误差观念，按分析要求，充分重视并认真洗涤仪器。

玻璃仪器大体可分为两类：①用来准确计量溶液体积的，如移液管、滴定管、容量瓶等。这类仪器的内壁不仅要求清洁，而且要求光滑，所以不能用普通毛刷蘸去污粉擦洗内壁，而只能用适当的洗涤剂或用质软的羊毛刷蘸肥皂洗涤；②是除上述以外的一般玻璃仪器，其内、外壁均可用毛刷蘸去污粉擦洗。

仪器的洁净标准是清洁透明，水沿器壁自然流下后不挂水珠。

分析仪器每次使用后必须洗净放置，以备下次再用。

(3) 几种常用洗涤剂的配制

① 铬酸洗液。过去曾广泛使用，但由于六价铬有毒，污染环境，近几年来逐渐减少使用。其配制方法如下。称取 20g $K_2Cr_2O_7$（工业纯）于 1000mL 烧杯中，加水 40mL，加热溶解、冷却，边搅拌边缓缓加入 360mL 浓 H_2SO_4（工业纯），冷却后储于玻璃瓶中，待用（注意：a. 加浓硫酸时发出大量的热，甚至引起局部沸腾，故浓 H_2SO_4 应在搅拌下缓慢加入。b. 铬酸洗液具有强氧化性，易灼伤皮肤，烧烂衣服，使用时必须十分小心）。

② 合成洗涤剂。用于一般洗涤，将合成洗涤粉用热水配成浓溶液。

③ $NaOH\text{-}KMnO_4$ 溶液。用于洗涤油污及有机物。将 4g $KMnO_4$（工业纯）溶于少量水中，缓缓加入 100mL 10% $NaOH$ 溶液（洗涤后若仪器壁上附着 MnO_2 可用 Na_2SO_3 溶液或 $HCl\text{-}NaNO_2$ 溶液洗去）。

④ KOH 乙醇溶液。用于洗涤油污，一般用质量浓度表示。

⑤ HNO_3 乙醇溶液。用于洗涤油污及有机物。常用来洗涤酸式滴定管内的油污。使用时先在滴定管中加 3mL 乙醇，再沿壁加入 4mL 浓 HNO_3，用橡皮滴头盖住滴定管口，保留

一段时间，产生大量 NO_2，即可除去油污及其他有机物。

（4）仪器清单及洗涤步骤

① 熟悉仪器名称、规格，清点数量，检查质量，若数量不足或有破损，应先补足后再洗涤。

② 洗涤。滴定管、移液管、容量瓶、小滴管等小口径仪器，先用自来水冲洗、沥干水分，并适当用洗涤剂润洗内壁（必要时浸泡许时），洗液从下嘴放出，回收入洗液储瓶中，然后用自来水充分冲洗，并检查有无挂水珠，若挂水珠表明尚未洗净，需重新洗涤至不挂水珠。最后用蒸馏水吹洗内壁 2~3 次即可使用。

除上述仪器之外，均系大口径仪器，洗涤时先用自来水冲洗，沥干水分，再用毛刷蘸去污粉擦洗内外壁，以自来水充分冲洗，检查有无水珠，若已不挂水珠，再用蒸馏水冲洗 2~3 次即可使用。

③ 检查漏水

a. 滴定管的活塞（或玻璃珠部分）应不漏水，且要求转动灵活。检查漏水的方法如下。

（a）酸式滴定管检查。滴定管内装水至零刻度以上，赶走下端气泡，直夹于滴定管架上，2min 观察有无渗水，将活塞旋转 180°，继续观察 2min，若两次均无渗水且转动灵活即可使用。若漏水或转动不灵活，则需重涂凡士林，涂凡士林的方法是：拔出活塞，用滤纸吸干活塞及塞槽。在活塞孔两端涂上薄薄一层凡士林，孔旁两侧可不涂或尽量少涂，以防堵住。将活塞插入塞槽，向同一方向旋转至凡士林成均匀透明薄膜。再次检查漏水。若不漏水且转动灵活即可使用。

（b）碱式滴定管检查。装水至零刻度以上，赶走下端气泡，直夹于滴定管架上，观察2min。若漏水，则选择与橡皮管大小适配且圆滑的玻璃珠，塞入橡皮管内，可避免漏水。

b. 容量瓶漏水检查。用水充满至标线，塞上塞子，左手食指按住瓶塞，右手手指托住瓶底，倒立 2min。再将瓶塞转 180°，同样倒立 2min，若两次均不漏水即可使用。若漏水则需调换容量瓶。

（5）注意事项

① 擦净仪器柜，将仪器整齐排列于柜中（打开容量瓶塞子，倒立放置，沥干水分，以待校正容积）。

② 将实验台上塑料箱中的各种仪器按黑板所示顺序排好，如有缺少请向老师说明，清洁台面，实验完毕。

11. 1. 2　电子天平的使用及称量练习

（1）目的要求

① 了解电子天平的使用规则。

② 准确掌握减量法的称量方法。

（2）电子天平操作方法

① 取下天平罩，折叠后置于台面靠墙处。

② 称量前检查天平是否水平。

③ 观察水平仪中的水泡是否位于中心，天平内部是否清洁。

④ 接通电源，调节天平零点。

⑤ 按 "ON" 键开启显示器。

⑥ 若显示屏显示不为 0.0000 （g），按 "TAR" 键使其显示为 0.0000 （g）。

⑦ 轻轻将被称物置于称盘上，待数字稳定，显示屏右边的"0"标志熄灭，所显数字即为被称物的质量。若被称物需置于容器中称量，则应先将容器置于称盘上，天平显示容器质量，按"TAR"键显示为零，即去皮重，再置被称物于容器中，这时显示的是被称物的净重。

⑧ 称量完毕，按"OFF"键，取下被称物，关闭天平门，盖好天平罩。

（3）减量法操作方法　此法常用于称取易吸水、易氧化或易与 CO_2 反应的物质。称取固体试样时，将适量试样装入洁净的干燥称量瓶内，置于天平盘上准确称量，设质量为 m_1。然后用左手以纸条套住称量瓶，将它从天平上取下，置于准备盛放试样的容器上方，并使称量瓶侧倾，右手用小纸片捏住称量瓶盖的尖端，打开瓶盖，并用它轻轻敲击瓶口，使试样慢慢落入容器内，注意不要撒在容器外。当倾出的试样接近所要称取的质量时，把称量瓶慢慢竖起，同时用称量瓶盖轻轻敲击瓶口上部，使黏附在瓶口试样落下，然后盖好瓶盖，再将称量瓶放回天平盘上称量，设称得质量为 m_2，两次质量之差即为试样的质量。

（4）电子天平的称量练习

① 准确称出一洁净干燥的瓷坩埚的质量。用坩埚钳取一洁净干燥的瓷坩埚，放入天平准确称量其质量 W_0。

② 准确称出一内装试样的称量瓶的质量（W_1）。取一内装试样的称量瓶，放入天平托盘中，关上天平门，准确称量其质量 W_1。

③ 用一小条洁净的纸条套在称量瓶上，用手拿取，再用小纸片包住瓶盖，将盖打开，用手轻轻敲击称量瓶。转移试样 $0.3\sim0.4g$ 于瓷坩埚中，然后准确称出称量瓶加剩余试样的质量（W_2）。称得试样的质量为 $\Delta W = W_1 - W_2$，此方法为"减量法"。

④ 准确称出瓷坩埚加试样的质量 W_3。

⑤ 计算出称得试样的质量 $\Delta W' = W_3 - W_0$，ΔW 与 $\Delta W'$ 的差值不大于 $0.5mg$。

⑥ 按上述步骤重复称量两次。

（5）注意事项

① 每次称量前，按键盘"TAR"键将天平调为"0.0000"。

② 检查天平是否复原，数据是否按要求记录好，试样是否放回原处，天平各部是否清洁，天平门是否关好，检查并确认完毕，罩上布罩。

11.1.3　酸碱标准溶液的配制和标定

（1）目的要求

① 掌握 NaOH 和 HCl 标准溶液的配制方法。

② 训练、掌握滴定操作及终点的判断。

（2）试剂

① 0.1mol/L NaOH 溶液。用量筒量取 5.5mL NaOH 饱和溶液立即倾入盛有 1000mL 不含 CO_2 水❶的试剂瓶中，用橡皮塞塞好瓶口，摇匀。

② 0.1mol/L HCl 溶液。用量筒量在通风橱中取浓 HCl 约 8.4mL，倒入试剂瓶中，用蒸馏水稀释至 1L，盖上玻璃塞，摇匀。

③ 酚酞。1%乙醇溶液。

④ 甲基橙。0.2%水溶液。

---

❶ 把普通蒸馏水煮沸蒸发去原始体积 $1/5\sim1/4$ 就可以获得无 CO_2 的蒸馏水。

⑤ 邻苯二甲酸氢钾（KHP）基准试剂。在 $105\sim110℃$ 干燥后备用，干燥温度不宜过高，否则脱水而成邻苯二甲酸酐。

⑥ Na_2CO_3 基准试剂。将无水 Na_2CO_3 置于瓷坩埚中，在 $270\sim300℃$ 的高温炉内灼烧 1h，然后放入干燥器中，冷却后备用。

（3）基本原理　标定酸溶液和碱溶液所用的基准物质有多种，本实验中各介绍一种常用的。

用于标定 NaOH 溶液的基准物质最常用的是邻苯二甲酸氢钾（简称 KHP），其结构式为：

$$\text{（邻苯二甲酸氢钾结构式）COOH / COOK}$$

其中只有一个电离的 H^+，标定时的反应式为：

$$KHC_8H_4O_4 + NaOH =\!=\!= KNaC_8H_4O_6 + H_2O$$

KHP 用作基准物的优点是：①易于获得纯品；②易于干燥，不吸潮；③摩尔质量大，可相对降低称量误差。

用于标定 HCl 溶液的基准物质常用的是 Na_2CO_3，它在标定时的反应式为：

$$Na_2CO_3 + 2HCl =\!=\!= 2NaCl + H_2O + CO_2$$

（4）实验步骤

① 0.1mol/L NaOH 溶液的标定。平行准确称取 $0.4\sim0.6g$ 的 $KHC_8H_4O_4$ 三份，分别放入 250mL 锥形瓶中，加 $20\sim30mL$ 水溶解，加入 2 滴 1% 酚酞指示剂。用 NaOH 溶液滴定至溶液呈现微红色 30s 内不褪色为终点，计算 NaOH 标准溶液的摩尔浓度。

② 0.1mol/L HCl 溶液的标定。用减量法准确称取 $0.12\sim0.15g$ 无水 Na_2CO_3 三份，倒入 250mL 锥形瓶中，加 $20\sim30mL$ 水溶解后，加 1 滴甲基橙指示剂，用 HCl 溶液滴定至溶液由黄色变为橙色为终点，记录滴定时消耗 HCl 溶液的体积。根据 Na_2CO_3 基准物的质量，计算 HCl 溶液的物质的量浓度。

（5）数据的记录与结果处理（示例）

① NaOH 溶液的标定，计算式为：

$$c_{NaOH} = \frac{W_{KHP} \times 1000}{V_{NaOH} \times 204.2} mol/L$$

② HCl 溶液的标定（格式同上）。

11.2　课堂实验

11.2.1　水样的碱度测定（双指示剂连续滴定法）

（1）目的要求

① 掌握双指示剂连续滴定法测定水样的碱度的方法和原理。

② 提高滴定操作的熟练程度。

（2）原理　用盐酸标准溶液滴定水样，当酚酞变色时，NaOH 全部被中和，而 Na_2CO_3 只被中和到 $NaHCO_3$，在此溶液中再加入甲基橙指示剂，继续滴定到终点，则 $NaHCO_3$ 全部被中和，生成 CO_2 和 H_2O。根据两个终点先后耗用的 HCl 标准溶液的体积即可推算水样中含有何碱度及其含量。

（3）试剂

① 甲基橙指示剂，0.2% 水溶液。

② 酚酞指示剂，1% 乙醇溶液。

③ 0.1mol/L HCl 标准溶液。

（4）分析步骤　将水样装于小滴瓶中，用减量法称取试样 3~4g（准确至 0.001g）于预先盛有 2/3 水的 250mL 容量瓶中，初步混匀后，用水稀释到刻度，充分摇匀。

吸取上述试液 25.00mL 于锥形瓶中，加酚酞指示剂 2 滴，用 0.1mol/L HCl 标准溶液滴定至红色刚褪去，记下 HCl 消耗量为 V_1。于此溶液中，再加甲基橙指示剂 1~2 滴，继续用 HCl 标准溶液滴定至终点（橙色），记录消耗 HCl 标液的总体积 $V_总$，$V_总 - V_1 = V_2$。按下式计算含量：

$$NaOH(\%) = \frac{(V_1 - V_2) \times c_{HCl} \times 40.00}{W \times \frac{25}{250} \times 1000} \times 100\% = \frac{(V_1 - V_2) \times c_{HCl} \times 40.00}{W} \times 100\%$$

$$Na_2CO_3(\%) = \frac{2V_2 \times c_{HCl} \times 106.0}{W \times \frac{25}{250} \times 2000} \times 100\% = \frac{V_2 \times c_{HCl} \times 106.0}{W} \times 100\%$$

$$总碱度（以 NaOH 计，\%） = \frac{(V_2 + V_1) \times c_{HCl} \times 40.00}{W \times \frac{25}{250} \times 1000} \times 100\% = \frac{(V_2 + V_1) \times c_{HCl} \times 40.00}{W} \times 100\%$$

（5）数据的记录与处理

（6）思考题

① 为什么可用 HCl 直接滴定 Na_2CO_3 与 $NaHCO_3$，而不能直接滴定 NaAc？

② 双指示剂法测定碱液的结果，可能有下列五种情况：

a. $V_1 > V_2$；b. $V_1 = V_2$；c. $V_1 < V_2$；d. $V_1 = 0$，只有 V_2；e. $V_2 = 0$，只有 V_1。

问各种情况下，水样中存在何种碱度？

③ 用 HCl 标准溶液滴定至酚酞变色时，如超过终点能否用 NaOH 标准溶液回滴？

11.2.2　水样的硬度测定（配位滴定法）

（1）实验目的

① 掌握 EDTA 标准溶液的配制和标定方法。

② 学会判断配位滴定的终点判断。

③ 了解缓冲溶液的应用。

④ 掌握水样硬度的测定方法。

（2）基本原理　EDTA 能与大多数金属离子形成 1:1 的稳定配合物，标定 EDTA 溶液的基准物常用的有 Zn、Cu、Pb、$CaCO_3$、$MgSO_4 \cdot 7H_2O$ 等。用 Zn 作基准物可以用铬黑 T（EBT）作指示剂，在 $NH_3 \cdot H_2O$-NH_4Cl 缓冲溶液（pH = 10）中进行标定，其反应如下。

滴定前：　　　　　$Zn^{2+} + In^{3-} \Longrightarrow ZnIn^-$

　　　　　　　　（纯蓝色）　　　　（酒红色）

式中，In^{3-} 为金属指示剂。

滴定开始至终点前：　　　　$Zn^{2+} + Y^{4-} \Longrightarrow ZnY^{2-}$

终点时：　　　　　　$ZnIn^- + Y^{4-} \Longrightarrow ZnY^{2-} + In^{3-}$

　　　　　　　　　　　（酒红色）　　　　　（纯蓝色）

所以，终点时溶液从酒红色变为纯蓝色。

用 EDTA 测定 Ca^{2+}、Mg^{2+} 时，通常在两个等分溶液中分别测定 Ca^{2+} 的含量以及 Ca^{2+}、Mg^{2+} 的总量，Mg^{2+} 的含量从两者所用 EDTA 的量的差求出。

在测定 Ca^{2+} 时，先用 NaOH 调节溶液到 pH＝12～13，使 Mg^{2+} 生成难溶的 $Mg(OH)_2$ 沉淀。加入钙指示剂与 Ca^{2+} 配位呈红色。滴定时，EDTA 先与游离的 Ca^{2+} 配位，然后夺取已和指示剂配位的 Ca^{2+}，使溶液的红色变成蓝色为终点。从 EDTA 标准溶液用量可计算 Ca^{2+} 的含量。

测定 Ca^{2+}、Mg^{2+} 总量时，在 pH＝10 的缓冲溶液中，以铬黑 T 为指示剂，用 EDTA 滴定。因稳定性 $CaY^{2-} > MgY^{2-} > MgIn^- > CAIn^-$，铬黑 T 先与部分 Mg^{2+} 配位为 $MgIn^-$ （酒红色）。而当 EDTA 滴入时，EDTA 首先与 Ca^{2+} 和 Mg^{2+} 配位，然后再夺取 $MgIn^-$ 中的 Mg^{2+}，使铬黑 T 游离，因此到达终点时，溶液由酒红色变为纯蓝色。从 EDTA 标准溶液的用量，即可以计算样品中钙镁总量，然后换算为相应的硬度单位。

（3）仪器、药品

① 仪器。仪器包括分析天平、滴定管（碱式）、移液管（25.00mL）、容量瓶（250mL）。

② 药品。$NH_3 \cdot H_2O$-NH_4Cl 缓冲溶液（pH＝10）：取 6.75g NH_4Cl 溶液于 20mL 水中，加入 57mL 15mol/L $NH_3 \cdot H_2O$，用水稀释到 100mL。铬黑 T 指示剂、钙指示剂、纯 ZnO，EDTA 二钠盐（A.R）、6mol/L HCl 溶液、6mol/L 氨水。

（4）实验内容

① 0.01mol/L EDTA 溶液的配制。称取 1.9g EDTA 二钠盐，溶于 500mL 水中，必要时可温热以加快溶解（若有残渣可过滤除去）。

② 0.01mol/L Zn^{2+} 标准溶液的配制。将 ZnO 在 800℃灼烧至恒重，干燥器中冷却。准确称取 ZnO 0.20～0.25g，置于 100mL 小烧杯中，加 5mL 6mol/L HCl 溶液，盖上表面皿，使 ZnO 完全溶解。吹洗表面皿及杯壁，小心转移于 250mL 容量瓶中，用水稀释至刻度标线，摇匀。计算 Zn^{2+} 标准溶液的浓度（c_{Zn}^{2+}）。

③ EDTA 溶液浓度的标定。用 25mL 移液管吸取 Zn^{2+} 标准溶液置于 250mL 锥形瓶中，逐滴加入 6mol/L $NH_3 \cdot H_2O$，同时不断摇动直至开始出现白色 $Zn(OH)_2$ 沉淀。再加 5mL $NH_3 \cdot H_2O$-NH_4Cl 缓冲溶液、50mL 水和少量固体铬黑 T，用 EDTA 标准溶液滴定至溶液由酒红色变为纯蓝色即为终点，记下 EDTA 溶液的用量 V_{EDTA}（mL），重复一次，计算 EDTA 的浓度（c_{EDTA}）。

④ Ca^{2+} 的测定。用移液管准确吸取水样 50.00mL 于 250.00mL 锥形瓶中，加入 50mL 蒸馏水，2mL 6mol/L NaOH 溶液（pH＝12～13），少量固体钙指示剂。用 EDTA 溶液滴定，不断摇动锥形瓶，当溶液变为纯蓝色时，即为终点。记下所用毫升数 V_1，用同样方法重复一次。

⑤ Ca^{2+}、Mg^{2+} 总量的测定。准确吸取水样 50.00mL 于 250mL 锥形瓶中，加 50mL 蒸馏水，加 2mL 三乙醇胺掩蔽剂，5mL $NH_3 \cdot H_2O$-NH_4Cl，少量固体铬黑 T 指示剂。用 EDTA 溶液滴定，当溶液由酒红色变为纯蓝色时，即为终点。记下所用毫升数据 V_2，用同样方法再测定一份。

按下式分别计算 Ca^{2+}、Mg^{2+} 总量（以 CaO 的 mg/L 表示）及 Ca^{2+} 和 Mg^{2+} 的分量 (mg/L)：

$$CaO(mg/L) = \frac{(cV_2)_{EDTA} \times M_{CaO}}{50.00} \times 1000$$

$$Ca^{2+}(mg/L) = \frac{(cV_1)_{EDTA} \times M_{Ca}}{50.00} \times 1000$$

$$Mg^{2+}(mg/L) = \frac{c_{EDTA}(V_2 - V_1) \times M_{Mg}}{50.00} \times 1000$$

(5) 思考题

① 若在调节溶液 pH=10 的操作中，加入很多 $NH_3 \cdot H_2O$ 后仍不见白色沉淀出现是何原因？应如何避免？

② 测定水样中若含有少量 Fe^{2+}、Cu^{2+} 离子时，对终点有何影响？应如何消除？

11.2.3 分光光度法测定水样中铁的含量

(1) 目的要求

① 学习分光光度法的基本条件实验和某些显色反应条件的选择方法。

② 掌握用分光光度法测定单一组分的含量。

③ 掌握摩尔比法测定配合物组成的原理和方法。

(2) 实验原理 邻二氮菲是测定微量铁的一种较好的显色试剂，在 pH=2～9 的溶液中，试剂与 Fe^{2+} 生成稳定的红色配合物，其最大吸收波长为 508nm，摩尔吸光系数 $\varepsilon = 1.1 \times 10^4 L/(mol \cdot cm)$，配合物的 $lgK_{稳}^{\ominus}=21.3$，Fe^{2+} 与邻二氮菲的反应如下：

本方法的选择性很高，相当于含铁量 40 倍的 Sn^{2+}、Al^{3+}、Ca^{2+}、Mg^{2+}、Zn^{2+}、SiO_2^{2-}，20 倍的 Cr^{3+}、Mn^{2+}、V（V）、PO_4^{3+}，5 倍的 Co^{2+}、Cu^{2+} 等均不干扰测定。

(3) 试剂

① 10^{-3} mol/L 标准铁溶液（实验室已准备） （含 0.5mol/L HCl 溶液）。准确称取 0.4822g $NH_4Fe(SO_4)_2 \cdot 12H_2O$，置于烧杯中，加入 80mL1∶1HCl 和少量水，溶解后，转移至 1L 容量瓶中，用水稀释至刻度，摇匀。

② 标准铁溶液(含铁 $20\mu g/mL$)。准确称取 0.1727g $NH_4Fe(SO_4)_2 \cdot 12H_2O$ 置于烧杯中，加入 20mL 1∶1 HCl 和少量水，溶解后，转移至 1000mL 容量瓶中，用水稀释至刻度，摇匀。

③ 邻二氮菲溶液，0.15%（新鲜配制）。

④ 10^{-3} mol/L 邻二氮菲溶液。准确称取 0.1982g 邻二氮菲（$C_{12}H_8N_2H_2O$）于 400mL 烧杯中，加水溶解，转移至 1000mL 容量瓶中，用水稀释至刻度，摇匀。

⑤ 10% 盐酸羟氨，水溶液（临用时配制）。

⑥ 1mol/L 乙酸钠溶液。

⑦ 0.1mol/L NaOH 溶液。

⑧ HCl 溶液（1∶1）。

⑨ 待测铁试液。

（4）分析步骤

① 条件实验

a. 吸收曲线的制作。用吸量管吸取 10.00mL 含铁 $20\mu g/cm^3$ 的标准铁溶液，注入 50mL 容量瓶中，加入 1mL 10％盐酸羟胺溶液，摇匀，再加入 2mL 0.15％邻二氮菲溶液，5mL 1mol/L 的乙酸钠溶液，以水稀释至刻度，摇匀，在 722 型分光光度计上，用 1cm 比色皿，采用试剂空白为参比溶液，在 440～560nm 间，每隔 10nm 测定一次吸光度，以波长为横坐标，吸光度为纵坐标，绘制吸收曲线，从而选择测定铁的适宜波长。

b. 显色剂浓度的影响。取 7 只 50mL 容量瓶，各加入 2mL 10^{-3} mol/L 标准铁溶液和 1mL 10％盐酸羟胺溶液，摇匀，分别加入 0.10mL、0.30mL、0.50mL、0.80mL、1.0mL、2.0mL、4.0mL 0.15％邻二氮菲溶液，然后加 5mL 1mol/L 乙酸钠，用水稀释至刻度，摇匀，在 722 型分光光度计上，用 1cm 比色皿，在所选波长下，以试剂空白为参比溶液，测定显色剂各浓度的吸光度，以显色剂邻二氮菲的毫升数为横坐标，相应的吸光度为纵坐标，绘制吸光度-试剂用量曲线，从而确定在测定过程中应加入的试剂体积数。

c. 有色溶液的稳定性。在 50mL 容量瓶中，加入 2mL 10^{-3} mol/L 标准铁溶液，1mL10％盐酸羟胺溶液，加入 2mL 0.15％邻二氮菲溶液，5mL 1mol/L NaAc 溶液，用水稀释至刻度，摇匀。立即在所选择的波长下，用 1cm 比色皿，以相应的试剂空白溶液为参比溶液，测定吸光度，然后放置 5min、10min、30min、1h、2h、3h，测定相应的吸光度，以时间为横坐标，吸光度为纵坐标，绘出吸光度-时间曲线，从曲线上观察此配合物稳定性的情况。

d. 溶液酸度的影响。在 9 只 50mL 容量瓶中，分别加入 2mL 10^{-3} mol/L 标准铁溶液，1mL 10％盐酸羟胺，2mL 0.15％邻二氮菲溶液，从滴定管中分别加入 0、2mL、5mL、8mL、10mL、20mL、25mL、30mL、40mL 0.1mol/L NaOH 溶液，摇匀。以水稀释至刻度，摇匀。用精密 pH 试纸测定各溶液的 pH 值，然后在所选择的波长下，用 1cm 比色皿，以各自相应的试剂空白为参比溶液，测定其吸光度。

以 pH 值为横坐标，溶液相应的吸光度为纵坐标，绘出吸光度-pH 值曲线，找出进行测定的适宜 pH 区间。

② 铁含量的测定

a. 标准曲线的制作。在 6 只 50mL 容量瓶中，用吸量管分别加 0.00、2.00mL、4.00mL、6.00mL、8.00mL、10.00mL 标准铁溶液（含铁 $20\mu g/cm^3$），再分别加入 1mL 10％盐酸羟胺溶液、2mL 0.15％邻二氮菲溶液和 5mL 1mol/L 乙酸钠溶液，以水稀释至刻度，摇匀。在所选择的波长下，用 1cm 比色皿，以试剂空白为参比液，测定各溶液的吸光度。

b. 铁含量的测定。吸取含铁试液代替标准溶液，其他步骤均同标准曲线，由测得的吸光度在标准曲线上查出铁的微克数，计算铁含量。

③ 配合物组成的测定——摩尔比法。取 9 只 50mL 容量瓶，各加 1mL 10^3 mol/L 标准铁溶液，1mL 10％盐酸羟胺溶液，依次加入 10^{-3} mol/L 邻二氮菲溶液 1.0mL、1.5mL、2.0mL、2.5mL、3.0mL、3.5mL、4.0mL、4.5mL、5.0mL，然后各加 5mL 1mol/L 乙酸钠，用水稀释到刻度，摇匀。在所选择的波长下，用 1cm 比色皿，以各自的试剂空白为参比，测定各溶液的吸光度。以吸光度对 c_R/c_{Fe} 作图，根据曲线上前后两部分延长线的交点位置确定反应的配位比。

（5）数据记录与处理

① 吸收曲线。

② 标准曲线与铁含量的测定。

（6）思考题

① 什么叫吸收曲线？有何用途？

② 用邻二氮菲法测定铁时，为什么在测定前需加入还原剂盐酸羟胺？

③ 做吸收曲线测量最大吸收波长时，标准溶液的浓度对实验有无影响？

11.2.4 气相色谱法测定水样中醇类物质的含量

（1）实验目的

① 了解气相色谱的分析流程、检测原理及色谱仪的一般操作方法。

② 初步掌握进样技术。

③ 掌握利用保留时间定性及归一化法定量的分析方法。

（2）一般流程及检测原理　色谱定量分析的依据是：被分析组分的量或其在载气中的浓度与检测器的响应信号成正比，即物质的量正比于色谱峰面积。色谱峰面积是色谱定量分析的基础，它是流经检测器的载气中组分含量瞬时变化所反映出来的曲线下的面积。峰面积可以由计算机加色谱工作站来直接求得。但是，由于检测器对分析组分的响应情况不一样，所以要想得到准确的定量分析结果，首先必须准确地测量面积，求出色谱信号强度与各物质量的关系因子（即校正因子 f_i），同时也要正确地选用定量计算方法来进行数据处理。一般来说，待测组分的校正因子不能直接得到，通常用相对校正因子（f_i'）来代替。常选择标准物，其 $f_s = 1.0$，则组分的相对校正因子为：

$$f_i' = m_i A_s / m_s A_i$$

当样品中各组分都能出峰时，采用归一化法既方便又准确，进样量大小对结果影响较小。归一化法定量计算方法：

$$W_i = \frac{f_i' A_i}{f_1' A_1 + f_2' A_2 + \cdots + f_n' A_n}$$

式中，A_i 为样品中某组分 i 的峰面积；f_i' 为样品中某组分 i 相对校正因子；W_i 为某组分 i 在样品中的质量分数。

（3）试剂、仪器及实验条件

① 乙醇、丙醇、异丁醇及正丁醇纯标样各一瓶。

② 乙醇、丙醇、异丁醇及正丁醇混合样一瓶。

③ 微量注射器，$5\mu L$。

④ 色谱柱：填充柱 PEG20M，$2m \times 0.3mm$。

⑤ 实验条件：柱温 90℃；汽化温度 120℃；检测器（FID）120℃；载气为氮气；进样量 $0.2\mu L$。

（4）实验步骤

① 仪器调节（这部分内容由教师完成，学生只需要了解操作过程）

a. 做好使用登记。

b. 打开气路系统。打开氮、氢、空一体机的空气电源开关；观察空气压力表指针到 0.4MPa；观察氮气压力表指针到 0.4MPa 左右；然后打开氮气电源开关；打开氮气排空阀，排空运行 10min（排除气路内杂气，以保证氮气纯度）；观察氮气流量显示应在 350～550 之间；排除气路内杂气 10min 后，即关闭氮气排空阀（拧紧以保证密封良好），此时流量会根据色谱仪需气量进行跟踪显示。

c. 打开电脑主机及显示屏的电源，打开色谱工作站。

d. 气相色谱操作说明。打开气相色谱的电源开关；设置柱温，"OVEN"温度为90℃；"INJ"为120℃；"TCD"120℃；运行至TCD温度为120℃后，按"Rang"键，将桥流加到"110mA"；观察色谱基线稳定后进行进样；混合样进$0.3\mu L$；纯物质进$0.2\mu L$；报告打印，"报告预览"→"报告风格"→"实验信息"，然后输入有关内容。

e. 实验结束后关机须知。

气相色谱：先降TCD桥流，按Rang键，输入"0.1"后按"确认"将桥流降到"0mA"；依次将"OVEN"、"INJ"、"TCD"设置为常温；等仪器中各项设置恢复为常温后，再关闭气相色谱的电源。

氮、氢、空一体机：关闭空气电源开关；关闭氮气电源开关；打开氮气排空阀放气，彻底将阀杆拧松；关闭电脑。

② 进样及样品分析

a. 纯样品保留时间确定。取纯样品乙醇、丙醇、异丁醇及正丁醇$0.2\mu L$分别进样，根据色谱仪分析结果，记录纯样品的保留时间。

b. 混合样品分析。取乙醇、丙醇、异丁醇及正丁醇的混合样品$0.3\mu L$进样，经色谱仪分析后有四个组分峰，将这四个组分峰的保留时间和纯样品保留时间进行对比，根据保留时间确定四个组分峰所对应的组分名，并记录混合样品中各组分的峰高和半峰宽$Y_{1/2}$。

（5）结果与处理

① 定性分析水样组成。

② 用归一化法计算各醇类物质的相对含量。

（6）思考题

① 实验中为什么要先开气路？

② 气相色谱定性的依据是什么？归一化法定量条件如何？

附录 1　弱酸、弱碱在水中的解离常数（25℃，$I=0$）

弱酸名称	K_a	pK_a
砷酸 H_3AsO_4	$6.3 \times 10^{-3}(K_{a_1})$	2.20
	$1.0 \times 10^{-7}(K_{a_2})$	7.00
	$3.2 \times 10^{-12}(K_{a_3})$	11.50
偏亚砷酸 $HAsO_2$	6.0×10^{-10}	9.22
硼酸 H_3BO_3	5.8×10^{-10}	9.24
四硼酸 $H_2B_4O_7$	$1 \times 10^{-4}(K_{a_1})$	4.00
	$1 \times 10^{-9}(K_{a_2})$	9.00
碳酸 $H_2CO_3(CO_2+H_2O)$ *	$4.2 \times 10^{-7}(K_{a_1})$	6.38
	$5.6 \times 10^{-11}(K_{a_2})$	10.25
次氯酸 $HClO$	3.2×10^{-8}	7.49
氢氰酸 HCN	4.9×10^{-10}	9.31
氰酸 $HCNO$	3.3×10^{-4}	3.48
铬酸 H_2CrO_4	$1.8 \times 10^{-1}(K_{a_1})$	0.74
	$3.2 \times 10^{-7}(K_{a_2})$	6.50
氢氟酸 HF	6.6×10^{-4}	3.18
亚硝酸 HNO_2	5.1×10^{-4}	3.29
过氧化氢 H_2O_2	1.8×10^{-12}	11.75
磷酸 H_3PO_4	$7.5 \times 10^{-3}(K_{a_1})$	2.12
	$6.3 \times 10^{-8}(K_{a_2})$	7.20
	$4.4 \times 10^{-12}(K_{a_3})$	12.36
焦磷酸 $H_4P_2O_7$	$3.0 \times 10^{-2}(K_{a_1})$	1.52
	$4.4 \times 10^{-3}(K_{a_2})$	2.36
	$2.5 \times 10^{-7}(K_{a_3})$	6.60
	$5.6 \times 10^{-10}(K_{a_4})$	9.25
正亚磷酸 H_3PO_3	$3.0 \times 10^{-2}(K_{a_1})$	1.52
	$1.6 \times 10^{-7}(K_{a_2})$	6.79
氢硫酸 H_2S	$1.3 \times 10^{-7}(K_{a_1})$	6.89
	$7.1 \times 10^{-15}(K_{a_2})$	14.15

弱酸名称	K_a	pK_a
硫酸 HSO_4^-	$1.2 \times 10^{-2} (K_{a_2})$	1.92
亚硫酸 H_2SO_3	$1.3 \times 10^{-2} (K_{a_1})$	1.89
	$6.3 \times 10^{-8} (K_{a_2})$	7.2
硫代硫酸 $H_2S_2O_3$	$2.3 (K_{a_1})$	0.60
	$3 \times 10^{-2} (K_{a_2})$	1.60
偏硅酸 $H_2S_2O_3$	$1.7 \times 10^{-10} (K_{a_1})$	9.77
	$1.6 \times 10^{-12} (K_{a_2})$	11.80
甲酸 $HCOOH$	1.8×10^{-4}	3.74
乙酸（醋酸）CH_3COOH	1.8×10^{-5}	4.74
丙酸 $CH_3(CH_2)_2COOH$	1.3×10^{-5}	4.87
丁酸 $CH_3(CH_2)_2COOH$	1.5×10^{-5}	4.82
戊酸 $CH_3(CH_2)_3COOH$	1.4×10^{-5}	4.84
羟基乙酸 $CH_2(OH)COOH$	1.5×10^{-4}	3.83
一氯乙酸 $CH_2ClCOOH$	1.4×10^{-3}	2.86
二氯乙酸 $CHCl_2COOH$	5.0×10^{-2}	1.30
三氯乙酸 CCl_3COOH	0.23	0.64
氨基乙酸·H+ $^+NH_3CH_2COOH$	$4.5 \times 10^{-3} (K_{a_1})$	2.35
	$1.7 \times 10^{-10} (K_{a_2})$	9.77
抗坏血酸 $C_6H_8O_6$	$5.0 \times 10^{-5} (K_{a_1})$	4.30
	$1.5 \times 10^{-10} (K_{a_2})$	9.82
乳酸 $CH_3CHOHCOOH$	1.4×10^{-4}	3.86
苯甲酸 C_6H_5COOH	6.2×10^{-5}	4.21
草酸 $H_2C_2O_4$	$5.9 \times 10^{-2} (K_{a_2})$	1.23
	$6.4 \times 10^{-5} (K_{a_2})$	4.19
d-酒石酸 $HOOC(CHOH)_2COOH$	$9.1 \times 10^{-4} (K_{a_1})$	3.04
	$4.3 \times 10^{-5} (K_{a_2})$	4.37
邻苯二甲酸	$1.12 \times 10^{-3} (K_{a_1})$	2.95
	$3.9 \times 10^{-6} (K_{a_2})$	5.41
苯酚 C_6H_5OH	1.1×10^{-10}	9.95
乙二胺四乙酸 $H_6\text{-EDTA}^{2+}$	$0.13 (K_{a_1})$	0.90
$(I=0.1) H_6\text{-EDTA}^+$	$2.5 \times 10^{-2} (K_{a_2})$	1.60
$H_4\text{-EDTA}$	$8.5 \times 10^{-3} (K_{a_3})$	2.07
$H_2\text{-EDTA}^-$	$1.77 \times 10^{-3} (K_{a_4})$	2.75
$H_2\text{-EDTA}^{2-}$	$5.75 \times 10^{-7} (K_{a_5})$	6.24
$H\text{-EDTA}^{3-}$	$4.75 \times 10^{-11} (K_{a_6})$	10.34
丁二酸 $HOOC(CH_2)_2COOH$	6.2×10^{-5}	4.21

弱酸名称	K_a	pK_a
	2.3×10^{-6}	5.64
顺-丁烯二酸 CHCO$_2$H	1.2×10^{-2}	1.91
(马来酸)CHCO$_2$H	4.7×10^{-7}	6.33
反-丁烯二酸 CHCO$_2$H	8.9×10^{-4}	3.05
(富马酸)HO$_2$CCH	3.2×10^{-5}	4.49
邻苯二酚	4.0×10^{-10}	9.40
	2×10^{-13}	12.80
水杨酸	1.1×10^{-3}	2.97
	1.8×10^{-14}	13.74
磺基水杨酸	4.7×10^{-3}	2.33
	4.8×10^{-12}	11.32
CH$_2$CO$_2$H	7.4×10^{-4}	3.13
柠檬酸 C(OH)CO$_2$H	1.8×10^{-5}	4.74
CH$_2$CO$_2$H	4.0×10^{-7}	6.40
氨 NH$_3$	1.8×10^{-5}	4.74
联氨 H$_2$NNK$_2$	$3.0 \times 10^{-8}(K_{b_1})$	5.52
	$7.6 \times 10^{-15}(K_{b_2})$	14.12
羟胺 NH$_2$OH	9.1×10^{-9}	8.04
甲胺 CH$_3$NH$_2$	4.2×10^{-4}	3.38
乙胺 D$_2$H$_5$NH$_2$	4.3×10^{-4}	3.37
丁胺 CH$_3$(CH$_2$)$_3$NH$_2$	4.4×10^{-4}	3.36
乙醇胺 HOCH$_2$CH$_2$NH$_3$	3.2×10^{-5}	4.50
三乙醇胺(HOCH$_2$CH$_2$)$_3$N	5.8×10^{-7}	6.24
二甲胺(CH$_3$)$_2$NH	5.9×10^{-4}	3.23
二乙胺(CH$_3$CH$_2$)$_2$NH	8.5×10^{-4}	3.07
三乙胺(CH$_3$CH$_2$)$_3$N	5.2×10^{-4}	3.29
苯胺 C$_6$H$_5$NH$_2$	4.0×10^{-10}	9.40
邻甲苯胺	2.8×10^{-10}	9.55
对甲苯胺 CH$_3$ NH$_2$	1.2×10^{-9}	8.92
六次甲基四胺(CH$_2$)$_6$N$_4$	1.4×10^{-9}	8.85
咪唑	9.8×10^{-8}	7.01
吡啶	1.8×10^{-9}	8.74

弱酸名称	K_a	pK_a
哌啶	1.3×10^{-3}	2.88
喹啉	7.6×10^{-10}	9.12
乙二胺 $H_2NCH_2CH_2NH_2$	$8.5\times10^{-5}(K_{b_1})$	4.07
	$7.1\times10^{-8}(K_{b_2})$	7.15
8-羟基喹啉 C_9H_6NOH	6.5×10^{-5}	4.19
	8.1×10^{-10}	9.09

附录 2　络合物的稳定常数 （18～25℃）

金属离子	n	$\lg\beta_n$	I
氨络合物			
Ag^+	1,2	3.40；7.40	0.1
Cd^{2+}	1,…,6	2.65；4.75；6.19；7.12；6.80；5.14	2
Co^{2+}	1,…,6	2.11；3.74；4.79；5.55；5.73；5.11	2
Co^{3+}	1,…,6	6.7；14.0；20.1；25.7；30.8；35.2	2
Cu^+	1,2	5.93；10.86	2
Cu^{2+}	1,…,6	4.31；7.79；11.02；13.32；12.36	2
Ni^{2+}	1,…,6	2.80；5.04；6.77；7.96；8.71；8.74	2
Zn^{2+}	1,…,4	2.27；4.61；7.01；9.06	0.1
溴络合物			
Ag^+	1,…,4	4.38；7.33；8.00；8.73	0
Bi^{3+}	1,…,6	4.30；5.55；5.89；7.82；—；9.70	2.3
Cd^{2+}	1,…,4	1.75；2.34；3.32；3.70；	3
Cu^+	2	5.89；	0
Hg^{2+}	1,…,4	9.05；17.32；19.74；21.00	0.5
氯络合物			
Ag^+	1,…,4	3.04；5.04；5.04；5.30	0
Hg^{2+}	1,…,4	6.74；13.22；14.07；15.07	0.5
Sn^{2+}	1,…,4	1.51；2.24；2.03；1.48	0
Sb^{3+}	1,…,6	2.26；3.49；4.18；4.72；4.72；4.11	4
氰络合物			
Ag^+	1,…,4	—；21.1；21.7；20.6	0
Cd^{2+}	1,…,4	5.48；10.60；15.23；18.78	3
Co^{2+}	6	19.09	
Cu^+	1,…,4	—；24.0；28.59；30.3	0

金属离子	n	$\lg\beta_n$	I
Fe^{2+}	6	35	0
Fe^{3+}	6	42	0
Hg^{2+}	4	41.4	0
Ni^{2+}	4	31.3	0.1
Zn^{2+}	4	19.7	0.1
氟络合物			
Al^{3+}	1,…,6	6.13;11.15;15.00;17.75;19.37;19.84	0.5
Fe^{3+}	1,…,6	5.2;9.2;11.9;—;15.77;—;	0.5
Th^{4+}	1,…,3	7.65;13.46;17.97	0.5
TiO^{2+}	1,…,4	5.4;9.8;13.7;18.0	3
ZrO^{2+}	1,…,3	8.80;16.12;21.94	2
碘络合物			
Ag^+	1,…,3	6.58;11.74;13.68	0
Bi^{3+}	1,…,6	3.63;—;—;14.95;16.80;18.80	2
Cd^{2+}	1,…,4	2.10;3.34;4.49;5.41	0
Pd^{2+}	1,…,4	2.00;3.15;3.92;4.47	0
Hg^{2+}	1,…,4	12.87;23.82;27.60;29.83	0.5
磷酸络合物			
Ca^{2+}	CaHL	1.7	0.2
Mg^{2+}	MgHL	1.9	0.2
Mn^{2+}	MnHL	2.6	0.2
Fe^{2+}	FeHL	9.35	0.66
硫氰酸络合物			
Ag^+	1,…,4	—;7.57;9.08;10.08	2.2
Au^+	1,…,4	—;23;—;42	0
Co^{2+}	1	1.0	1
Cu^+	1,…,4	—;11.00;10.90;10.48	5
Fe^{3+}	1,…,5	2.3;4.2;5.6;6.4;6.4	离子强度不定
Hg^{2+}	1,…,4	—;16.1;19.0;20.9	1
硫化硫酸络合物			
Ag^+	1,…,4	8.82;13.46;14.15	0
Cu^+	1,2,3	10.35;12.27;13.71	0.8
Hg^{2+}	1,…,4	—;28.86;32.26;33.61	0
Pd^{2+}	1,3	5.1;6.4	0
乙酰丙酮络合物			
Al^{3+}	1,2,3,	8.60;15.5;21.30	0
Cu^{2+}	1,2	8.27;16.84	0

金属离子	n	$\lg\beta_n$	I
Fe^{2+}	1,2	5.07;8.67	0
Fe^{3+}	1,2,3	11.4;22.1;26.7	0
Ni^{2+}	1,2,3	6.06;10.77;13.09	0
Zn^{2+}	1,2	4.98;8.81	0
柠檬酸络合物			
Ag^+	Ag_2HL	7.1	0
Al^{3+}	$AlHL$	7.0	0.5
	AlL	20.0	
	$AlOHL$	30.6	
Ca^{2+}	CaH_3L	10.9	0.5
	CaH_2L	8.4	
	$CaHL$	3.5	
Cd^{2+}	CdH_2L	7.9	0.5
	$CdHL$	4.0	
	CdL	11.3	
Co^{2+}	CoH_2L	8.9	0.5
	$CoHL$	4.4	
	CoL	12.5	
Cu^{2+}	CuH_2L	12.0	0.5
	$CuHL$	6.1	0
	CuL	18.0	0.5
Fe^{2+}	FeH_2L	7.3	0.5
	$FeHL$	3.1	
	FeL	15.5	
Fe^{3+}	FeH_2L	12.2	0.5
	$FeHL$	10.9	
	FeL	25.0	
Ni^{2+}	NiH_2L	9.0	9.0
	$NiHL$	4.8	
	NiL	14.3	
Pd^{2+}	PbH_2L	11.2	11.2
	$PbHL$	5.2	
	PbL	12.3	
Zn^{2+}	ZnH_2L	8.7	0.5
	$ZnHL$	4.5	
	ZnL	11.4	

金属离子	n	$\lg\beta_n$	I
草酸络合物			
Al^{2+}	1,2,3	7.26;13.0;16.3	0
Cd^{2+}	1,2	2.9;4.7	0.5
Co^{2+}	CoHL	5.5	0.5
	CoH_2L	10.6	
	1,2,3	4.79;6.7;9.7	0
Co^{3+}	3	约 20	
Cu^{2+}	CuHL	6.25	0.5
	1,2	4.5;8.9	
Fe^{2+}	1,2,3	2.9;4.52;5.22	0.5~1
Fe^{3+}	1,2,3	9.4;16.2;20.2	0
Mg^{2+}	1,2	2.76;4.38	0.1
Mn(Ⅲ)	1,2,3	9.98;16.57;19.42	2
Ni^{2+}	1,2,3	5.3;7.64;8.5	0.1
Th(Ⅳ)	4	24.5	0.1
TiO^{2+}	1,2	6.6;9.9	2
Zn^{2+}	ZnH_2L	5.6;	0.5
	1,2,3	4.89;7.60;8.15	
磺基水杨酸络合物			
Al^{3+}	1,2,3	13.20;22.83;28.89	0.1
Cd^{2+}	1,2	16.68;29.08	0.25
Co^{2+}	1,2	6.3;9.82	0.1
Cr^{3+}	1	9.56	0.1
Cu^{2+}	1,2	9.52;16.45	0.1
Fe^{2+}	1,2	5.90;9.90	0~0.5
Fe^{3+}	1,2,3	14.64;25.18;32.12	0.25
Mn^{2+}	1,2	5.24;8.24	0.1
Ni^{2+}	1,2	6.42;10.24	0.1
Zn^{2+}	1,2	6.05;10.65	0.1
酒石酸络合物			
Bi^{3+}	3	8.30	0
Ca^{2+}	CaHL	4.85	0.5
	1,2	2.98;9.01	00.5
Cd^{2+}	1	2.8	1
Cu^{2+}	1,…,4	3.2;5.11;4.78;6.51	0
Fe^{3+}	3	7.69	0.5
Mg^{2+}	MgHL	4.65	

金属离子	n	$\lg\beta_n$	I
	1	1.2	0
Pd^{2+}	1,2,3	3.78;—;4.7	0.5
Zn^{2+}	ZnHL	4.5	
	1,2	2.4;8.32	
乙二胺络合物			
Ag^+	1,2	4.70;7.70	0.1
Cd^{2+}	1,2,3	5.47;10.09;12.09	0.5
Co^{2+}	1,2,3	5.91;10.64;13.94	1
Co^{3+}	1,2,3	18.70;34.90;48.69	1
Cu^+	2	10.8	
Cu^{2+}	1,2,3	10.67;20.00;21.00	1
Fe^{2+}	1,2,3	4.34;7.65;9.70	1.4
乙二胺络合物			
Hg^{2+}	1,2	14.30;23.3	0.1
Mn^{2+}	1,2,3	2.73;4.79;5.67	1
Ni^{2+}	1,2,3	7.52;13.80;18.06	1
Zn^{2+}	1,2,3		1
硫脲络合物		7.4;13.1	
Ag^+	1,2	11.9	0.3
Bi^{3+}	6	13;15.4	
Cu^{2+}	3,4	22.1;24.7;26.8	0.1
Hg^{2+}	2,3,4		
氢氧基络合物		33.3	2
Al^{3+}	4	163	
	$Al_6(OH)^{3+}_{15}$	12.4	3
Bi^{3+}	1,	168.3	
Cd^{2+}	$Bi_6(OH)^{6+}_{12}$	4.3;7.7;10.3;12.0	3
Co^{2+}	1,…,4	5.1;—;10.2	0.1
Cr^{3+}	1,3	10.2;18.3	0.1
Fe^{2+}	1	4.5	1
Fe^{3+}	1,2	11.0;21.7	3
	$Fe_2(OH)^{4+}_2$	25.1	
Hg^{2+}	2	21.7	0.5
Mg^{2+}	1	2.6	0
Mn^{2+}	1	3.4	0.1
Ni^{2+}	1	4.6	0.1
Pd^{2+}	1,2,3	6.2;10.3;13.3	0.3

金属离子	n	$\lg\beta_n$	I
	$Pb_2(OH)^{3+}$	7.6	
Sn^{2+}	1	10.1	3
Th^{4+}	1	9.7	1
Ti^{3+}	·1	11.8	0.5
TiO^{2+}	1	13.7	1
VO^{2+}	1	8.0	3
Zn^{2+}	$1,\cdots,4$	4.4;10.1;14.2;15.5	0

说明：1. β_n 为络合物的累积定常数，即

$$\beta_n K_1 K_2 K_3 \cdots K_n = K_{稳}$$
$$\lg\beta_n = \lg\beta_1 + \lg\beta_2 + \lg\beta_3 + \cdots + \lg\beta_n$$

例如 Ag^+ 与 NH_3 络合物：

$\lg\beta_1 = 3.40$，即 $\lg\beta_1 = 3.40$，$K_{稳}[Ag(NH_3)]^+ = 3.40$

$\lg\beta_2 = 7.40$，即 $\lg\beta_1 = 3.40$，$\lg\beta_2 = 4.00$，$K_{稳}[Ag(NH_3)_2]^+ = 7.40$

2. 酸式、碱式络合物及多核氢氧基络合物的化学式标明于 n 栏中。

附录3　氨羧络合剂类络合物的稳定常数
（18～25℃，$I=0.1$）

金属离子	$\lg K$					NTA	
	EDTA	CdyTA	DTPA	EGTA	HEDTA	$\lg\beta_1$	$\lg\beta_2$
Ag^+	7.32			6.88	6.71	5.16	
Al^{3+}	16.13	19.5	18.6	13.9	14.3	11.4	
Ba^{2+}	7.86	8.69	8.87	8.41	6.3	4.82	
Be^{2+}	9.2	11.51				7.11	
Bi^{3+}	27.94	32.3	35.6		22.3	17.5	
Ca^{2+}	10.69	13.20	10.83	10.97	8.3	6.41	
Cd^{2+}	16.46	19.93	19.2	16.7	13.3	9.83	14.61
Co^{2+}	16.31	19.62	19.27	12.39	14.6	10.38	14.39
Co^{3+}	36				37.4	6.84	
Cr^{3+}	23.4					6.23	
Cu^{2+}	18.80	22.00	21.55	17.71	17.6	12.96	
Fe^{2+}	14.32	19.0	16.5	11.87	12.3	8.33	
Fe^{3+}	25.1	30.1	28.0	20.5	19.8	15.9	
Ga^{3+}	20.3	23.2	25.54		16.9	13.6	
Hg^{2+}	21.7	25.00	26.70	23.2	20.30	14.6	
In^{3+}	25.0	28.8	29.0		20.2	16.9	

金属离子	lgK					NTA	
	EDTA	CdyTA	DTPA	EGTA	HEDTA	$\lg\beta_1$	$\lg\beta_2$
Li^+	2.79					2.51	
Mg^{2+}	8.7	11.02	9.30	5.21	7.0	5.41	
Mn^{2+}	13.87	17.48	15.60	12.28	10.9	7.44	
$Mo(V)$	~28						
Na^+	1.66						1.22
Ni^{2+}	18.62	20.3	20.32	13.55	17.3	11.53	16.42
Pb^{2+}	18.04	20.38	18.80	14.71	15.7	11.39	
Pd^{2+}	18.5						
Sc^{2+}	23.1	26.1	24.5	18.2			24.1
Sn^{2+}	22.11						
Sr^{2+}	8.63	10.59	9.77	8.5	6.9	4.98	
Th^{4+}	23.2	25.6	28.78				
TiO^{2+}	17.3						
Tl^{3+}	37.8	38.3				20.9	32.5
$U(IV)$	25.8	27.36	7.69				
VO^{2+}	18.8	20.1					
Y^{3+}	18.09	19.85	22.13	17.16	14.78	11.41	20.43
Zn^{2+}	16.50	19.37	18.40	12.7	14.7	10.67	14.29
ZrO^{2+}	29.5		35.8			20.8	
稀土元素	16~20	17~22	19		13~16	10~12	

注：EDTA—乙二胺四乙酸；CdyTA（或DCAT、CyDTA）—1,2-二胺基环己烷四乙酸；DTPA—二乙醇二乙醚二胺四乙酸；GEDTA—N-β-羟基乙基乙二胺三乙酸；NTA—氨三乙酸。

附录4 微溶化合物的活度积和溶度积（25℃）

化合物	$I=0.1mol/kg$		$I=0mol/kg$	
	K^0	pK^0	K_{sp}	pK_{sp}
AgAc	2×10^{-3}	2.7	8×10^{-3}	2.1
AgCl	1.77×10^{-10}	9.75	3.2×10^{-10}	9.50
AgBr	4.95×10^{-13}	12.31	8.7×10^{-13}	12.06
AgI	8.3×10^{-17}	16.08	1.48×10^{-16}	15.83
Ag_2CrO_4	1.12×10^{-12}	11.95	5×10^{-12}	11.3
AgSCN	1.07×10^{-12}	11.97	5×10^{-12}	11.7
AgCN	1.2×10^{-16}	1.92		

化合物	$I=0.1\text{mol/kg}$		$I=0\text{mol/kg}$	
	K^0	pK^0	K_{sp}	pK_{sp}
Ag_2S	6×10^{-50}	49.2	6×10^{-49}	48.2
Ag_2SO_4	1.58×10^{-5}	4.80	8×10^{-5}	4.1
$Ag_2C_2O_4$	1×10^{-11}	11.0	4×10^{-11}	10.4
Ag_3AsO_4	1.12×10^{-20}	19.95	1.3×10^{-19}	18.9
Ag_3PO_4	1.45×10^{-16}	15.34	2×10^{-15}	14.7
$AgOH$	1.9×10^{-8}	7.71	3×10^{-8}	7.5
$Al(OH)_3$ 无定形	4.6×10^{-33}	32.34	3×10^{-32}	31.5
$BaCrO_4$	1.17×10^{-10}	9.93	8×10^{-10}	9.1
$BaCO_3$	4.9×10^{-9}	8.31	3×10^{-8}	7.5
$BaSO_4$	1.07×10^{-10}	9.97	6×10^{-10}	9.2
BaC_2O_4	1.6×10^{-7}	6.79	1×10^{-6}	6.0
BaF_2	1.05×10^{-6}	5.98	5×10^{-6}	5.3
$Bi(OH)_2Cl$	1.8×10^{-31}	30.75		
$Ca(OH)_2$	5.5×10^{-6}	6.26	1.3×10^{-5}	4.9
$CaCO_3$	3.8×10^{-9}	8.42	3×10^{-8}	7.5
CaC_2O_4	2.3×10^{-9}	8.64	1.6×10^{-8}	7.8
CaF_2	3.4×10^{-11}	10.47	1.6×10^{-10}	9.8
$Ca(PO_4)_2$	1×10^{-26}	26.0	1×10^{-23}	23
$CaSO_4$	2.4×10^{-5}	4.62	1.6×10^{-4}	3.8
$CdCO_3$	3×10^{-14}	13.5	1.6×10^{-13}	12.8
CdC_2O_4	1.51×10^{-8}	7.82	1×10^{-7}	7.0
$Cd(OH)_2$（新析出）	3×10^{-14}	13.5	5×10^{-14}	13.2
CdS	8×10^{-27}	12.1	5×10^{-26}	25.3
$Ce(OH)_3$	6×10^{-21}	20.2	3×10^{-20}	19.5
$CePO_4$	2×10^{-20}	23.7		
$Co(OH)_2$（新析出）	1.6×10^{-15}	14.8	4×10^{-15}	14.4
$CoS\alpha$ 型	4×10^{-21}	20.4	3×10^{-20}	19.5
$CoS\beta$ 型	2×10^{-25}	24.7	1.3×10^{-24}	23.9
$Cr(OH)_3$	1×10^{-31}	31.0	5×10^{-31}	30.3
CuI	1.10×10^{-12}	11.96	2×10^{-12}	11.7
$CuSCN$			2×10^{-13}	12.7
CuS	6×10^{-36}	35.2	4×10^{-35}	34.4
$Cu(OH)_2$	2.6×10^{-19}	18.59	6×10^{-19}	18.2
$Fe(OH)_2$	8×10^{-16}	15.1	2×10^{-15}	14.7
$FeCO_3S$	3.2×10^{-11}	10.50	2×10^{-10}	9.7
FeS	6×10^{-18}	17.2	4×10^{-17}	16.4

化合物	$I=0.1mol/kg$		$I=0mol/kg$	
	K^0	pK^0	K_{sp}	pK_{sp}
$Fe(OH)_3$	3×10^{-39}	38.5	1.3×10^{-38}	37.9
Hg_2Cl_2	1.32×10^{-18}	17.88	6×10^{-18}	17.2
HgS(黑)	1.6×10^{-52}	51.8	1×10^{-51}	51
（红）	4×10^{-53}	52.4		
$Hg(OH)_2$	4×10^{-26}	25.4	1×10^{-25}	25.0
$KHC_4H_4O_6$	3×10^{-4}	3.5		
K_2PtCl_6	1.10×10^{-5}	4.96		
LaF_3	1×10^{-24}	24.0		
$La(OH)_3$(新析出)	1.6×10^{-19}	18.8	8×10^{-19}	18.1
$LaPO_4$			4×10^{-23}	22.4
				$(I=0.5mol/kg)$
$MgCO_3$	1×10^{-5}	5.0	6×10^{-5}	4.2
MgC_2O_4	8.5×10^{-5}	1.07	5×10^{-4}	3.3
$Mg(OH)_2$	1.8×10^{-11}	10.74	4×10^{-11}	10.4
$MgNH_4PO_4$	3×10^{-13}	12.6		
$MnCO_3$	5×10^{-10}	9.30	3×10^{-9}	8.5
$Mn(OH)_2$	1.9×10^{-13}	12.72	5×10^{-13}	12.3
Mns(无定形)	3×10^{-10}	9.5	6×10^{-9}	8.8
Mns(晶形)	3×10^{-13}	12.5		
$Ni(OH)_2$(新析出)	2×10^{-15}	14.7	5×10^{-15}	14.3
NiSα 型	3×10^{-19}	18.5		
NiSβ 型	1×10^{-24}	24.0		
NiSγ 型	2×10^{-26}	25.7		
$PbCO_3$	8×10^{-14}	13.1	5×10^{-13}	12.3
PbI_2	1.6×10^{-5}	4.79	8×10^{-5}	4.1
$PbCrO_4$	1.8×10^{-14}	13.75	1.3×10^{-13}	12.9
PbS	6.5×10^{-9}	8.19	3×10^{-8}	7.5
$Pb(OH)_2$	8.1×10^{-17}	16.09	2×10^{-16}	15.7
PbS	3×10^{-27}	26.6	1.6×10^{-26}	25.8
$PbSO_4$	1.7×10^{-8}	7.78	1×10^{-7}	7.0
$SrCO_3$	9.3×10^{-10}	9.03	6×10^{-9}	8.2
SrC_2O_4	5.6×10^{-8}	7.25	3×10^{-7}	6.5
$SrCrO_4$	2.2×10^{-5}	4.65		
SrF_2	2.5×10^{-9}	8.61	1×10^{-8}	8.0
$SrSO_4$	3×10^{-7}	6.5	1.6×10^{-6}	5.8
$Sn(OH)_2$	8×10^{-29}	28.1	2×10^{-28}	27.7

化合物	$I=0.1mol/kg$		$I=0mol/kg$	
	K^0	pK^0	K_{sp}	pK_{sp}
SnS	1×10^{-25}	25.0		
$Th(C_2O_4)_2$	1×10^{-22}	22.0		
$Th(OH)_4$	1.3×10^{-45}	44.9	1×10^{-44}	44.0
$Tio(OH)_2$	1×10^{-29}	29.0	3×10^{-29}	28.5
$ZnCO_3$	1.7×10^{-11}	10.78	1×10^{-10}	10.0
$Zn(OH)_2$（新析出）	2.1×10^{-16}	15.68	5×10^{-16}	15.3
$ZnS\alpha$ 型	1.6×10^{-24}	23.8		
$ZnS\beta$ 型	5×10^{-25}	24.3		
$ZrO(OH)_2$	6×10^{-49}	48.2	1×10^{-47}	47.0

附录5　标准电极电位（18～25℃）

元素	半反应	$\phi^\ominus/V$
Ag	$Ag_2S+2e^-\Longrightarrow2Ag+S^{2-}$	-0.71
	$Ag_2S+H_2O+2e^-\Longrightarrow2Ag+OH^-+HS^-$	-0.67
	$Ag_2S+H^++2e^-\Longrightarrow2Ag+HS^-$	-0.272
	$Ag_2S+2H^++2e^-\Longrightarrow2Ag+H_2S$	-0.0362
	$AgI+e^-\Longrightarrow Ag+I^-$	-0.152
	$[Ag_2(S_2O_3)_2]^{3-}+e^-\Longrightarrow Ag+2S_2O_3$	0.017
	$AgBr+e^-\Longrightarrow Ag+Br^-$	0.071
	$AgCl+e^-\Longrightarrow Ag+Cl^-$	0.222
	$Ag_2O+H_2O+2e^-\Longrightarrow2Ag+2OH^-$	0.342
	$Ag(NH_3)_2+e^-\Longrightarrow Ag_2O+2OH^-$	0.37
	$AgO+H_2O+2e^-\Longrightarrow Ag_2O+2OH^+$	0.06
	$Ag^++e^-\Longrightarrow Ag$	0.799
	$Ag_2O+2H^++2e^-\Longrightarrow2Ag+H_2O$	1.17
	$2AgO+2H^++2e^-\Longrightarrow Ag_2O+H_2O$	1.40
	$Ag(II)+e^-\Longrightarrow Ag^+$	1.927
Al	$Al(OH)_4+3e^-\Longrightarrow Al+4OH^-$	-2.33
	$[AlF_6]^{3-}+H_2O+3e^-\Longrightarrow Al+6F^-$	-2.07
	$Al^{3+}+3e^-\Longrightarrow Al$	-1.66
As	$As+3H_2O+3e^-\Longrightarrow AsH_3+3OH^-$	-1.37
	$AsO_2+3H_2O+3e^-\Longrightarrow As+4OH^-$	-0.68
	$AsO_4+3H_2O+3e^-\Longrightarrow AsO_2^-+4OH^-$	-0.67

元素	半反应	$\phi^{\ominus}/V$
As	$As+3H^++3e^-\rlap{=\!\!=}AsH_3$	-0.60
	$H_3AsO_3+2H^++2e^-\rlap{=\!\!=}As+3H_2O$	0.248
	$H_3AsO_4+2H^++2e^-\rlap{=\!\!=}+3H_2O$	0.559
Au	$Au(CN)_2^-+e^-\rlap{=\!\!=}Au+2CN^-$	-0.61
	$H_2AuO_3^-+H_2O+3e^-\rlap{=\!\!=}Au+4OH^-$	0.7
	$AuBr_4^-+2e^-\rlap{=\!\!=}AuBr_2^-+2Br^-$	0.82
	$AuBr_4^-+3e^-\rlap{=\!\!=}Au+4Br^-$	0.87
	$AuCl_4^-+2e^-\rlap{=\!\!=}AuCl_2^-+2Cl^-$	0.93
	$AuBr_2^-+e^-\rlap{=\!\!=}Au+2Br^-$	0.96
	$AuCl_4^-+3e^-\rlap{=\!\!=}Au+4Cl^-$	0.99
	$AuCl_2^-+e^-\rlap{=\!\!=}Au+2Cl^-$	1.15
	$Au^{3+}+2e^-\rlap{=\!\!=}Au^+$	1.40
	$Au^{3+}+3e^-\rlap{=\!\!=}Au$	1.50
	$Au^++e^-\rlap{=\!\!=}Au$	1.69
Ba	$Ba^{2+}+2e^-\rlap{=\!\!=}Ba$	-2.91
Be	$Be^{2+}+2e^-\rlap{=\!\!=}Be$	-1.85
Bi	$Bi_2O_3+3H_2O+6e^-\rlap{=\!\!=}2Bi+6OH^-$	-0.46
	$Cl+2H^++3e^-\rlap{=\!\!=}Bi+H_2O$	0.16
	$Bi_2O_4+H_2O+2e^-\rlap{=\!\!=}Bi_2O_3+2OH^-$	0.32
	$Bi_2O_4+4H^++2e^-\rlap{=\!\!=}2BiO^++2H_2O$	0.56
	$NaBiO_3+4H^++3e^-\rlap{=\!\!=}BiO^++Na^++H_2O$	1.59
		>1.80
Br	$BrO^-+H_2O+2e^-\rlap{=\!\!=}Br^-+2OH^-$	0.76
	$Br_2(液)+2e^-\rlap{=\!\!=}2Br^-$	1.06
	$HBrO+H^++2e^-\rlap{=\!\!=}Br^-+H_2O$	1.33
	$BrO^-+6H^++6e^-\rlap{=\!\!=}Br^-+3H_2O$	1.44
	$BrO_3^-+6H^++5e^-\rlap{=\!\!=}1/2Br_2+3H_2O$	1.52
	$HBrO+H^++e^-\rlap{=\!\!=}1/2Br_2+H_2O$	1.59
C	$CNO^-+H_2O^++2e^-\rlap{=\!\!=}CN^-+2OH^-$	-0.97
	$2CO_2+2H^++2e^-\rlap{=\!\!=}H_2C_2O_4$	-0.49
	$CO_2+2H^++2e^-\rlap{=\!\!=}HCOOH$	-0.20
	$CH_3COOH+2H^++2e^-\rlap{=\!\!=}CH_3CHO+H_2O$	-0.12
	$CO_2+2H^++2e^-\rlap{=\!\!=}CO+H_2O$	-0.12
	$HCHO+2H^++2e^-\rlap{=\!\!=}CH_3OH$	0.23
	$2HCHO+2H^++2e^-\rlap{=\!\!=}(CH)_2+2H_2O$	0.33
	$1/2(CH)_2+H^++e^-\rlap{=\!\!=}HCN$	0.37

元素	半反应	$\phi^{\ominus}/V$
Ca	$Ca^{2+}+2e^-\!=\!=\!Ca$	-2.87
Cd	$[Cd(CN)_4]^{2-}+2e^-\!=\!=\!Cd+4CN^-$	-1.09
	$Cd^{2+}+2e^-\!=\!=\!Cd$	-0.402
	$Cd^{2+}+2e^-\!=\!=\!Cd(Hg)$	-0.352
Ce	$Ce^{3+}+3e^-\!=\!=\!Ce$	-2.34
	$Ce^{4+}+2e^-\!=\!=\!Ce^{3+}$	1.61
Cl	$ClO_3^-+H_2O+2e^-\!=\!=\!ClO_2^-+2OH^-$	0.33
	$ClO_4^-+H_2O+2e^-\!=\!=\!ClO_3^-+2OH^-$	0.36
	$ClO^-+H_2O+e^-\!=\!=\!1/2Cl_2+2OH^-$	0.40
	$ClO_4^-+4H_2O+8e^-\!=\!=\!Cl^-+8OH^-$	0.56
	$ClO_2^-+H_2O+2e^-\!=\!=\!ClO^-+2OH^-$	0.66
	$ClO_2^-+2H_2O+4e^-\!=\!=\!Cl^-+4OH^-$	0.77
	$ClO^-+H_2O+2e^-\!=\!=\!Cl^-+2OH^-$	0.89
	$ClO_3^-+2H^++e^-\!=\!=\!ClO_2^-+H_2O$	1.15
	$ClO_2+e^-\!=\!=\!ClO_2^-$	1.16
	$ClO_3^-+3H^++2e^-\!=\!=\!HClO_2+H_2O$	1.21
	$2ClO_4^-+16H^++14e^-\!=\!=\!Cl_2+8H_2O$	1.34
	$Cl_2(气)+2e^-\!=\!=\!2Cl^-$	1.36
	$ClO_4^-+8H^++8e^-\!=\!=\!Cl^-+4H_2O$	1.37
	$Cl_2(水)+2e^-\!=\!=\!2Cl^-$	1.395
	$ClO_3^-+6H^++6e^-\!=\!=\!Cl^-+3H_2O$	1.45
	$2ClO_3^-+12H^++10e^-\!=\!=\!Cl_2+6H_2O$	1.47
	$HClO+H^++2e^-\!=\!=\!Cl^-+H_2O$	1.49
	$2ClO^-+4H^++2e^-\!=\!=\!Cl_2+2H_2O$	1.63
	$ClO_2+4H^++5e^-\!=\!=\!Cl^-+2H_2O$	1.95
Co	$[Co(CN)_6]^{3-}+e^-\!=\!=\![Co(CN)_6]^{4-}$	-0.83
	$[Co(NH_3)_6]^{2+}+2e^-\!=\!=\!Co+6NH_3$	-0.43
	$Co^{2+}+2e^-\!=\!=\!Co$	-0.277
	$[Co(NH_3)_6]^{3+}+e^-\!=\!=\![Co(NH_3)_6]^{2+}$	0.1
	$Co(OH)_3+e^-\!=\!=\!Co(OH)_2+OH^-$	0.17
	$Co^{3+}+3e^-\!=\!=\!Co$	0.33
	$Co^{3+}+e^-\!=\!=\!Co^{2+}$	1.95
Cr	$Cr^{2+}+2e^-\!=\!=\!Cr$	-0.91
	$Cr^{3+}+3e^-\!=\!=\!Cr$	-0.74
	$Cr^{3+}+e^-\!=\!=\!Cr^{2+}$	-0.41
	$CrO_4^-+H_2O+2e^-\!=\!=\!Cl^-+2OH^-$	0.13
	$HCr_4^-+7H^++3e^-\!=\!=\!Cr^{3+}$	1.195

元素	半反应	$\phi^{\ominus}/V$
Cr	$CrO_7^{2-}+14H^++6e^-\Longrightarrow Cr^{3+}+7H_2O$	1.33
Cu	$[Cu(CN)_2]^-+e^-\Longrightarrow Cu+2CN^-$	-0.43
	$Cu_2O+H_2O+2e^-\Longrightarrow 2Cu+2OH^-$	-0.361
	$[Cu(NH_3)_2]^++e^-\Longrightarrow Cu+2NH_3$	-0.12
	$[Cu(NH_3)_4]^{2+}+2e^-\Longrightarrow Cu+4NH_3$	-0.04
	$[Cu(NH_3)_4]^{2+}+e^-\Longrightarrow [Cu(NH_3)_2]^++2NH_3$	-0.01
	$CuCl+e^-\Longrightarrow Cu+Cl^-$	0.137
	$Cu(edta)^{2-}+2e^-\Longrightarrow Cu+(EDTA)^{4-}$	0.13
	$Cu^{2+}+e^-\Longrightarrow Cu^+$	0.159
	$Cu^{2+}+2e^-\Longrightarrow Cu$	0.337
	$Cu^++e^-\Longrightarrow Cu$	0.52
	$Cu^{2+}+Cl^-+e^-\Longrightarrow CuCl$	0.57
	$Cu^{2+}+2H^++2e^-\Longrightarrow [Cu(CN)_2]^-$	0.87
		1.12
Cs	$Cs^++e^-\Longrightarrow Cs$	-2.923
F	$F_2+2e^-\Longrightarrow 2F^-$	2.87
	$F_2+2H^++2e^-\Longrightarrow 2HF$	3.06
Fe	$Fe(OH)_3+e^-\Longrightarrow Fe(OH)_2+OH^-$	-0.56
	$Fe^{2+}+2e^-\Longrightarrow Fe$	-0.44
	$Fe^{3+}+3e^-\Longrightarrow Fe$	-0.036
	$[Fe(C_2O_4)_3]^{3-}+e^-\Longrightarrow [Fe(C_2O_4)]_3^{2-}+C_2O_4^{2-}$	0.02
	$Fe(EDTA)^-+e^-\Longrightarrow Fe(EDTA)^{2-}$	0.12
	$Fe(CN_6)^{3-}+e^-\Longrightarrow Fe(CN_6)^{4-}$	0.36
	$[FeF_6]^{3-}+e^-\Longrightarrow Fe^{2+}+6F^-$	0.4
	$Fe^{3+}+e^-\Longrightarrow Fe^{2+}$	0.55
	$FeO_4^{2-}+8H^++3e^-\Longrightarrow Fe^{3+}+4H_2O$	0.77
		1.9
Ca	$Ca(OH)_4^-+3e^-\Longrightarrow Ca+4OH^-$	-1.26
	$Ca^{3+}+3e^-\Longrightarrow Ca$	-0.56
Ge	$GeO_2+4H^++4e^-\Longrightarrow Ge+2H_2O$	-0.15
	$Ge^{2+}+2e^-\Longrightarrow Ge$	0.23
H	$H_2+2e^-\Longrightarrow 2H^+$	-2.25
	$2H_2O+2e^-\Longrightarrow H_2+2OH^-$	-0.828
	$2H^++2e^-\Longrightarrow H_2$	0.000
	$H_2O_2+2H^++2e^-\Longrightarrow 2H_2O$	1.77
Hg	$Hg_2Cl_2+2e^-\Longrightarrow 2Hg+2Cl^-$	0.2680
	$Hg_2SO_4+2e^-\Longrightarrow 2Hg+SO_4^-$	0.614

元素	半反应	$\phi^{\ominus}/V$
Hg	$2HgCl_2+2e^-\Longleftrightarrow Hg_2Cl_2+2Cl^-$	0.63
	$Hg_2^{2+}+2e^-\Longleftrightarrow 2Hg$	0.792
	$Hg^{2+}+2e^-\Longleftrightarrow Hg$	0.854
	$2Hg^++2e^-\Longleftrightarrow Hg_2^{2+}$	0.908
I	$IO_3^-+2H_2O+4e^-\Longleftrightarrow IO^-+4OH^-$	0.14
	$IO_3^-+3H_2O+6e^-\Longleftrightarrow I^-+6OH^-$	0.26
	$I_3+2e^-\Longleftrightarrow 3I^-$	0.536
	$I_2(液)+2e^-\Longleftrightarrow 2I^-$	0.622
	$IO_3^-+6H^++6e^-\Longleftrightarrow I^-+3H_2O$	1.085
	$IO_3^-+5H^++4e^-\Longleftrightarrow HIO+2H_2O$	1.14
	$2IO_3^-+12H^++10e^-\Longleftrightarrow I_2+6H_2O$	1.19
	$2HIO+2H^++2e^-\Longleftrightarrow I_2+2H_2O$	1.45
	$H_5IO_6+H^++2e^-\Longleftrightarrow IO_3^-+3H_2O$	1.6
In	$In^{3+}+2e^-\Longleftrightarrow In^+$	-0.40
	$In^{3+}+3e^-\Longleftrightarrow In$	-0.34
Ir	$IrCl_6^{3-}+3e^-\Longleftrightarrow Ir+6Cl^-$	0.77
	$IrCl_6^{2-}+4e^-\Longleftrightarrow Ir+6Cl^-$	0.835
	$IrCl_6^{2-}+e^-\Longleftrightarrow IrCl_6Cl^{3-}$	1.026
	$Ir^{3+}+3e^-\Longleftrightarrow Ir$	1.15
K	$K^++e^-\Longleftrightarrow K$	-2.92
La	$La^{3+}+3e^-\Longleftrightarrow La$	-2.52
Li	$Li^++e^-\Longleftrightarrow Li$	-3.045
Mg	$Mg^{2+}2e^-\Longleftrightarrow Mg$	-2.375
Mn	$Mn^{2+}2e^-\Longleftrightarrow Mn$	-1.18
	$Mn(CN)^{3-}+e^-\Longleftrightarrow Mn(CN)^{4-}$	-0.244
	$MnO_4+e^-\Longleftrightarrow MnO_4^-$	0.564
	$MnO_4^{2-}+2H_2O+2e^-\Longleftrightarrow MnO_2+4OH^-$	0.6
	$MnO_4^-+2H_2O+3e^-\Longleftrightarrow MnO_2+4OH^-$	0.255
	$MnO_2+4H^++2e^-\Longleftrightarrow Mn^{2+}+2H_2O$	1.23
	$Mn^{3+}+e^-\Longleftrightarrow Mn^{2+}$	1.54
	$MnO_4^-+8H^++5e^-\Longleftrightarrow Mn^{2+}+4H_2O$	1.51
	$MnO_4^-+4H^+\Longleftrightarrow MnO_2+2H_2O$	1.695
Mo	$Mo^{3+}+3e^-\Longleftrightarrow M_O$	-0.20
	$MoO_2^++4H^++2e^-\Longleftrightarrow Mo^{3+}+2H_2O$	-0.01
	$H_2MoO_4+2H^++e^-\Longleftrightarrow MoO_2^++2H_2O$	-0.48
	$MoO_3^{2+}+2H^++e^-\Longleftrightarrow MoO^{3+}+H_2O$	-0.48
	$Mo(CN)_6^{3-}+e^-\Longleftrightarrow Mo(CN)_6^{4-}$	-0.73

元素	半反应	$\phi^{\ominus}/V$
N	$N_2+5H^++4e^-\Longrightarrow N_2H_5^+$	-0.23
	$N_2O+4H^++H_2O+4e^-\Longrightarrow 2NH_2OH$	-0.05
	$NO_3^-+H_2O+2e^-\Longrightarrow NO_2^-+2OH^-$	0.01
	$N_2+8H^++6e^-\Longrightarrow 2NH_4^+$	0.26
	$NO_3^-+2H^++e^-\Longrightarrow NO_2+H_2O+H_2O$	0.80
	$NO_2^-+3H^++2e^-\Longrightarrow HNO_2+H_2O$	0.94
	$NO_3^-+4H^++3e^-\Longrightarrow NO+2H_2O$	0.96
	$HNO_2+H^++e^-\Longrightarrow NH+H_2O$	1.00
	$2HNO_2+4H^++4e^-\Longrightarrow N_2O+3H_2O$	1.27
Na	$Na^++e^-\Longrightarrow Na$	-2.713
Nb	$Nb_3^++3e^-\Longrightarrow Nb$	-1.1
	$NbO^{3+}+2H^++2e^-\Longrightarrow Nb^{3+}+H_2O$	-0.34
	$NbO(SO_4)2^-+2H^++2e^-\Longrightarrow Nb^{3+}+H_2O+2SO_4^{2-}$	-0.1
Ni	$Ni(CN)_4^{2-}+e^-\Longrightarrow Ni(CN)_3^{2-}+CN^-$	-0.82
	$Ni(OH)_2+2e^-\Longrightarrow Ni+2OH^-$	-0.72
	$Ni(NH_3)_6^{2+}+2e^-\Longrightarrow Ni+6NH_3$	-0.52
	$Ni^{2+}+2e^-\Longrightarrow Ni$	-0.23
	$NiO_2+2H_2O+2e^-\Longrightarrow Ni(OH)_2+2OH^-$	0.49
	$NiO_2+4H^++2e^-\Longrightarrow Ni^{2+}+2H_2O$	1.68
O	$O_2+H_2O+2e^-\Longrightarrow HO_2^-+OH^-$	-0.176
	$O_2+2H_2O+4e^-\Longrightarrow 4OH^-$	0.401
	$O_2+2H^++2e^-\Longrightarrow H_2O_2$	0.68
	$HO_2^-+H_2O+2e^-\Longrightarrow 3OH^-$	0.88
	$O_2+4H^++4e^-\Longrightarrow 2H_2O$	1.229
	$H_2O+2H^++2e^-\Longrightarrow 2H_2O$	1.776
	$O_2+2H^++2e^-\Longrightarrow O_2+H_2O$	2.07
Os	$OsCl_6^{3-}+e^-\Longrightarrow Os^{2+}+6Cl^-$	0.4
	$OsCl_6^{3-}+3e^-\Longrightarrow Os+6Cl^-$	0.71
	$Os^{2+}+2e^-\Longrightarrow Os$	0.85
	$OsCl_6^{2-}+e^-\Longrightarrow OsCl_6^{3-}$	0.85
	$OsO_4+8H^++8e^-\Longrightarrow O_2+4H_2O$	0.85
P	$HPO_3^{2-}+2H_2O+2e^-\Longrightarrow H_2PO_2^-+3OH^-$	-1.57
	$PO_4^{3-}+2H_2O+2e^-\Longrightarrow HPO_3^{2-}+3OH^-$	-1.12
	$H_3PO_2+H^++e^-\Longrightarrow P+2H_2O$	-0.51
	$H_3PO_3+2H^++2e^-\Longrightarrow H_2PO_2^-+H_2O$	-0.50
	$H_3PO_4+2H^++2e^-\Longrightarrow H_3PO_3+H_2O$	-0.276
Pb	$HPbO_2^-+H_2O+2e^-\Longrightarrow Pb+3OH^-$	-0.54

元素	半反应	$\phi^{\ominus}/V$
Pb	$PB^{2+}+2e^-\!=\!=\!Pb$	-0.126
	$PbO_2+H_2O+2e^-\!=\!=\!PbO+2OH^-$	0.288
	$PbO_2+4H^++2e^-\!=\!=\!Pb^{2+}+2H_2O$	1.455
	$PbO_2+SO_4^{2-}+4H^++2e^-\!=\!=\!PbSO_4+2H_2O$	1.685
Pd	$PdCl_4^{2-}+2e^-\!=\!=\!Pd+4Cl^-$	0.623
	$PdCl_6^{2-}+4e^-\!=\!=\!Pd+6Cl^-$	0.96
	$Pd^{2+}+2e^-\!=\!=\!Pd$	0.987
	$PdCl_6^{2-}+2e^-\!=\!=\!PdCl_4^{2-}+2Cl^-$	1.29
Pt	$Pt(OH)_2+2e^-\!=\!=\!Pt+2OH^-$	0.15
	$Pt(OH)_6^{2-}+2e^-\!=\!=\!Pt(OH)_2+4OH^-$	0.2
	$PtCl_6^{2-}+2e^-\!=\!=\!PtCl_4^{2-}+2Cl^-$	0.68
	$PdCl_4^{2-}+2e^-\!=\!=\!Pt+4Cl^-$	0.755
	$Pt(OH)_2+2H^++2e^-\!=\!=\!Pt+2H_2O$	0.98
	$Pt^{2+}+2e^-\!=\!=\!Pt$	1.2
Ra	$Ra^{2+}+2e^-\!=\!=\!Ra$	-2.92
Rb	$Rb^++e^-\!=\!=\!Rb$	-2.924
Re	$Re+e^-\!=\!=\!Re^-$	-0.4
	$ReO_4^-+8H^++6Cl^-+3e^-\!=\!=\!ReCl_5^{2-}+4H_2O$	0.19
	$ReO_2+4H^++4e^-\!=\!=\!Re+2H_2O$	0.260
	$ReCl_5^{2-}+4e^-\!=\!=\!Re+6Cl^-$	0.50
	$ReO_4^-+4H^++3e^-\!=\!=\!ReO_2+2H_2O$	0.51
Rh	$RhCl_6^{3-}+3e^-\!=\!=\!Rh+6Cl^-$	0.44
	$Rh^{2+}+e^-\!=\!=\!Rh^+$	0.60
	$Rh^++e^-\!=\!=\!Rh$	0.60
S	$SO_4^{2-}+H_2O+2e^-\!=\!=\!SO_3^{2-}+2OH^-$	-0.93
	$2SO_3^{2-}+3H_2O+4e^-\!=\!=\!S_2O_3^{2-}+6OH^-$	-0.58
	$S+2e^-\!=\!=\!S^{2-}$	0.48
	$S_2^{2-}+2e^-\!=\!=\!2S^{2-}$	-0.48
	$2H_2SO_3+H^++2e^-\!=\!=\!HS_2O_4^-+2H_2O$	-0.08
	$S_4O_6^{2-}+2e^-\!=\!=\!2S_2O_3^{2-}$	0.08
	$S+2H^++2e^-\!=\!=\!H_2S$	0.14
	$SO_4^{2-}+4H^++2e^-\!=\!=\!H_2SO_3+H_2O$	0.17
	$S_2O_3^{2-}+6H^++4e^-\!=\!=\!2S+3H_2O$	0.5
	$S_2O_8^{2-}+2e^-\!=\!=\!2SO_4^{2-}$	2.01
Sb	$Sb+3H^++3e^-\!=\!=\!SbH_3$	-0.51
	$SbO_3^-+H_2O+2e^-\!=\!=\!SbO_2^-+2OH^-$	-0.43
	$Sb_2O_3+6H^++6e^-\!=\!=\!2Sb+3H_2O$	-0.152

元素	半反应	$\phi^\ominus$/V
Sb	$SbO^+ + 2H^+ + 3e^- \rightleftharpoons Sb + H_2O$	0.212
	$Sb_2O_5 + 6H^+ + 4e^- \rightleftharpoons 2SbO^+ + 3H_2O$	0.581
	$Sb_2O_5 + 4H^+ + 4e^- \rightleftharpoons Sb_2O_3 + 2H_2O$	0.692
Sc	$Sc^{3+} + 3e^- \rightleftharpoons Sc$	-2.08
Se	$Se + 2e^- \rightleftharpoons Se^{2-}$	-0.78
	$Se + 2H^+ + 2e^- \rightleftharpoons H_2Se$	-0.40
	$SeO^{2-} + 3H_2O + 4e^- \rightleftharpoons Se + 6OH^-$	-0.366
	$SeO^{2-} + H_2O + 2e^- \rightleftharpoons SeO^{2-} + 2OH^-$	0.05
	$H_2SeO_3 + 4H^+ + 4e^- \rightleftharpoons Se + 3H_2O$	0.74
	$SeO^{2-} + 4H^+ + 2e^- \rightleftharpoons H_2SeO_3 + H_2O$	1.15
Si	$SiF^{2-} + 4e^- \rightleftharpoons Si + 6F^-$	-1.24
	$SiO^{2-} + H_2O + 4e^- \rightleftharpoons Si + 6OH^-$	-1.7
Sn	$Sn(OH)^{2-} + 2e^- \rightleftharpoons HSnO_2^- + 3OH^- + H_2O$	-0.93
	$HSnO^- + H_2O + 2e^- \rightleftharpoons Sn + 3OH^-$	-0.91
	$Sn^{2+} + 2e^- \rightleftharpoons Sn$	-0.14
	$SnCl^{2-} + 2e^- \rightleftharpoons SnCl^{2-} + 2Cl^-$	0.14
	$Sn^{4+} + 2e^- \rightleftharpoons Sn^{2+}$	0.154
	$SnCl^{2-} + 2e^- \rightleftharpoons Sn + 4Cl^-$	0.19
Sr	$Sr^{2+} + 2e^- \rightleftharpoons Sr$	-2.89
Ta	$Ta_2O_5 + 10H^+ + 10e^- \rightleftharpoons 2Ta + 5H_2O$	-0.81
Te	$Te + 2e^- \rightleftharpoons Te^{2-}$	-1.14
	$Te + 2H^+ + 2e^- \rightleftharpoons H_2Te$	-0.72
	$TeO^- + 8H^+ + 7e^- \rightleftharpoons Te + 4H_2O$	0.472
	$TeO_2 + 4H^+ + 4e^- \rightleftharpoons Te + 2H_2O$	0.53
	$TeCl^{2-} + 4e^- \rightleftharpoons Te + 6Cl^-$	0.646
	$H_6TeO_6 + 2H^+ + 2e^- \rightleftharpoons TeO_2 + 4H_2O$	1.02
Th	$Th(OH)_4 + 4e^- \rightleftharpoons Th + 4OH^-$	-2.48
	$Th^{4+} + 4e^- \rightleftharpoons Th$	-1.90
Ti	$TiF^{2-} + 4e^- \rightleftharpoons Ti + 6F^-$	-1.19
	$TiO_2 + 4H^+ + 4e^- \rightleftharpoons Ti + 2H_2O$	-0.86
	$Ti^{3+} + e^- \rightleftharpoons Ti^{2+}$	0.37
	$Ti^{4+} + e^- \rightleftharpoons Ti^{3+}$	0.092
	$TiO^2 + 2H^+ + e^- \rightleftharpoons Ti^{3+} + H_2O$	0.099
Tl	$Tl^+ + e^- \rightleftharpoons Tl$	-0.336
	$Tl^{3+} + 2e^- \rightleftharpoons Tl^+$	1.25
	$Tl^{3+} + Cl^- + 2e^- \rightleftharpoons TlCl$	1.36
U	$UO_2 + 2H_2O + 4e^- \rightleftharpoons U + 4OH^-$	-2.39

元素	半反应	$\phi^\ominus$/V
U	$U^{3+}+3e^-\Longrightarrow U$	-1.80
	$U^{4+}+e^-\Longrightarrow U^{3+}$	-0.61
	$UO^{2+}+4H^++2e^-\Longrightarrow U^{4+}+2H_2O$	0.33
	$UO^{2+}+4H^++e^-\Longrightarrow U^{4+}+2H_2O$	0.55
V	$V^{2+}+2e^-\Longrightarrow V$	-1.18
	$V^{3+}+e^-\Longrightarrow V^{2+}$	-0.256
	$VO^++4H^++5e^-\Longrightarrow V+2H_2O$	-0.25
	$VO^{2+}+2H^++e^-\Longrightarrow V^{3+}+H_2O$	0.337
	$VO^++4H^++3e^-\Longrightarrow V^{2+}2H_9O$	0.36
	$VO^++2H^++e^-\Longrightarrow VO^{2+}+H_2O$	1.00
W	$WO_3+6H^++6e^-\Longrightarrow W+3H_2O$	-0.09
	$WO_5+2H^++2e^-\Longrightarrow 2WO_2+H_2O$	-0.04
	$2WO_3+2H^++2e^-\Longrightarrow W_2O_5+H_2O$	-0.03
Y	$Y^{3-}+3e^-\Longrightarrow Y$	-2.37
Zn	$[Zn(CN_4)]^{2-}+2e^-\Longrightarrow Zn+4CN^-$	-1.26
	$Zn(CN)^{2-}+2e^-\Longrightarrow Zn+4OH^-$	-1.216
	$Zn^{2+}+2e^-\Longrightarrow Zn$	-0.763
Zr	$Z^{4+}+4e^-\Longrightarrow Zr$	-1.53
	$ZrO_2+4H^++4e^-\Longrightarrow Zr+2H_2O$	-1.43

附录6　一些氧化还原电对的条件电极电位

元素	半反应	$\phi^\ominus$/V	介质
Ag	$Ag(\text{II})+e^-\Longrightarrow Ag^+$	1.927	4mol/L HNO_3
		2.00	4mol/L $HClO_4$
	$Ag^++e^-\Longrightarrow Ag$	0.792	1mol/L $HClO_4$
		0.228	1mol/L HCl
		0.59	1mol/L NaOH
	$AgCl+e^-\Longrightarrow Ag+Cl^-$	0.2880	0.1mol/L KCl
		0.2223	1mol/L KCl
		0.2000	饱和 KCl
As	$H_3AsO_4+2H^++2e^-\Longrightarrow H_3AsO_3+H_2O$	0.577	1mol/L HCl,$HClO_4$
		0.07	1mol/L NaOH
		-0.16	5mol/L NaOH
Au	$Au^{3+}+2e^-\Longrightarrow Au^+$	1.27	5mol/L H_2SO_4（氧化金饱和）
		1.26	5mol/L HNO_3（氧化金饱和）

元素	半反应	ϕ^θ/V	介质
Au	$Au^{3+}+3e^-\!=\!=\!Au$	0.93	1mol/L HCl
		0.30	7～8 mol/L NaOH
Bi	$Bi^{3+}+3e^-\!=\!=\!Bi$	−0.05	5mol/L HCl
		0.0	1mol/L HCl
Cd	$Cd^{2+}+2e^-\!=\!=\!Cd$	−0.8	8mol/L KOH
Ce	$Ce^{4+}+e^-\!=\!=\!Ce^{3+}$	1.70	1mol/L $HClO_4$
		1.71	2mol/L $HClO_4$
		1.75	4mol/L $HClO_4$
		1.85	6mol/L $HClO_4$
		1.87	8mol/L $HClO_4$
		1.61	2mol/L HNO_3
		1.62	2mol/L HNO_3
		1.61	4mol/L HNO_3
		1.56	8mol/L HNO_3
		1.44	0.5mol/L H_2SO_4
		1.44	1mol/L H_2SO_4
		1.43	2mol/L H_2SO_4
		1.28	1mol/ HCl
Co	$Co^{3+}+e^-\!=\!=\!Co^{2+}$	1.84	3mol/L HNO_3
	$Co(乙二胺)_3^{2+}+e^-\!=\!=\!Co(乙二胺)_3^{2+}$	−0.2	0.1mol/L KNO_3+0.1mol/L 乙二胺
Cr	$Cr^{3+}+e^-\!=\!=\!Cr^{2+}$	−0.40	5mol/L HCl
	$CrO^{2-}+14H^++6e^-\!=\!=\!2Cr^{3+}+7H_2O$	0.93	0.1mol/L HCl
		0.97	0.5mol/L HCl
		1.00	1mol/L HCl
		1.05	2mol/L HCl
		1.08	3mol/L HCl
		1.15	4mol/L HCl
		0.92	0.1mol/L H_2SO_4
		1.08	0.5mol/L H_2SO_4
		1.10	2mol/L H_2SO_4
		1.15	4mol/L H_2SO_4
		0.84	0.1mol/L $HClO_4$
		1.10	0.2mol/L $HClO_4$
		1.025	1mol/L $HClO_4$
		1.27	1mol/L $HClO_3$
	$CrO^{2-}+2H_4O+3e^-\!=\!=\!CrO^-+4OH^-$	−0.12	1mol/L HaOH
Cu	$Cu^{2+}+e^-\!=\!=\!Cu^+$	−0.09	pH=14

元素	半反应	$\phi^{\ominus}/V$	介质
Fe	$Fe^{3+}+e^-\Longrightarrow Fe^{2+}$	0.73	0.1mol/L HCl
		0.72	0.5mol/L HCl
		0.70	1mol/L HCl
		0.69	2mol/L HCl
		0.68	3mol/L HCl
		0.68	0.1mol/L H_2SO_4
		0.68	0.5mol/L H_2SO_4
		0.68	1mol/L H_2SO_4
		0.68	4mol/L H_2SO_4
		0.735	0.1mol/L $HClO_4$
		0.732	1mol/L $HClO_4$
		0.46	2mol/L H_3PO_4
		0.70	1mol/L HNO_4
		−0.7	pH=14
		0.51	1mol/L HCl+0.5mol/L H_3PO_4
	$Fe(EDTA)^-+e^-\Longrightarrow Fe(DETA)^{2-}$	0.12	1mol/L EDTA,pH=4～6
	$Fe(CN)^{3-}_6+e^-\Longrightarrow Fe(CN)^{4-}_6$	0.56	0.1mol/L HCl
		0.41	pH=4～13
		0.70	1mol/L HCl
		0.72	1mol/L $HClO_4$
		0.72	1mol/L H_2SO_4
		0.46	0.01mol/L NaOH
		0.52	5mol/L NaOH
I	$I_3+2e^-\Longrightarrow 3I^-$	0.5446	0.5mol/L H_2SO_4
	$I_2(水)+2e^-\Longrightarrow 2I^-$	0.6276	0.5mol/L H_2SO_4
Hg	$Hg_2^{2+}+2e^-\Longrightarrow 2Hg$	0.33	0.1mol/L KCl
		0.28	1mol/L KCl
		0.24	饱和 KCl
		0.66	4mol/L $HClO_4$
		0.274	1mol/L KCl
	$2Hg^{2+}+2e^-\Longrightarrow Hg_2^{2+}$	0.28	1mol/L KCl
In	$In^{3+}+3e^-\Longrightarrow In$	−0.3	1mol/L HCl
		−0.47	1mol/L Na_2CO_3
Mn	$MnO+8H^++5e^-\Longrightarrow Mn^{2+}+4H_2O$	1.45	1mol/L $KClO_4$
		1.27	8mol/L H_3PO_4
Sn	$SnCl^{2-}_6+2e^-\Longrightarrow SnCl^{2-}_4+2Cl^-$	0.14	1mol/L HCl
		0.10	5mol/L HCl

元素	半反应	$\phi^{\ominus}$/V	介质
Sn		0.07	0.1mol/L HCl
		0.40	4.5mol/L H_2SO_4
	$Sn^{2+}+2e^-\rightleftharpoons Sn$	-0.16	1mol/L $HClO_4$
Sb	$Sb(V)+2e^-\rightleftharpoons Sb(III)$	0.75	3.5mol/L HCl
Mo	$Mo^{4+}+e^-\rightleftharpoons Mo^{3+}$	0.1	4mol/L H_2SO_4
	$Mo^{6+}+e^-\rightleftharpoons Mo^{5+}$	0.53	2mol/L HCl
Tl	$Tl^++e^-\rightleftharpoons Tl$	-0.551	1mol/L HCl
	$Tl(III)+2e^-\rightleftharpoons Tl(I)$	$1.23\sim0.78$	1mol/L HNO_3,0.6mol/L HCl
U	$U(IV)+e^-\rightleftharpoons U(III)$	-0.63	1mol/L HCl 或 $HClO_4$
		-0.85	1mol/L H_2SO_4
V	$VO^++2H^++e^-\rightleftharpoons VO^{2+}+H_2O$	0.74	pH=14
Zn	$Zn^{2+}+2e^-\rightleftharpoons Zn$	-1.36	CN^-络合物

附录7　部分化合物的摩尔质量

单位：g/mol

化合物名称	摩尔质量	化合物名称	摩尔质量	化合物名称	摩尔质量
Ag_3AsO_4	462.52	$BaCO_3$	197.34	$Ca_3(PO_4)_2$	310.18
AgBr	187.77	BaC_2O_4	225.35	$CaSO_4$	136.14
AgCl	143.32	$BaCl_2$	208.24	$CdCO_3$	172.42
AgCN	133.89	$BaCl_2\cdot2H_2O$	244.27	$CdCl_2$	183.32
AgSCN	165.95	$BaCrO_4$	253.32	CdS	144.48
Ag_2CrO_4	331.73	BaO	153.33	$Ce(SO_4)_2$	332.24
AgI	234.77	$Ba(OH)_2$	171.34	$Ce(SO_4)_2\cdot4H_2O$	
$AgNO_3$	169.87	$BaSO_4$	233.39	$CoCl_2$	129.84
$AlCl_3$	133.34	$BiCl_3$	315.34	$CoCl_2\cdot6H_2O$	237.93
$AlCl_3\cdot6H_2O$	241.43	BiOCl	260.43	$Co(CN_3)_2$	182.94
$Al(NO_3)_3$	231.00	$CO(NH_2)_2$	60.06	$Co(CN_3)_2\cdot6H_2O$	
$Al(NO_3)_3\cdot9H_2O$	375.13	CO_2	44.01	CoS	90.999
Al_2O_3	101.96	CaO	56.08	$CoSO_4$	154.997
$Al(OH)_3$	78.00	$CaCO_3$	100.09	$CrCl_3$	158.35
$Al(SO_4)_3$	342.15	CaC_2O_4	128.10	$CrCl_3\cdot6H_2O$	266.45
$Al_2(SO_4)_3\cdot18H_2O$		$CaCl_2$	110.98	$Cr(NO_3)_3$	238.01
As_2O_3	197.84	$CaCl_2\cdot6H_2O$	219.08	Cr_2O_3	151.99
As_2O_5	229.84	$Ca(NO_3)_2\cdot4H_2O$	236.15	CuCl	98.999
As_2S_3	246.04	$Ca(OH)_2$	74.09	$CuCl_2$	134.45

化合物名称	摩尔质量	化合物名称	摩尔质量	化合物名称	摩尔质量
$CuCl_2 \cdot 2H_2O$	170.48	HF	20.006	$KHC_2O_4 \cdot H_2C_2O_4 \cdot 2H_2O$	254.19
$CuSCN$	121.63	HI	127.91	$KHC_4H_4O_5$	188.18
Cu	190.45	HIO_3	175.91	$KHSO_4$	136.16
$Cu(NO_3)_2$	187.56	HNO_3	63.013	KI	166.00
$Cu(NO_3)_2 \cdot 3H_2O$	241.60	HNO_2	47.013	KIO_3	214.00
CuO	79.545	H_2O	18.015	$KIO_3 \cdot HIO_3$	389.91
Cu_2O	143.09	H_2O_2	34.015	$KMnO_4$	158.03
CuS	95.61	H_3PO_4	97.995	$KNaC_4H_4O_6 \cdot 4H_2O$	282.22
$CuSO_4$	159.61	H_2S	34.08	KNO_3	101.10
$CuSO_4 \cdot 5H_2O$	249.69	H_2SO_3	82.07	KNO_2	85.104
$FeCl_2$	126.75	H_2SO_4	98.07.14	K_2O	94.196
$FeCl_2 \cdot 4H_2O$	198.81	$Hg(HO_3)_2$	252.63	KOH	56.106
$FeCl_3$	162.21	$HgCl_2$	271.50	K_2SO_4	174.26
$FeCl_3 \cdot 6H_2O$	270.30	Hg_2Cl	472.09	KCN	65.116
$FeNH_4(SO_4)_2 \cdot 12H_2O$	482.20	HgI_2	454.40	$KSCN$	97.18
$Fe(NO_3)_3$	241.86	$Hg(NO_3)_2$	525.19	$MgCO_3$	84.314
$Fe(NO_3)_3 \cdot 9H_2O$	404.00	$Hg(NO_3)_2 \cdot 2H_2O$	561.22	$MgCl_2$	95.210
FeO	71.846	$Hg(NO_3)_2$	324.60	$MgCl_2 \cdot 6H_2O$	203.30
Fe_2O_3	159.69	HgO	216.59	MgC_2O_4	112.32
Fe_3O_4	231.54	HgS	232.65	$Mg(NO_3)_2 \cdot 6H_2O$	256.41
$Fe(OH)_3$	106.87	$HgSO_4$	296.65	$MgNH_4PO_4$	137.31
FeS	87.91	Hg_2SO_4	497.24	MgO	40.304
Fe_2S_3	207.89	$KAl(SO_4)_2 \cdot 12H_2O$	474.24	$Mg(OH)_2$	58.32
$FeSO_4$	151.91	KBr	119.00	$Mg_2P_2O_7$	222.55
$FeSO_4 \cdot 7H_2O$	278.02	$KBrO_3$	167.00	$MgSO_4 \cdot 7H_2O$	246.48
$FeSO_4(NH_4)_2SO_4 \cdot 6HO$	392.14	KCl	74.551	$MnCO_3$	114.95
H_3ASO_3	125.94	$KClO_3$	122.55	$MnCl_2 \cdot 4H_2O$	197.90
H_3ASO_3	141.94	$KClO_4$	138.55	$Mn(NO_3)_2 \cdot 6H_2O$	287.04
H_3BO_3	61.83	KCN	65.116	MnO	70.937
HBr	80.912	$KSCN$	97.18	MnO_2	86.937
HCN	27.026	K_2SO_3	138.21	MnS	87.00
$HCOOH$	46.026	K_2CrO_4	194.19	$MnSO_4$	151.00
CH_3COOH	60.053	$K_2Cr_2O_7$	294.18	$MnSO_4 \cdot 4H_2O$	223.06
H_2CO_3	62.025	$K_3Fe(CN)_6$	329.25	NO	30.006
$H_2C_2O_4$	90.035	$K_4Fe(CN)_6$	368.35	NO_2	46.006
$H_2C_2O_4 \cdot 2H_2O$	126.07	$KFe(SO_4)_2 \cdot 12H_2O$	503.26	NH_3	17.03
HCl	36.461	$KHC_2O_4 \cdot H_2O$	146.14	CH_3COONH_4	77.083

化合物名称	摩尔质量	化合物名称	摩尔质量	化合物名称	摩尔质量
NH_4Cl	53.491	$NaOH$	39.997	$SbCl_5$	299.02
$(NH_4)_2CO_3$	98.086	Na_3PO_4	163.94	Sb_2O_3	291.51
$(NH_4)_2C_2O_4$	124.10	Na_2S	78.05	Sb_2S_3	339.70
$(NH_4)_2C_2O_4 \cdot H_2O$	142.11	$Na_2S \cdot 9H_2O$	240.18	SiF_4	104.08
NH_4SCN	76.12	$NaSO_3$	126.04	SiO_2	60.084
NH_4HCO_3	79.056	Na_2SO_4	142.04	$SnCO_2$	189.62
$(NH_4)_2MoO_4$	196.01	$Na_2S_2O_3$	158.11	$SnCO_2 \cdot 2H_2O$	225.65
NH_4NO_3	80.043	$Na_2S_2O_3 \cdot 5H_2O$	248.19	$SnCl_4$	260.52
$(NH_4)_2HPO_4$	132.06	$NiCl_2 \cdot 6H_2O$	237.69	$SnCl_4 \cdot 5H_2O$	
$(NH_4)_2SO_4$	16.98	NiO	74.69	SnO_2	150.71
Na_3AsO_3	191.89	$Ni(NO_3)_2 \cdot 6H_2O$	290.79	SnS	150.78
$Na_2B_4O_7$	201.22	NiS	90.76	$SrCO_3$	147.63
$Na_2B_4O_7 \cdot 10H_2O$	381.37	$NiSO_4 \cdot 7H_2O$		SrC_2O_4	175.64
$NaBiO_3$	279.97	P_2O_5	141.94	$SrCrO_4$	203.61
$NaCN$	49.007	$PbCO_3$	267.21	$Sr(NO_3)_2$	211.63
$NaSCN$	81.07	PbC_2O_4	295.22	$Sr(NO_3)_2 \cdot 4H_2O$	283.69
Na_2CO_3	105.99	$PbCl_2$	278.11	$SrSO_4$	183.68
$Na_2CO_3 10H_2O$	286.14	$PbCrO_4$	323.19	$UO_2(CH_3COO)_2 \cdot 2H_2O$	424.15
$Na_2C_2O_4$	134.00	$Pb(CH_3COO)_2$	325.30	$ZnCO_3$	125.40
CH_3COONa	82.034	$Pb(CH_3COO)_2 \cdot 3H_2O$	379.30	ZnC_2O_4	153.41
$CH_3COONa \cdot 3H_2O$	136.08	PbI_2	461.00	$ZnCl_2$	136.30
$NaCl$	58.443	$Pb(NO_2)_4$	331.21	$Zn(CH_3COO)_2$	183.48
$NaClO$	74.442	PbO	223.21	$Zn(CH_3COO)_2 \cdot 2H_2O$	219.51
$NaHCO_3$	84.007	PbO_2	239.20	$Zn(NO_3)_2$	189.40
$Na_2HPO_4 \cdot 12H_2O$	358.14	$Pb(PO_4)_2$	811.54	$Zn(NO_3)_2 \cdot 6H_2O$	297.49
$Na_2H_2Y \cdot 2H_2O$	372.24	PbS	239.27	ZnO	81.39
$NaNO_2$	68.995	$PbSO_4$	303.26	ZnS	97.46
$NaNO_3$	84.995	SO_3	80.06	$ZnSO_4$	161.45
Na_2O	61.979	SO_2	64.06	$ZnSO_4 \cdot 7H_2O$	287.56
Na_2O_2	77.978	$SbCl_3$	228.11		

附录8 元素的相对原子质量表（2005 年）

本表数据源自 2005 年 IUPAC 元素周期表（IUPAC 2005 standard atomic weights），以 $^{12}C=12$ 为标准。

标有 * 的为放射性元素，其中本表方括号内的相对原子质量为放射性元素的半衰期最长的同位素质量数。相对原子质量末位数的不确定度加注在其后的括号内。112～118 号元素数据未被 IUPAC 确定。

序号	中文名称	元素符号	相对原子质量	英文名称
1	氢	H	1.00794(7)	Hydrogen
2	氦	He	4.002602(2)	Helium
3	锂	Li	6.941(2)	Lithium
4	铍	Be	9.012182(3)	Beryllium
5	硼	B	10.811(7)	Boron
6	碳	C	12.017(8)	Carbon
7	氮	N	14.0067(2)	Nitrogen Oxygen
8	氧	O	15.9994(3)	Fluorine
9	氟	F	18.9984032(5)	Neon
10	氖	Ne	20.1797(6)	Sodium
11	钠	Na	22.98976928(2)	Neon
12	镁	Mg	24.3050(6)	Magnesium
13	铝	Al	26.9815386(8)	Aluminum
14	硅	Si	28.0855(3)	Silicon
15	磷	P	30.973762(2)	Phosphorus
16	硫	S	32.065(5)	Sulfur
17	氯	Cl	35.453(2)	Chlorine
18	氩	Ar	39.948(1)	Argon
19	钾	K	39.0983(1)	Potassium
20	钙	Ca	40.078(4)	CalClum
21	钪	Sc	44.955912(6)	Scandium
22	钛	Ti	47.867(1)	Titanium
23	钒	V	50.9415(1)	Vanadium
24	铬	Cr	51.9961(6)	Chromium
25	锰	Mn	54.938045(5)	Manganese
26	铁	Fe	55.845(2)	Iron
27	钴	Co	58.933195(5)	Cobalt
28	镍	Ni	58.6934(2)	Nickel
29	铜	Cu	63.546(3)	Copper
30	锌	Zn	65.409(4)	Zinc
31	镓	Ga	69.723(1)	Gallium
32	锗	Ge	72.64(1)	Germanium
33	砷	As	74.92160(2)	Arsenic
34	硒	Se	78.96(3)	Selenium
35	溴	Br	79.904(1)	Bromine
36	氪	Kr	83.798(2)	Krypton
37	铷	Rb	85.4678(3)	Rubidium
38	锶	Sr	87.62(1)	Strontium
39	钇	Y	88.90585(2)	Yttrium
40	锆	Zr	91.224(2)	Zirconium
41	铌	Nb	92.90638(2)	Niobium
42	钼	Mo	95.94(2)	Molybdenum
43	锝	Tc	[97.9072]	Technetium

序号	中文名称	元素符号	相对原子质量	英文名称
44	钌	Ru	101.07(2)	Ruthenium
45	铑	Rh	102.90550(2)	Rhodium
46	钯	Pd	106.42(1)	Palladium
47	银	Ag	107.8682(2)	Silver
48	镉	Cd	112.411(8)	Cadmium
49	铟	In	114.818(3)	Indium
50	锡	Sn	118.710(7)	Tin
51	锑	Sb	121.960(1)	Antimony
52	碲	Te	127.60(3)	Tellurium
53	碘	I	126.90447(3)	Iodine
54	氙	Xe	131.293(6)	Xenon
55	铯	Cs	132.905451(2)	Cesium
56	钡	Ba	137.927(7)	Barium
57	镧	La	138.90547(7)	Lanthanum
58	铈	Ce	140.116(1)	Cerium
59	镨	Pr	140.90765(2)	Praseodymium
60	钕	Nd	144.242(3)	Neodymium
61	钷	Pm	[145]	Promethium*
62	钐	Sm	150.36(2)	Samarium
63	铕	Eu	151.964(1)	Europium
64	钆	Gd	157.25(3)	Gadolinium
65	铽	Tb	158.92535(2)	Terbium
66	镝	Dy	162.500(1)	Dysprosium
67	钬	Ho	164.93032(2)	Holmium
68	铒	Er	167.259(3)	Erbium
69	铥	Tm	168.9342(2)1	Thulium
70	镱	Yb	173.04(3)	Ytterbium
71	镥	Lu	174.967(1)	Luterium
72	铪	Hf	178.49(2)	Hafnium
73	钽	Ta	180.94788(2)	Tantalum
74	钨	W	183.84(1)	Wolfram
75	铼	Re	186.207(1)	Rhenium
76	锇	Os	190.23(3)	Osmium
77	铱	Ir	192.217(3)	IriAlum
78	铂	Pt	195.084(9)	Platinum
79	金	Au	196.966569(4)	Gold
80	汞	Hg	200.59(2)	Mercury
81	铊	Tl	204.3833(2)	Mercury
82	铅	Pb	207.2(1)	Lead
83	铋	Bi	208.98040(1)	Bismuth
84	钋	Po	[208.9824]	Polonium*
85	砹	At	[209.9871]	Astatine*

序号	中文名称	元素符号	相对原子质量	英文名称
86	氡	Rn	[222.0176]	Radon*
87	钫	Fr	[223]	FranClum*
88	镭	Ra	[226]	Radium*
89	锕	Ac	[227]	Actinium*
90	钍	Th	232.03806(2)	Thorium*
91	镤	Pa	231.03588(2)	Protactinium*
92	铀	U	238.02891(3)	Uranium*
93	镎	Np	[237]	Neptunium*
94	钚	Pu	[244]	Plutonium*
95	镅	Am	[243]	AmeriClum*
96	锔	Cm	[247]	Curium*
97	锫	Bk	[247]	Berkelium*
98	锎	Cf	[251]	Californium*
99	锿	Es	[252]	Einsteinium*
100	镄	Fm	[257]	Fermium*
101	钔	Md	[258]	Mendelevium*
102	锘	No	[259]	Nobelium*
103	铹	Lr	[262]	LewrenClum*
104	𬬻	Rf	[261]	Rutherrordium*
105	𬭊	Db	[262]	Dubnium*
106	𬭳	Sg	[266]	Seaborgium*
107	𬭶	Bh	[264]	Bohrium*
108	𬭁	Hs	[277]	Hassium*
109	鿏	Mt	[268]	Mietnerium*
110	𫟼	Ds	[271]	Darmstadtium*
111	𬬿	Rg	[272]	Roentgenium*
112		Uub	[285]	Ununbium*
113		Uut	[284]	Ununtrium*
114		Uuq	[289]	Ununquadium*
115		Uup	[288]	Ununpentium*
116		Uuh	[292]	Ununhexium*
117		Uus	[291]	Ununseprium*
118		Uuo	[293]	Ununoctium*

参 考 文 献

[1] 宋吉娜，李秀芳．水分析化学．北京：北京大学出版社，2013.
[2] 夏淑梅，徐长松，孙勇等．水分析化学．北京：北京大学出版社，2012.
[3] 潘祖亭，黄朝表，孙延一等．分析化学．武汉：华中科技大学出版社，2011.
[4] 陈庆榆，张雪梅．分析化学．合肥：合肥工业大学出版社，2010.
[5] 吕方军，王永杰．分析化学．武汉：华中科技大学出版社，2013.
[6] 胡琴，黄庆华，庄海旗等．分析化学．北京：科学出版社，2009.
[7] 李艳红．分析化学．北京：石油工业出版社，2008.
[8] 李东辉，陈连山，鄂义峰．分析化学．北京：科学普及出版社，2008.
[9] 廖力夫，刘红，刘新玲．分析化学．武汉：华中科技大学出版社，2008.
[10] 崔执应，张波．水分析化学．北京：北京大学出版社，2006.
[11] 黄君礼．水分析化学．第二版．北京：中国建筑工业出版社，1997.
[12] 聂麦茜，吴蔓莉．水分析化学．第二版．北京：冶金工业出版社，2003.
[13] 王国惠主编．水分析化学．第二版．北京：化学工业出版社，2009.
[14] 聂麦茜，吴曼莉编．水分析化学．第二版．北京：工冶金业出版社，2003.
[15] 崔执应主编．水分析化学．北京：北京大学出版社，2006.
[16] 武汉大学主编．分析化学．第四版．北京：高等教育出版社，2000.
[17] 傅献彩主编．大学化学（上册）．北京：高等教育出版社，1999.

给排水科学与工程专业应用与实践丛书

　　本套丛书邀请知名专家进行组织，突出"回归工程"的指导思想，为适应培养高等技术应用型人才的需要，立足教学和工程实际，在讲解基本理论、基础知识的前提下，重点介绍近年来出现的新工艺、新技术与新方法。丛书中编入了更多的工程实际案例或例题、习题，内容更简明易懂，实用性更强，使学生能更好地应对未来的工作。具体丛书品种如下。

书　　名	书号	主编	出版时间	定价(元)
水文与水文地质学	9787122163202	王亚军	2013.5	48.0
水资源利用与保护	9787122162908	徐得潜	2013.5	45.0
给排水科学与工程专业英语	9787122162632	蓝梅	2013.3	32.0
给水排水管网	9787122165053	杨开明,周书葵	2013.6	29.8
建筑给水排水工程	9787122189080	张林军,王宏	2014.1	49.0
建筑给水排水工程习题集	9787122191519	王宏,张林军	2014.1	28.0
给排水科学与工程专业毕业设计基础及实例	9787122174338	刘俊良,李思敏	2014.1	49.0
水处理微生物学	9787122174376	赵远,张崇森	2014.1	45.0
城镇污水污泥处理构筑物设计计算	9787122181244	崔玉川	2014.1	49.0
工业水处理	9787122208538	李杰	2014.11	58.0
水分析化学	9787122213167	张伟,鄢恒珍	2014.11	39.8
给水排水工程材料、设备和仪表基础		李军	2015	
给排水工程CAD基础与应用		杨松林	2015	

　　如需更多图书信息，请登录 www.cip.com.cn　服务电话：010-64518888，64518800（销售中心）

　　网上购书可登录化学工业出版社天猫旗舰店：http：//hxgycbs.tmall.com

　　也可通过当当网、卓越亚马逊、京东商城输入书号购买

　　邮购地址：（100011）北京市东城区青年湖南街13号　化学工业出版社

　　如要出版新著，请与编辑联系。联系电话：010-64519526